方兵 劳丛丛 著

DeepSeek
应用高级教程

产品经理+研发+运营+数据分析

清华大学出版社
北京

内容简介

本书聚焦人工智能大模型在数字化领域的应用，以DeepSeek为核心，深度剖析DeepSeek在多行业的应用方法。DeepSeek作为具有超大规模参数和卓越性能的人工智能模型，能在复杂任务中展现强大实力。

本书深入讲解了如何在产品管理、技术开发、运营增长等关键业务场景中，充分运用DeepSeek提升工作效能。本书内容丰富，包括需求分析、竞品监测、代码编写与优化、内容创作与运营以及模型的选择、训练、部署等技术要点。同时，本书详细阐述了DeepSeek的优势与局限，以及应对相关挑战和风险的策略。

本书特色鲜明，不仅深入讲解大模型的技术原理，还提供丰富的实操工具与真实案例，助力读者将理论知识转化为实际应用能力。本书目标读者广泛，包括期望提升专业能力与工作业绩的产品经理、运营人员，以及对大模型潜力和价值感兴趣的人工智能爱好者。

本书封面贴有清华大学出版社防伪标签，无标签者不得销售。

版权所有，侵权必究。举报：010-62782989，beiqinquan@tup.tsinghua.edu.cn。

图书在版编目（CIP）数据

DeepSeek应用高级教程：产品经理+研发+运营+数据分析 / 方兵，劳丛丛著. -- 北京：清华大学出版社，2025. 6. -- ISBN 978-7-302-69239-3

I. TP18

中国国家版本馆CIP数据核字第2025J3D555号

责任编辑：施　猛
装帧设计：熊仁丹
责任校对：马遥遥
责任印制：沈　露

出版发行：清华大学出版社
　　网　　址：https://www.tup.com.cn，https://www.wqxuetang.com
　　地　　址：北京清华大学学研大厦A座　　邮　编：100084
　　社 总 机：010-83470000　　邮　购：010-62786544
　　投稿与读者服务：010-62776969，c-service@tup.tsinghua.edu.cn
　　质 量 反 馈：010-62772015，zhiliang@tup.tsinghua.edu.cn
印 装 者：河北鹏润印刷有限公司
经　　销：全国新华书店
开　　本：185mm×260mm　　印　张：24　　字　数：480千字
版　　次：2025年6月第1版　　印　次：2025年6月第1次印刷
定　　价：88.00元

产品编号：112118-01

前 言

一、技术浪潮下的职场变革

在当今时代，AI技术正以前所未有的速度渗透进职场的每一个角落。2023年，中国生成式AI企业应用市场规模一举突破百亿大关，互联网行业一马当先，成为这场AI变革的核心试验场。一时间，各种AI工具如雨后春笋般涌现，从智能写作助手到代码审查工具，从图像生成软件到数据分析平台，似乎每一项工作都能找到对应的AI解决方案。企业纷纷将AI视为提升效率、降低成本、创新业务的利器，大量部署各类AI工具，期望在激烈的市场竞争中抢占先机。

然而，繁荣的背后隐藏着危机。2024年发布的《中国AI职场应用白皮书》为我们揭示了残酷的现实：尽管83%的互联网企业已经积极部署了AI工具，但是仅有29%员工能够系统性地掌握其高阶功能。这就意味着，大多数员工仅仅停留在对AI工具的浅层次使用阶段，如用AI写几句简单的文案、制作普通的报表等，而AI真正强大的功能，如复杂任务的自动化处理、深度数据分析与洞察、多模态协同工作等，却鲜有人能够充分利用。这种"浅层使用多、深度赋能少"的困境，导致企业在AI上的大量投入未能转化为预期的效益，形成了技术扩散与能力建设之间的巨大断层。

许多企业花费重金采购了先进的AI工具，却发现员工不知道如何将其与实际业务流程深度融合，导致这些工具成为摆设；一些员工虽然使用了AI工具，但由于缺乏对AI原理和功能的深入理解，无法优化使用方法，效果不尽如人意。在这个快速发展的时代，这样的断层无疑会阻碍企业的发展，使企业在数字化转型的道路上步履维艰。

在这样的背景下，本书应运而生。本书聚焦于"深度赋能而非替代"的定位，致力于为读者提供从技术认知到场景落地的完整方法论。我们深知，AI不是要简单地替代人类工作，而是要与人类携手共进，发挥各自的优势，创造更大的价值。因此，本书不仅会介绍DeepSeek的技术原理和功能特点，更会深入探讨如何将其应用于实际工作场景中，帮助读者解决实际问题，提升工作效率和质量。

二、DeepSeek的差异化价值

在全球大模型的激烈竞争格局中，DeepSeek作为国产开源大模型的杰出代表，宛如一颗璀璨的新星，以其独特的技术架构与蓬勃发展的应用生态在众多模型中脱颖而出，展现出无可比拟的优势。

从技术架构来看，DeepSeek创新性地采用了动态稀疏激活机制，这一机制堪称"技术皇冠上的明珠"。它打破了传统模型的固有模式，使推理能耗降低了40%。在能源成本日益高昂的今天，这一突破无疑为企业大规模应用AI技术提供了更为经济可行的方案。与此同时，DeepSeek拥有令人惊叹的128K token上下文窗口，这使得它在处理长文本时游刃有余，能够实现深度理解。无论是处理长篇幅的学术论文、复杂的技术文档，还是冗长的法律条文，DeepSeek都能精准把握其中的关键信息，进行深入分析，为用户提供高质量的输出结果。在金融风控这一关键领域，DeepSeek的表现更是令人瞩目，其异常检测准确率高达92.4%，远超许多国际竞品。在面对海量的金融交易数据时，它能够迅速、准确地识别潜在的风险点，为金融机构保驾护航，有效避免重大损失。

在应用生态方面，DeepSeek同样展现出强大的竞争力，其开放的插件开发框架和模型微调接口，为开发者提供了广阔的创新空间。企业可以根据自身的业务需求，快速构建专属的AI能力，实现个性化的应用开发。例如，某电商企业利用DeepSeek的插件开发框架，成功开发出一款智能客服知识库实时检索插件。该插件能够快速、准确地回答用户的各种问题，大大提高了客户服务的效率和质量，使得客户满意度大幅提升。同时，DeepSeek还积极与各类企业和机构展开合作，不断拓展其应用场景，涵盖电商、金融、医疗、教育等多个领域。在电商领域，它助力企业实现精准营销和智能推荐，提升了用户的购物体验和购买转化率；在金融领域，它为风险评估和投资决策提供了有力支持，帮助金融机构降低了风险，提高收益；在医疗领域，它辅助医生进行疾病诊断和药物研发，提高了医疗效率和准确性；在教育领域，它为个性化学习和智能辅导提供了技术保障，驱动教育资源均衡。

本书将深入剖析DeepSeek的这些技术特性，通过丰富的案例和翔实的数据，揭示其在代码生成、多模态协同、合规处理等领域的实战价值。本书将探讨如何利用DeepSeek的代码生成功能，提高软件开发的效率和质量；如何借助DeepSeek的多模态协同能力，实现更加自然、高效的人机交互；如何运用DeepSeek的合规处理机制，确保企业在使用AI技术时符合相关法律法规的规定和道德规范的要求。本书还将详细介绍企业如何利用DeepSeek实现技术主权保障与成本优化。在数据安全和隐私保护日益重要的今天，企业可以通过使用DeepSeek实现训练数据本地化、算法自主可控，从而有效保障数据主权。同时，DeepSeek的开源协议下的零授权费用模式和私有化部署能力，能够帮助企业降低商用成本，提高经济效益。

三、四位一体的知识体系

本书以DeepSeek智能体AI为技术底座，构建了"岗位—任务—工具—风控"的四维知识架构，深度覆盖产品、研发、运营、数据分析四大核心领域，为读者打造一套由DeepSeek智能体AI驱动的全链路实战指南。

在场景化智能应用层面，本书展现了DeepSeek智能体AI的强大赋能能力。以产品经理工作场景为例，基于DeepSeek技术的PRD（产品需求文档）生成智能体如同经验丰富的数字化助手，通过自然语言处理与知识图谱技术，自动完成用户故事分析、应用场景拆解及需求优先级评估，将以前需要8小时才能完成的需求文档撰写压缩至1.5小时，效率提升达80%。该智能体不仅能精准实现需求转化，还能集成DeepSeek的交互式设计引擎，自动生成高保真流程图、原型图及交互说明，使产品设计进入智能化快车道。在代码审查场景中，DeepSeek智能编程助手依托代码智能分析算法，可实时扫描代码逻辑，精准识别潜在缺陷并提供优化建议，使代码审查效率提升3倍，同时构建更安全的代码质量防护体系。运营领域的DeepSeek爆款文案生成智能体，则通过分析多平台用户行为数据与传播规律，结合热点趋势动态生成创意内容，日均产出50条高互动性文案，为运营人员提供持续的创意动能。

高阶Prompt工程构建的ALIGN框架与提示语链设计是释放DeepSeek潜力的核心体系：前者以目标、难度、输入、原则、新颖性为核心模块，通过目标对齐、动态校准等六大方法论实现需求解构与任务适配，在内容创作、数据分析等场景中协作效率提升60%、输出专业性提升45%，构建人机分工新范式；后者通过链式推理结构、高级推理策略及上下文管理等技巧，将单一指令升级为多阶段智能交互，使DeepSeek在复杂任务中展现逻辑严谨的深度推理能力。两者结合为企业提供从需求定义到价值落地的全流程工具包，推动人机协作从"使用"向"共创"进化，成为数字化转型中解锁AI潜能的关键密钥，未来将在更多领域展现破局创新能力。

风险防控体系同样体现了DeepSeek智能体AI的技术优势，构建了覆盖数据输入、模型训练、结果输出的三级智能风控网络。28个合规检查点均有DeepSeek智能体AI实时驻守：在数据输入阶段，DeepSeek数据合规智能体严格审查数据来源与合规性；在模型训练过程中，DeepSeek算法监测智能体持续分析模型行为，及时发现并纠正偏差；在结果输出环节，DeepSeek内容审核智能体自动执行版权检测、敏感信息过滤等合规验证。以金融风险评估场景为例，DeepSeek智能体通过自动化数据清洗与模型验证，显著提升风险评估的精准度，可为金融机构决策提供更可靠的智能支持。

为了持续提升DeepSeek智能体AI的应用效能，本书配套了智能效能仪表盘与动态提示词库。智能效能仪表盘基于DeepSeek的数据分析引擎，通过50项量化指标（如需求文档生成完整度、代码缺陷检出率等），实时监测智能体工具的运行表现，以可视化方式呈现效能提升曲线，帮助用户精准优化智能体的使用策略。动态提示词库则依托DeepSeek的自然语言生成技术，通过分析用户交互数据持续优化提示词模型，为不同场景提供更精准的智能引导，使DeepSeek智能体与用户的协作效率实现指数级增长。这种持续进化的智能体系，有助于读者不断升级DeepSeek智能体的应用能力，在数字化时代保持领先的工作效能。

四、实战导向的知识沉淀

本书的一大特色在于独特的知识沉淀方式。区别于传统工具书，本书采用"错题诊断+沙盒实验+生态工具"的创新模式，致力于为读者提供更加实用、高效的学习体验。

本书深入研究了500个真实错误案例，这些案例涵盖提示词设计、数据处理、模型应用等多个方面。通过对这些案例的详细解析，我们揭示了提示词设计中的常见误区，如指令不明确、缺乏上下文信息、关键词选择不当等。在实际应用中，很多人在使用提示词时，只是简单地描述任务，没有给出明确的指令和约束条件，导致AI生成的结果与预期相差甚远。通过对这些错误案例的分析，读者可以更加清晰地认识到问题所在，避免在实际操作中犯同样的错误。

为了帮助读者快速解决实际问题，本书还提供一个模板丰富的即装即用模板库，涵盖20多个高频场景解决方案。无论是产品经理的需求分析工作、研发人员的代码审查工作，还是运营人员的内容创作工作、数据分析人员的数据处理工作，都能在模板库中找到相应的解决方案。这些模板都是经过精心设计和实践验证的，读者可以直接使用，也可以根据自己的实际情况进行修改和调整。在进行竞品监测时，读者可以直接使用模板库中的竞品监测模板，快速搭建自己的竞品监测系统，收集和分析竞品数据，为自己的产品决策提供有力支持。

产品经理运用"智能推荐系统集成模板"时，不仅可实现DeepSeek与用户行为分析模块的快速对接，还能通过API（应用程序接口）调用将模型能力嵌入智能营销系统，实现用户画像动态更新、商品特征智能提取、流量多维度交叉分析等复杂场景应用，相关系统工程实践在作者的另一本书籍《智能营销——大模型如何为运营与产品经理赋能》中完整呈现。研发人员通过"微服务集成模板"可直接生成包含模型服务网关、流量熔断机制的代码框架，同时支持与推荐算法引擎的无缝对接，实现从召回、过滤到排序的全链路智能化改造。

本书引入了效能量化指标，实现了能力成长可视化管理。通过50项量化指标，如需求文档生成完整度、代码缺陷检出率、内容创作效率等，读者可以直观地了解自己在使用AI工具过程中的能力提升情况。这些指标不仅可以帮助读者评估自己的学习效果，还可以为读者提供改进的方向。如果读者发现自己的代码缺陷检出率较高，就可以通过分析指标数据，找出问题所在，有针对性地进行学习和改进。通过这种可视化管理方式，读者可以更好地掌握自己的学习进度，激发学习动力，实现能力的持续提升。

五、写给未来的职场先锋

无论你是在互联网领域中摸爬滚打、寻求效能突破的从业者，还是肩负技术决策重任、探索开源生态无限可能的决策者，抑或是怀揣创业梦想、渴望借助低成本智能化方案实现团队竞争力升级的创业者，本书都将成为你穿越转型迷雾的导航。

我们正站在人机协作的新纪元起点，这是一个充满无限机遇与挑战的时代。AI技术的飞速发展，正在重塑职场的格局，为我们带来了前所未有的变革和机遇。在这个时代，我们需要不断学习和掌握新的技能，才能跟上时代的步伐。本书不仅提供丰富的知识，更提供行动的指引，能够帮助你更好地理解和应用AI技术，实现个人和团队的价值提升。

由于技术演进日新月异，对于书中疏漏之处，恳请指正，我们将通过动态更新体系持续完善内容。如果你在阅读过程中发现任何问题或有任何建议，欢迎随时与我们联系。我们期待与你共同探索AI深度赋能的无限可能，一起成长，一起进步。

谨以此书献给所有拥抱变革、追求卓越的职场先锋，愿我们携手共筑智能时代的价值长城！让我们一起勇敢地迎接变革，积极地探索创新，用智慧和汗水书写属于我们的辉煌篇章。

目录 / CONTENTS

第 1 章 认知篇：重新定义AI工作方式

1.1 DeepSeek引发的效率革命 /002
1.1.1 国产开源模型的突破性价值 /002
1.1.2 开启互联网岗位效能革命 /011

1.2 核心能力图谱 /016
1.2.1 多模态处理中枢 /017
1.2.2 开源生态扩展能力 /025

1.3 DeepSeek与GPT的差异化竞争分析 /034
1.3.1 核心技术架构对比 /034
1.3.2 功能特性实测对比 /041
1.3.3 商业应用差异 /045

结语 /048

第 2 章 基础篇：高效使用入门指南

2.1 环境配置 /050
2.1.1 系统要求与安装部署 /050
2.1.2 接口调用 /055

2.2 文件处理 /059

2.2.1 结构化文档处理 /059

2.2.2 多模态内容处理 /062

2.2.3 智能文档处理 /064

2.2.4 数据分析应用 /068

2.2.5 文件处理技巧 /073

2.3 指令工程基础 /076

2.3.1 TASTE框架实战 /077

2.3.2 避坑指南 /086

结语 /092

第3章 场景篇：产品经理加速器

3.1 PRD智能生成流水线 /096

3.1.1 需求分析与转化的智能魔法 /096

3.1.2 智能化设计辅助，让创作如虎添翼 /104

3.1.3 实战案例：DeepSeek的"战场"表现 /111

3.1.4 效果评估与优化，持续进化的秘诀 /119

3.2 竞品监测系统 /125

3.2.1 数据采集引擎：多源数据实时抓取与监控 /125

3.2.2 分析报告生成：智能洞察与决策支持 /144

3.2.3 实战应用：短视频平台分析与工具集成 /158

3.2.4 优化建议：持续提升系统效能 /164

结语 /167

第4章 场景篇：技术开发增效包

4.1 代码开发全周期辅助 /170

 4.1.1 智能编程助手：代码生成与优化的智慧大脑 /170

 4.1.2 调试与文档：代码质量的双重保障 /176

 4.1.3 实战应用示例：真实场景中的强大助力 /185

 4.1.4 效能评估：量化DeepSeek的价值 /189

4.2 技术传播支持 /200

 4.2.1 DeepSeek赋能技术传播：核心能力剖析 /201

 4.2.2 技术文档智能化：DeepSeek的创新实践 /206

 4.2.3 实战案例：DeepSeek的成功应用 /212

 4.2.4 效能提升评估：量化DeepSeek的价值 /215

结语 /220

第5章 场景篇：运营增长核弹头

5.1 内容创作工厂 /222

 5.1.1 多平台内容制作：小红书篇 /223

 5.1.2 多平台内容制作：抖音篇 /227

 5.1.3 多平台内容制作：直播话术篇 /231

 5.1.4 素材优化系统：图片处理 /236

 5.1.5 素材优化系统：文案润色 /239

 5.1.6 素材优化系统：CTR优化 /244

 5.1.7 实战应用示例：美妆品牌跨平台投放 /249

 5.1.8 效果评估与优化 /253

5.2 用户洞察系统 /259

 5.2.1 数据分析模块 /259

5.2.2 精准营销方案 /267

5.2.3 持续优化机制 /274

5.3 数据驱动增长 /278

5.3.1 构建数据驱动增长体系的核心模块 /278

5.3.2 实战应用：新功能增长优化 /287

结语 /293

第6章 场景篇：智能决策中枢

6.1 分析自动化引擎 /296

6.1.1 自动化分析流程 /296

6.1.2 实战应用案例 /299

6.1.3 效果评估体系 /304

6.2 风险管理智脑 /308

6.2.1 DeepSeek强大功能：全方位保障风险管理 /308

6.2.2 DeepSeek实战应用：风险管理的成功典范 /318

6.2.3 DeepSeek风险管理体系的持续优化 /323

结语 /324

第7章 进阶篇：高阶Prompt工程

7.1 ALIGN框架精要 /328

7.1.1 ALIGN框架核心构成 /328

7.1.2 ALIGN框架应用方法论 /334

7.1.3 企业级应用场景示例 /348

7.1.4 ALIGN框架使用效果与优化 /351

7.1.5 常见陷阱与最佳实践 /352

7.2 提示语链设计 /354

7.2.1 链式推理结构：DeepSeek的智慧引擎 /355

7.2.2 高级推理策略：拓展DeepSeek的思维边界 /356

7.2.3 优化技巧：让DeepSeek如虎添翼 /358

7.2.4 实战应用示例：DeepSeek的实力见证 /363

结语 /366

后记 /367

第 1 章

认知篇

重新定义AI工作方式

在2025年的科技寒冬里，DeepSeek-R1的问世如惊雷般劈开行业迷雾，一场重塑AI价值的革命悄然拉开帷幕。当数据安全成为悬在企业头顶的达摩克利斯之剑时，当算力成本将中小企业拒之门外时，当技术壁垒束缚着创新的脚步时，这款由中国团队自主研发的开源模型，正以颠覆式的架构革新，重新定义AI的工作范式。

DeepSeek-R1不是简单的技术迭代，而是一场关乎效率、安全与普惠的深度变革。有了DeepSeek，医疗人员无须跨越重洋获取数据，中小企业得以卸下算力枷锁，开发者在开源生态中可以自由生长。从产品经理的文档革命到技术团队的代码重构，从运营场景的内容爆发到垂直领域的智能渗透，DeepSeek-R1正以多模态的智慧引擎，将AI的力量注入每个业务细胞。

这是一场静悄悄的效能革命，更是一次关于AI未来的全新畅想。当全球科技巨头还在争夺通用技术的高地时，DeepSeek已将目光投向更广阔的领域——让AI真正成为赋能百业的基础设施，而非少数玩家的专属武器。接下来，我们将从技术突破、商业价值与生态重构3个维度，解码这股正在改写行业规则的AI新势力。

1.1 DeepSeek引发的效率革命

在数据如石油般珍贵的数字时代，科技企业面临着前所未有的双重挑战：既要突破技术封锁的"玻璃天花板"，又要跨越数据安全的"悬崖峭壁"。DeepSeek-R1如同一道穿透寒冬的曙光，以国产开源的姿态重构行业规则。DeepSeek-R1不仅是671B参数的技术奇迹，更是一场无声的革命——当医疗数据在本地服务器安全流通，当中小企业用低成本实现AI自由，当开发者在MoE架构的智慧调度下释放创造力，中国科技正以自主创新的姿态，在全球AI竞技场上书写新的传奇。这不是简单的技术迭代，而是一场关乎数据主权、产业普惠与未来竞争力的战略突围。DeepSeek-R1的诞生，注定要在科技史册上留下浓墨重彩的一笔。

1.1.1 国产开源模型的突破性价值

2025年1月，寒冬未退，科技领域因DeepSeek发布的R1模型而沸腾。我在互联网行业

20年，见证诸多技术更迭，但DeepSeek-R1依旧给我带来了震撼，我深知它将给行业带来变革。消息传出，科技媒体头版报道，行业论坛讨论帖众多，技术专家熬夜解读，投资人评估其商业潜力。在科技爱好者社区里，DeepSeek-R1话题热度超同期其他重大科技事件，人们期待它带来新曙光。

1. 数据安全：告别跨境隐患，筑牢安全防线

1）医疗项目的困扰与转机

2024年，笔者参与一个医疗项目，该项目团队致力于开发先进的患者病历分析系统，想用AI技术提升医疗诊断准确性与效率。我们开始选用了国外知名AI模型，然而在项目推进中，数据安全问题凸显。在数据跨境传输和使用中，一旦泄露患者敏感信息，不仅侵害患者隐私，还可能引发法律和声誉风险。

在内部讨论时，负责数据安全的同事忧心地表示："咱们现在使用国外模型，需要将数据传给国外服务器处理，环节多，不敢保证数据不出问题。万一泄露患者病历信息，我们担不起责任。"他的话道出了大家的心声，我们也为此陷入焦虑。

直到DeepSeek-R1出现，情况才出现转机。我们首次接触其技术文档，看到数据安全性非常高。经过技术评估和测试，我们果断将国外模型切换为DeepSeek-R1，事实证明这一决定无比正确。

2）DeepSeek-R1的数据安全保障

DeepSeek-R1在数据安全方面下足了功夫，从数据处理的各个环节入手，构建了一道坚不可摧的安全防线。

在数据处理方面，DeepSeek-R1实现了完全本地化处理，本地服务器执行所有的数据分析和运算，用户无须担心数据跨境传输风险。它如同严密的堡垒，将敏感信息保护在内，外界无法窥探。数据存储采用先进加密算法，对本地患者病历数据加密，即便存储设备丢失或被盗，如无正确密钥，黑客也无法获取真实数据。

私有化部署是DeepSeek-R1的特色，有了这项功能，企业可掌控敏感信息，能依据自身安全需求定制部署环境，设置严格的访问权限与安全策略。仅授权人员可在特定环境下访问数据，可降低数据泄露风险。

在合法合规方面，DeepSeek-R1表现出色，它能满足国内数据安全法规要求，通过多部行业合规认证。它严格遵循《中华人民共和国网络安全法》《中华人民共和国数据安全法》《中华人民共和国个人信息保护法》，确保合法合规运行。它获得的医疗、金融等行业合规认证，证明了其在不同领域的安全性与可靠性。

基于开源架构的数据隔离机制，是DeepSeek-R1保障数据安全的重要举措。它严格隔离不

同企业、项目的数据，防止数据交叉污染与泄露，如同带锁的独立房间，只有主人能进入。

DeepSeek-R1在数据传输中采用端到端加密技术，保障传输安全。它还支持多级权限管理，依据员工职责和工作需求分配不同的访问权限，强化数据安全。

3）行业认可与信心提升

"以前用国外模型，担心数据安全，睡不踏实。现在用DeepSeek-R1能安心了，它能保障数据安全，让我们没了后顾之忧。"一家医院IT主管在行业交流会上感慨。他的话获众多同行认同，大家称DeepSeek-R1为保障医疗数据安全提供了完美方案。越来越多的医疗机构将DeepSeek-R1用于医疗场景，提升服务效率和质量，保护患者隐私。

2. 成本优势：颠覆传统，普惠AI应用

1）中小企业的选型困境

前段时间，我参与一个中小企业数字化转型项目，深切体会到该项目在模型选型时的成本难题。

这家企业规模小，但通过独特产品在行业内占有一定市场份额。随着竞争加剧，企业管理层意识到数字化转型是提升竞争力、实现可持续发展的关键，AI技术作为核心驱动力成为关注焦点。

他们考虑引入AI模型时陷入两难，曾考虑引入GPT系列，其自然语言处理能力强，但核算成本后，高昂的算力和API调用费让资金有限的中小企业难以承受；也曾考虑自建模型，理论上可满足业务需求，但研发、维护成本高，需投入大量资金买硬件、招人才，还要持续投入资金进行优化升级，超出企业承受能力。

与企业技术团队交流时，技术负责人无奈称："想用AI模型提升效率与竞争力，但成本太高。我们是中小企业，钱要花在刀刃上，不敢轻易尝试昂贵模型。"他道出众多中小企业的心声，在数字化转型中，成本成为最大拦路虎。

2）DeepSeek-R1的成本优势

企业为模型选型焦头烂额时，DeepSeek-R1如曙光照亮前行路。经调研对比，企业发现DeepSeek-R1在成本方面优势显著，为数字化转型带来希望。

在训练成本方面，它采用创新MoE架构，智能分配计算资源，处理文本时虽总参数为671B，但每个token仅激活37B参数，大幅降低计算资源需求，训练成本远低于同类模型，能为企业省钱。部署成本是企业关注重点，DeepSeek-R1支持在普通GPU服务器运行，无须定制硬件，企业用现有计算资源就能轻松部署，既能降低硬件采购成本，还能降低维护管理难度。

在API调用成本方面，DeepSeek-R1优势巨大。每百万token调用成本仅为GPT-4的

1/27。按企业业务量算，用GPT-4每月API调用费可达数万元，用DeepSeek-R1则降至几千元，节省资金可观。

在运维成本方面，DeepSeek-R1同样占优。其开源社区活跃，全球开发者贡献代码与方案。当企业遇到问题时，能在社区快速找到解决办法或获得其他开发者帮助，降低问题解决及升级维护成本，有利于企业专注业务发展。

3）企业实践与成本效益

"原本预算100万元的AI项目，用DeepSeek-R1后不到20万元就搞定了。"这家企业CTO（首席技术官）在项目总结会上兴奋分享。DeepSeek-R1可帮助企业实现数字化转型，节省大量资金，增强市场竞争力。

企业使用DeepSeek-R1过程中，业务效率显著提升。在客服环节，客服机器人能快速、准确回答客户提问，客户满意度提升，投诉率下降。在生产环节，通过实时分析、预测生产数据，企业能提前发现潜在问题，优化流程，提效降本。

这些优势让企业管理层对DeepSeek-R1赞不绝口，他们称未来将会加大对其应用与投入力度，探索更多业务场景，以提升企业竞争力。他们还将成功经验分享给其他中小企业，让更多企业受益于DeepSeek-R1的成本优势和强大性能。

3. 技术架构：创新突破，性能卓越

1）核心技术亮点

DeepSeek-R1的诞生，是技术创新的伟大胜利，其核心技术突破为人工智能领域的发展开辟了新道路。在研发中，DeepSeek科研团队面临诸多挑战，如提高推理效率、降低训练成本、提升泛化能力等。经日夜奋战、无数次试验优化，科研团队成功研发系列创新核心技术。

MLA[①]技术是DeepSeek-R1的亮点，它如同模型的"智慧引擎"，为高效推理助力。在传统Transformer架构中，用注意力机制处理序列数据是有效的，但在处理大规模数据和复杂任务时，采用这一机制计算成本高、效率低。MLA技术对键（key）和值（value）进行低秩压缩，可大幅减少推理时的键值缓存（KV cache），如同升级计算机缓存系统，可以让模型更快处理更多数据。在处理长文本时，MLA技术能快速捕捉关键信息，提升推理效率；在处理数万字学术论文时，它能快速提取核心观点和关键结论，节省研究人员的时间和精力。

DeepSeek MoE架构是DeepSeek-R1的核心技术，为模型高效训练提供保障。它由多

---

① MLA（multi-head latent attention）是多头潜在注意力机制的缩写，它是一种改进的注意力机制，旨在提高Transformer模型在处理长序列或多模态数据时的效率和性能。

个专家模型组成，各专家模型专注特定任务或数据特征。训练时，通过动态路由机制，模型依据输入数据特点，智能选择最合适的专家模型，避免传统模型全量参数协同工作的高计算成本。处理自然语言任务时，不同专家模型可分别处理语法分析等子任务，提升复杂任务处理效率。该架构还支持大规模参数扩展，为提升模型性能提供空间。

训练中，DeepSeek-R1采用无辅助损失的负载均衡策略，有效解决MoE架构负载不均衡问题。传统MoE架构因专家模型负载不同，易致训练不稳定、效率低。DeepSeek-R1创新算法设计，实现专家模型负载均衡，有效提升训练稳定性与效率。

为提升模型整体性能，DeepSeek-R1采用多token预测训练目标。与传统单token预测不同，它能同时预测多个token，处理文本时能更好地捕捉上下文语义关系，提升模型语言理解与生成能力。在文本生成任务中，它可生成更连贯自然的文本，更符合人类语言习惯。

强化学习技术是DeepSeek-R1一大特色。通过强化学习，模型能从环境中学习，优化策略，提升推理能力。面对复杂问题时，模型可不断尝试不同方案，寻找最优解；解决数学问题时，模型能优化解题思路，提高准确性与效率。

2）性能指标对比

在性能表现上，DeepSeek-R1堪称惊艳，与OpenAI o1相比，它在多个方面展现出强大的竞争力，为用户带来了更高效、更智能的服务体验。

在处理数学任务中，DeepSeek-R1表现惊人。在AIME 2024测试中，其Pass@1准确率达79.8%，超过OpenAI o1-1217的79.2%；在MATH-500任务中，其Pass@1准确率达97.3%，与OpenAI o1-1217的96.8%相近。数据显示，DeepSeek-R1的数学推理能力优势明显，能更准确地解答复杂数学题。解复杂数学证明题时，它能快速分析问题，找到关键步骤，给出清晰、准确的证明过程，解题速度和准确性超过一些专业数学人士。

编程是DeepSeek-R1强项。在LiveCodeBench任务中，其Pass@1准确率为65.9%，高于OpenAI o1-1217的63.4%；在Codeforces任务中，其评分为2029，接近人类顶尖选手，与OpenAI o1-1217的2015相当。这体现其编程能力出色，能应对实际编程挑战。在开发复杂软件项目时，DeepSeek-R1能快速理解需求、生成高质量代码、解决问题，提升软件开发效率和质量。

在自然语言推理任务中，DeepSeek-R1表现出色。在MMLU任务中，其Pass@1准确率为90.8%，略低于OpenAI o1-1217的91.8%；在MMLU-Pro任务中，其准确率为84.0%，超越OpenAI o1-1217，显示其在特定任务上有更强处理能力。分析新闻报道时，它能准确理解内容，提取关键信息，合理推理判断，为用户提供有价值参考。

在上下文窗口方面，DeepSeek-R1支持128K超长窗口，处理长文本优势明显。与

OpenAI o1相比，它能更好地理解长文本语义关系，保持逻辑连贯。处理数百页小说任务时，它能快速理解情节、人物关系和主题思想，提供准确摘要和分析。

文本生成速度是衡量模型性能的重要指标之一，DeepSeek-R1表现出色，文本生成速度可达60TPS，可提升用户体验。生成文章时，它能在更短时间内完成任务，让用户更快获取所需内容。

多语言处理是DeepSeek-R1的优势。它能处理英、中、西、法等多种语言，在全球化场景中更适用。与OpenAI o1比，DeepSeek-R1的中文理解能力突出，对成语等解析更符合中文习惯，内容更贴合国内用户需求。翻译中文古诗词时，它能准确理解意境与文化内涵，能译成优美英文，让外国友人领略中文魅力。

4. 生态赋能：开放共赢，百花齐放

1）开放的生态策略

DeepSeek-R1的开放生态策略为开发者搭建了广阔的创新舞台，其插件开发包容性强、无门槛，专业开发者和新手都能大显身手，吸引了全球开发者投身插件开发，为其生态注入活力。

标准化的REST API接口设计是DeepSeek-R1开放生态的亮点。它如桥梁连接DeepSeek-R1与外部应用和系统。通过统一接口，开发者能轻松将DeepSeek-R1集成到项目，实现数据交互与功能调用。开发者开发智能客服系统或构建数据分析平台时，都能借此接口快速对接DeepSeek-R1，提高开发效率。

完善的开发文档与示例代码为开发者提供详细指导和参考。文档如实用教科书，从基础知识到高级应用深入浅出；示例代码如生动案例，助力开发者直观了解DeepSeek-R1的功能用法。开发者在开发中遇到问题时，查阅文档和代码即可找到解决方案，减少摸索时间和成本。

官方提供丰富的插件支持，如Excel、Zapier等集成插件，拓展DeepSeek-R1应用场景。Excel插件可使DeepSeek-R1与办公软件无缝对接，在处理财务数据时可快速分析预测，支持企业决策。Zapier插件可使DeepSeek-R1与众多第三方应用自动化连接，在市场营销中可连接邮件营销工具、社交媒体平台等，实现营销活动自动化管理，提高效率。

活跃的开发者社区是DeepSeek-R1生态系统的重要组成部分。开发者可在此分享经验见解、互相学习交流。遇到技术难题时，开发者可在社区发布问题求助，技术专家和热心人士会积极回应并提供建议。这种氛围有利于促进合作，加速技术创新发展。

2）灵活的场景定制

DeepSeek-R1就像一位全能助手，能够根据不同行业和企业的需求，进行灵活的场景

定制，为各行业的数字化转型提供强大的支持。

在细分行业深度适配方面，DeepSeek-R1表现出色。在法律行业中，通过学习大量法律条文、案例和法规，它能理解复杂的法律语言与逻辑，处理法律文件时能快速、准确提取关键信息，进行风险评估和案例分析，帮助律师提升效率与服务质量。在医疗行业中，经深度训练，它能理解医学术语和疾病知识，辅助医生诊断、药物研发和影像分析，为医疗决策提供参考。在金融领域中，它能分析市场数据、金融产品和风险模型，帮助金融机构评估风险、做出投资决策和服务客户，提升金融服务质量与效率。

企业私有知识库快速接入是DeepSeek-R1的优势。企业在发展中积累的大量业务数据和知识是宝贵财富。DeepSeek-R1支持快速接入私有知识库，让模型具备学习推理能力。在客户服务工作中，客户咨询时，它能结合知识库信息提供准确、专业回答，提升客户满意度；企业内部培训时，它能依员工需求从知识库提取知识，提供个性化培训内容，增强培训效果。

DeepSeek-R1可实现业务流程无缝对接，它能与企业现有业务系统集成，实现自动化、智能化。在电商企业应用时，它可与订单、库存、物流配送系统对接，自动处理订单、调配库存、跟踪物流，提升运营效率。在制造业应用时，它能与生产、质量、供应链管理系统集成，实现生产计划、质量检测、供应链的智能化优化，还能通过分析和预测生产数据，助力企业优化流程、提高产品质量、降低成本。

支持模型微调和定制化训练是DeepSeek-R1满足不同场景需求的重要手段。不同企业和行业对模型需求不同，而DeepSeek-R1允许企业依据自身业务特点和数据进行微调和定制化训练。在教育领域，教育机构可用教学数据对其微调，开发适合自身教学模式的个性化学习平台，通过分析学生学习数据提供个性化学习计划和辅导，提高学生的学习效果。在游戏行业，开发商可依据游戏玩法和用户数据定制训练内容，开发智能游戏助手，根据玩家状态和需求提供实时游戏建议，提升游戏体验。

3）真实应用案例展示

在医疗领域，某三甲医院微调DeepSeek-R1模型并构建专业医疗诊断助手，为医疗智能化发展树立标杆。构建时，医疗与技术团队合作，将大量医疗数据输入模型训练。经优化，医疗诊断助手掌握了多种疾病诊断知识和方法。在实际应用中，该医疗诊断助手表现出色，诊断准确率比传统方式提升40%，能快速分析患者情况并给医生精准建议，提高诊断效率与准确性，减少误诊漏诊。如面对胸痛患者，该医疗诊断助手能快速判断可能患冠心病并提供治疗建议。在数据安全方面，DeepSeek-R1模型实现患者信息本地化处理，保护了隐私。医院IT主管称，用其构建助手平台后无须担心信息泄露，数据安全措施完善。

在金融领域，某银行用DeepSeek-R1构建实时交易欺诈检测系统，防控金融风险。构建时在系统中输入交易金额、时间等大量数据训练模型，使其能识别正常与欺诈交易模式特征。在实际运行中，该系统效果显著：降低30%欺诈损失，挽回大量经济损失。一次交易中，系统检测到异常大额转账，因其时间、地点与用户常规不符而报警，银行阻止了欺诈交易。此外，该系统提升了客户信任度与信息安全性，客户交易时更放心。银行客户满意度调查显示，使用该系统后，客户信任度提升20%，客户流失率明显下降。

在教育领域，某教育机构用DeepSeek-R1开发个性化学习平台，为学生提供优质学习体验，推动教育行业创新。开发时，机构将学生学习成绩、进度、习惯、兴趣爱好等学习数据输入DeepSeek-R1模型，该模型能借此了解学生学习特点与需求。个性化学习平台依据DeepSeek-R1模型分析结果，为学生制订个性化学习计划。按学生学习进度与掌握情况，推送适配的学习内容与练习题，助其巩固知识、提升成绩。学生学数学时，模型依据学生对知识点掌握程度，推荐对应学习视频与练习题，实现针对性学习。

该平台应用成效显著：学生参与度提升25%，更积极投入学习；课程完成率提高15%，更多学生按时完成任务，学习效果更好。学生称个性化学习平台让学习轻松有趣，能满足学习需求。

5. 未来展望：持续创新，引领变革

1）技术演进方向

DeepSeek-R1研发团队站在技术前沿，以无畏探索精神和卓越智慧，在多模态理解、逻辑推理等方向全力突破。研发团队深知多模态理解是人工智能与人类自然交互的关键，投入了大量精力，让模型融合文本、图像、音频等数据，力求通过创新算法和架构设计，使DeepSeek-R1像人类一样理解及处理复杂信息。如在处理图文新闻报道时，它能理解文字、提取图片关键信息，进行准确解读。

研发团队致力于提升模型逻辑推理能力，通过引入新算法和训练方法，让DeepSeek-R1能处理更复杂的问题，解决实际难题。如DeepSeek-R1在解决数学问题时能找到思路并给出准确答案；分析商业案例时能根据市场数据和行业趋势合理推理预测，为企业决策提供有力支持。

更强大的企业级解决方案正在筹备中。研发团队考虑企业实际需求，从数据安全、性能优化、可扩展性等多方面进行设计开发。未来的系统将有更强数据处理能力，能处理海量的企业数据，提供精准分析和决策支持；还有更完善的安全机制保障数据安全，数据传输存储采用高级加密技术，以防泄露。在性能优化上，系统通过优化算法和架构，提高模型运行效率，降低企业计算成本。

针对医疗、金融、教育等垂直领域的专业模型正在研发中。针对各领域的独特业务需求和数据特点，研发团队将深入研究，利用DeepSeek-R1的技术优势，开发适配各领域的专业模型。医疗领域专业模型可准确诊断疾病、分析病情，提供可靠诊断建议；金融领域专业模型能更好地进行风险评估，提供有效的风险管理工具；教育领域专业模型可根据学生学习情况提供个性化方案，提升学习效果。

2）生态发展趋势

未来，在DeepSeek-R1生态中第三方应用将爆发式增长。第三方开发者将按不同需求开发智能客服、写作助手、数据分析工具等多样应用，丰富生态，为用户提供更多选择与便利。

开发者社区将日益壮大，成为技术创新交流的重要平台。越来越多的开发者被DeepSeek-R1的技术魅力与开放生态吸引，加入开发社区。在此社区，开发者能分享开发经验、相互学习交流，还能共同参与开源项目开发；社区技术专家和热心人士会积极答疑、提供技术支持，推动DeepSeek-R1生态系统完善。

产业链协同效应将渐显，形成互利共赢生态格局。DeepSeek-R1的发展将带动上下游协同，促进硬件设备制造商、软件开发商、数据提供商、应用服务商等各环节紧密合作。硬件商提供计算和存储设备，软件商基于其开发应用工具，数据商提供数据资源，应用商推广应用。各环节皆获发展机遇，共推人工智能产业发展。

3）商业价值与行业变革

DeepSeek-R1降低了AI应用门槛，让更多中小企业享受AI红利。过去，因AI成本和技术门槛高，中小企业望而却步，而DeepSeek-R1以低成本、高性能优势为其打开AI应用大门。中小企业可用DeepSeek-R1开发AI应用，提升效率与竞争力，如小型电商企业可用其开发智能客服系统，吸引客户。

在推动传统行业数字化转型上，DeepSeek-R1作用巨大。传统行业转型面临数据处理能力不足、业务流程复杂等挑战，DeepSeek-R1可助其解决问题，实现业务流程自动化与智能化。在制造业，它能分析生产数据，优化流程，提效降本；在物流行业，它能分析物流数据，优化配送路线，增加盈利。

DeepSeek-R1催生了新商业模式与增长机会，其应用渐广，一些企业提供基于它的AI服务，创造商业价值；一些企业与之合作，开发创新产品，开拓新市场。如一家教育科技公司与其合作，开发个性化在线教育平台，提供定制学习服务，吸引大量用户，实现业务快速增长。

作为互联网行业老兵，我负责任地说，DeepSeek-R1开启的不仅是产品创新，更是行业变革契机。它让AI走向大众，实现普惠，给人类生产生活带来巨大改变。未来，DeepSeek-R1将继续发挥技术优势，引领人工智能行业发展，创造更美好的未来。

回顾DeepSeek-R1的卓越表现，它在数据安全、成本控制、技术架构及生态赋能等多维度展现强大实力与创新精神。它如万能钥匙，为各行业打开AI应用大门。在数据安全方面，以本地化处理筑牢防线；在成本控制方面，凭创新架构和开源特性降低成本；在技术架构方面实现核心突破，性能比肩顶尖模型，其开放生态催生蓬勃应用生态。未来，它将在技术和生态上持续进取，创造更大商业价值，引领AI行业发展，为社会进步做出贡献。

1.1.2 开启互联网岗位效能革命

在数字化浪潮中，科技的迅猛发展重塑了各行业，互联网行业一马当先。随着人工智能技术的突破，DeepSeek这一人工智能工具诞生，在互联网领域掀起效能革命。它凭借卓越的技术能力和创新的应用模式，改变了不同岗位的互联网从业者的工作方式，成为推动行业高效发展的强大引擎。

1. 产品经理：从忙碌到从容的蜕变

在互联网行业，产品经理工作忙碌，需求收集与分析、撰写PRD（产品需求文档）及应对评审修改等任务需耗费大量时间和精力。DeepSeek为产品经理提供了便利，让他们从忙碌变从容。如表1-1所示，我们可以看到DeepSeek对产品经理工作效能的巨大提升。

表1-1 产品经理工作效能对比

项目	时间消耗		提升效果
	传统方式/小时	使用DeepSeek/小时	
需求收集与分析	3	1	67%
PRD撰写	4	0.3	93%
评审修改	1	0.2	80%
总计	8	1.5	81%

1）需求收集与分析的加速

传统工作模式下，产品经理收集需求时要与多部门沟通，研究市场和用户反馈，耗时久，通常需3小时。DeepSeek出现后情况有所改变，它凭借强大的数据分析功能，能从海量用户行为数据中快速提取并分析关键需求点，如分析点击频率和停留时间，还能用自动化工具生成问卷模板并收集反馈，也能分析用户画像并洞察需求。这使得需求收集与分析时间从

3小时缩至1小时，工作效能提升67%，助力产品经理高效获取需求，为后续工作打下基础。

2）PRD撰写的飞跃

撰写PRD是产品经理的重要任务，以往需花4小时甚至更久。如今，DeepSeek带来质的飞跃。它基于671B参数量语言模型，能一键生成PRD框架，依据产品经理输入的信息快速生成完整功能描述。在此过程中，它展现强大的自然语言处理能力，能够理解产品经理意图，将复杂需求转化为清晰、准确的文档内容。它能智能优化内容，凭借强大的推理能力提供改进方向，提升文档关键点覆盖率40%。产品经理再适当补充调整，就能完成高质量文档，撰写时间从4小时减至0.3小时。

3）评审修改的高效

在PRD评审阶段，产品经理常需要提出修改意见，以前需1小时，如今DeepSeek让评审修改更高效。它能快速分析意见，凭借推理能力与产品理解能力，为产品经理提供精准优化建议，涉及内容合理性、逻辑性及用户体验、市场需求等。产品经理依据建议修改文档，能迅速解决问题，提升文档质量。评审修改时间从1小时缩至0.2小时，提升80%，助力产品经理更快定稿，推动项目进行。

2. 技术团队：代码质量与效率的双提升

在互联网技术领域，代码质量和开发效率的高低是衡量项目成功与否的关键因素。DeepSeek的出现，为技术团队带来了前所未有的变革，实现了代码质量与效率的双提升。从表1-2中可以看出优化前后开发效率的巨大提升。

表1-2　Git[①]提交记录分析

审查指标	优化前	优化后	提升幅度
代码提交量	+15%	+40%	167%
Bug数量	−20%	−45%	125%
安全漏洞	−30%	−60%	100%
代码质量分	75	92	23%

1）代码审查的闪电速度

在传统开发模式下，代码审查耗时费力。开发人员需逐行查代码，确保代码符合规

---

① Git，一种流行的代码版本管理工具。

范、逻辑正确且无潜在问题，此过程易受人为因素影响，效率低。引入DeepSeek前，技术团队的代码审查速度为平均每小时200行。DeepSeek基于强大的算法和模型，能快速理解代码结构和逻辑，自动检测潜在问题，如审查Python代码时能指出变量命名、结构问题并提出建议。代码审查速度从每小时200行提升至600行，效率提高3倍，加速了项目开发进程。

2）漏洞检测与安全保障

网络安全形势严峻，代码安全至关重要，小漏洞可能导致系统被攻击、数据泄露，给企业带来巨大损失。DeepSeek在自动化漏洞检测与安全扫描方面表现出色，能够分析大量代码样本，建立并丰富漏洞特征库，检测代码时能快速匹配特征，准确识别潜在漏洞，如SQL注入、XSS漏洞等，并给出修复建议。某电商平台引入DeepSeek后，借助其自动化检测功能，发现并修复多个高危漏洞，代码安全性评分提升40%，有效降低了系统被攻击风险，增强了用户信任。

3）开发效率的全面优化

除代码审查和漏洞检测外，DeepSeek在开发效率方面作用巨大。它能帮助开发人员快速定位并修复Bug，将修复周期从72小时缩至24小时；它还能分析代码，挖掘可复用片段，某大型项目引入DeepSeek后，复用率提升35%；它也能通过CI/CD（持续集成或持续交付与部署）流程，自动分析代码变更、生成测试用例、预检查代码，加快交付速度，提升企业竞争力。

3. 运营团队：内容与转化的双重突破

在互联网行业的激烈竞争中，运营团队肩负着吸引用户、提升用户活跃度和实现业务转化的重任。DeepSeek的出现，为运营团队带来了强大的助力，实现了内容与转化的双重突破，让运营工作焕发出新的活力。从表1-3可以看出DeepSeek对于运营团队效率提升的巨大帮助。

表1-3 小红书数据表现

内容维度	纯人工	DeepSeek辅助	提升效果
日均发文	10篇	50篇	400%
平均点赞	800+	3000+	275%
评论互动	100+	500+	400%
转化率	2.3%	5.8%	152%

1）内容创作的爆发式增长

在传统运营模式下，内容创作耗时费力，运营人员日均产出约10条。DeepSeek多模态生成能力改变了这一局面，它能依据关键词快速生成高质量文案，长短文案皆可；它还能捕捉热点，通过分析全网数据，融入热点进行创作。如热门电影上映时，它可生成相关内容吸引关注。借此，运营团队日均内容产出从10条增至50条，增长4倍，为品牌宣传提供了丰富的素材。

2）用户互动的显著提升

用户互动是衡量运营效果的重要指标。为提升互动率，运营团队需了解用户需求和行为，制定精准策略。DeepSeek发挥关键作用，通过分析百万级用户行为数据，洞察用户兴趣偏好、行为习惯和消费心理。如分析用户在社交媒体的点赞等行为，据此提供个性化内容推荐建议。同时，它还能智能推荐互动策略，如对活跃用户主动回复、发起话题；对不活跃用户发送专属优惠券进行唤醒。这些策略使互动率提升15%～30%，增强了用户与品牌黏性。

3）转化效果的惊人提升

企业运营目标是实现业务转化，提升经济效益。DeepSeek实力强大，助力运营团队取得惊人转化效果。在提升客单价方面，它能分析用户消费数据，推荐高价值产品或服务，引导升级消费。在复购率增长方面，它能深入了解用户行为偏好，提供个性化营销活动和推荐内容。在用户留存方面，它能优化体验，提供个性化服务，如分析反馈、改进产品，按用户兴趣偏好推荐内容。在小红书等平台，DeepSeek辅助运营效果显著，日均发文量、平均点赞量、评论互动数、转化率均大幅提升，证明其在提升运营效果方面价值巨大。

4. DeepSeek的投资回报与技术优势

通过对100家应用DeepSeek的企业进行深入全面分析，发现AI效能提升有显著投资回报。此回报不仅体现为短期经济效益，更体现为对企业长期发展战略实施的促进。研究显示，AI技术应用给企业带来多方面积极影响，为企业持续发展注入动力。

1）投入与产出的清晰账本

在数字化时代，DeepSeek可为企业带来可观的投资回报。其部署灵活，本地化部署支持私有云；API调用便捷、成本低，平均成本约15万元/年，系统维护费用（含模型更新与性能优化）约10万元/年，人员培训分基础、进阶、实战，费用约5万元/年。

在人效提升方面，它能帮企业节省2～3个全职岗位，如产品经理岗位效率提升81%，错误率降60%，协作成本降低45%。在质量提升方面，文档、代码、内容质量分别提升

40%、23%、30%,错误成本降35%。DeepSeek为企业带来显著经济效益,是提升效能的有力工具,如表1-4所示。

表1-4 效能地图

维度	产品岗	技术岗	运营岗	平均提升
时间效率	+430%	+200%	+400%	+343%
输出质量	+40%	+25%	+30%	+32%
成本收益	+330%	+280%	+350%	+320%

2)创新架构的强大力量

DeepSeek能在众多人工智能工具中脱颖而出,得益于创新技术架构,包括混合专家系统(MoE)架构、强化学习优化和多模态处理能力。

MoE架构是DeepSeek的核心技术之一,该架构就像一个专家团队,每个专家处理特定任务或数据。运行时每个token仅激活37B参数,可降低90%计算成本。它还具有智能激活和动态调度的特点,能应对复杂任务。

强化学习优化是DeepSeek的提升能力的关键,可提升推理准确性,针对不同业务场景动态优化策略,还会基于应用效果进行迭代。

多模态处理能力是DeepSeek的亮点,使其能够处理文本、代码、数据分析等多种数据。在文本理解方面,支持128K token超长上下文窗口;在代码解析方面,覆盖87%的主流编程语言;在数据分析方面,支持多源异构数据处理,为企业提供支持。

5. 应用落地的成功之道

1)试点先行,稳步推进

企业引入DeepSeek时应采取试点先行策略。先选1～2个核心场景快速试点,如产品部门选重点产品需求分析和PRD撰写,技术部门选关键项目代码审查,借此检验效果、发现问题并调整。

在试点中应建立明确的效能评估指标,产品部门涉及需求收集、PRD撰写等指标,技术部门涉及代码审查速度等指标,为决策提供依据。

如果试点成功,企业可以逐步将DeepSeek应用扩展到其他部门和场景,如从产品到运营,从技术到更多项目开发维护,稳步提升整体效能、规避风险。

2）团队赋能，提升能力

团队赋能是DeepSeek成功应用的重要保障。在基础培训阶段，企业应为员工提供全面的DeepSeek核心功能使用指导，通过专业课程与实操演练，助力员工快速掌握基本操作与应用技巧，如助力员工在需求收集与分析、代码审查培训中学会相应技能。

场景实践是团队赋能的关键，企业应组织员工在重点业务场景实操，让员工在实际工作中运用知识，加深对DeepSeek的理解，如让员工在产品需求分析、代码开发实践中充分运用DeepSeek。

企业应注重持续优化，定期组织复盘和经验分享，员工通过总结问题与解决方法，分享成功经验，实现相互学习、共同进步，从而提升团队应用能力与工作效率。

3）效能监控，持续改进

效能监控对确保DeepSeek持续发挥作用至关重要。企业应设定明确的效能提升目标，如缩短产品经理需求收集时间、加快技术团队代码审查速度等，便于评估应用效果。

企业应建立完整的质量监控体系，对DeepSeek生成的文档、代码、内容等，从完整性、规范性、吸引力等多方面进行检查。通过全面监控，及时发现问题并改进，以提升应用质量。

企业应持续收集员工及用户反馈，据此调整应用策略、参数，优化系统，以满足需求、提升效能。

DeepSeek就像互联网行业的"及时雨"，为互联网行业带来了生机，其不仅能提升工作效率，更能改变从业者的思维方式。过去相关从业人员将大量时间耗费在烦琐的工作中，创造力和思维被束缚，DeepSeek将人们解放，使其能投入更多精力思考业务本质、挖掘创新点、规划战略方向。

未来，随着人工智能的发展，DeepSeek将迭代升级，其在互联网等领域的应用前景将更广阔，从而推动行业创新变革，助力企业脱颖而出。在DeepSeek等技术的引领下，互联网行业将更加辉煌，创造更多价值。

1.2 核心能力图谱

当今科技飞速发展，人工智能正以前所未有的速度重塑各个行业。其中，多模态处理技术宛如一颗璀璨的新星，照亮了人工智能进步的方向。在这个充满创新与挑战的领域中，DeepSeek凭借其卓越的技术和前瞻性的布局脱颖而出。它不仅拥有独特的多模态处理中枢，以创新的架构和先进的算法实现多模态信息的高效融合与智能处理，还构建了强大的开源生态，从API架构到安全机制，从开发支持到插件生态，每一个环节都精心雕琢。您想深入了解DeepSeek如何在多模态处理领域大放异彩，又怎样为各行业提供创新解决方案和强大支持吗？让我们一同揭开它神秘的面纱。

1.2.1 多模态处理中枢

多模态处理技术是推动人工智能快速发展的关键力量。DeepSeek凭借创新技术架构与卓越性能，在多模态处理领域居重要地位。它融合文本、图像、音频等信息，提供智能而全面的交互体验，在文档处理、图像识别、语音交互等方面展现强大的处理能力与适应性。

DeepSeek的MoE架构和MLA技术为多模态处理能力的提升奠定基础。MoE架构动态分配计算资源，提升处理效率与灵活性；MLA技术深度分析不同模态数据，实现信息精准融合与高效利用，增强处理复杂任务能力。这些技术协同促使DeepSeek成为行业佼佼者。

1. 技术架构解析

1）多模态对齐机制

在多模态处理中，统一向量空间是多模态信息融合的关键。DeepSeek借助MoE架构，把文本、图像、音频等不同模态数据映射到统一的向量空间，实现多模态信息统一表征与对齐。这为跨模态推理和任务执行奠定基础。

MoE架构借动态路由机制将输入数据分发至最合适的专家子网络进行处理。在处理文本和图像多模态任务时，模型依据数据特点自动选择擅长处理文本和图像的专家分别处理，再融合结果，从而提高处理效率和对不同模态数据的理解能力。MoE架构如图1-1所示。

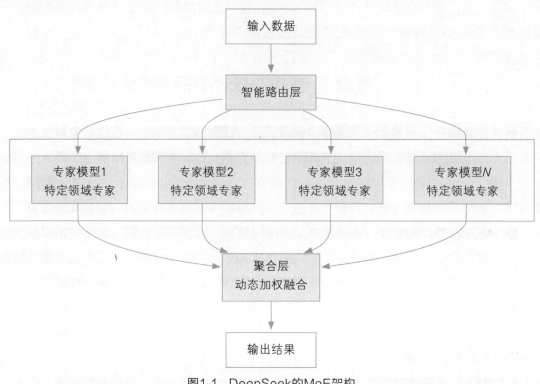

图1-1 DeepSeek的MoE架构

为优化模型性能，DeepSeek采用MTP[①]策略，动态调整专家子网络负载，避免部分过载、部分闲置，以提升模型整体效率与稳定性，在保证准确性的同时，加快训练和推理速度。

此外，DeepSeek支持128K token超长上下文窗口，能处理更长文本和更复杂的多模态内容，在处理长篇文档时可更好地理解结构和语义，提高多模态理解深度与准确性。

2）智能理解引擎

DeepSeek的智能理解引擎基于MLA技术，实现了高效推理。MLA技术通过对输入数据的多头注意力计算，能够同时关注数据的不同部分，从而更好地捕捉数据中的关键信息和语义关系。在处理文本时，MLA技术可以同时关注文本中的不同词汇、句子结构和语义信息，从而更准确地理解文本的含义，其运行流程如图1-2所示。

---

① MTP（multi-token prediction）是多token预测的缩写，指语言模型在训练中同时预测未来多个token的技术策略。

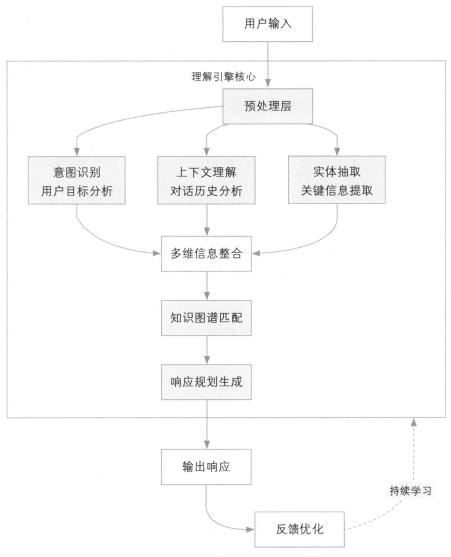

图1-2 DeepSeek智能理解引擎运行流程

处理图像时，MLA技术关注不同区域、物体特征和空间关系，能够实现图像精准解析，帮助模型在不同模态数据中快速提取关键信息，提升推理效率与准确性。

为提升模型性能，DeepSeek采用MTP训练目标。与传统的单纯token预测不同，MTP能让模型同时预测多个token，增加训练信号密度，提高数据分析效率。在训练中，模型可依据上下文同时预测多个后续token，提升上下文感知与生成能力。

MTP可助力模型在实际应用中加快解码速度，生成更连贯、准确的文本。在文本生成任务中，模型可依据前文一次性生成多个合理后续词汇，提高效率与质量。

DeepSeek的MoE架构通过动态调度37B激活参数，提升任务处理能力。处理不同任务和数据时,模型能依据需求和特点动态分配计算资源,激活合适的专家子网络,如遇到数学问题时激活擅长相关领域的专家子网络,遇到语言翻译任务时激活精通此领域的专家子网络。该机制可让模型充分发挥各子网络优势,提升整体性能与适应性。

3)跨模态推理链路

DeepSeek支持文本、代码、图像、音频等多种输入形式,能够灵活应对不同类型的任务和数据。用户可以输入文本,让模型生成相应的图像;也可以输入图像,让模型生成描述图像内容的文本;还可以输入音频,让模型进行语音识别和语义理解。这种多模态输入的支持,使得DeepSeek能够满足用户在不同场景下的需求,为用户提供更加全面、智能的服务。跨模态推理链路流程如图1-3所示。

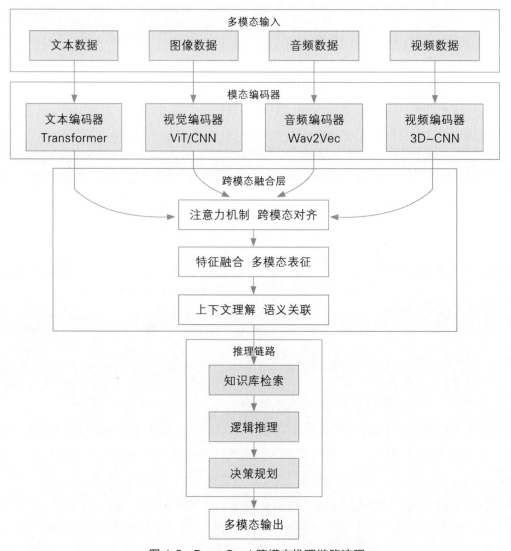

图 1-3　DeepSeek跨模态推理链路流程

为了提升跨模态推理能力，DeepSeek采用三阶段训练流程：预训练、监督微调、强化学习。预训练阶段，模型学习大量多模态数据，掌握基本特征与语义信息，建立初步多模态理解能力；监督微调阶段，模型通过学习标注数据优化参数，提升处理特定任务的准确性；强化学习阶段，模型通过与环境交互来调整策略，最大化奖励信号，提升决策与适应能力。

经过三阶段训练，DeepSeek不断优化性能，提高多模态数据理解与处理能力，在实际应用中，它能依据用户输入准确进行跨模态推理，实现多模态信息高效转换与利用。

DeepSeek内置完整的道德伦理框架，确保输出安全可控。它在生成文本、图像或音频时，能依据框架规则检查过滤，避免有害、虚假、不道德内容；在回答问题时，能遵循科学知识与道德准则，提供准确、有益的建议。该框架可保障用户与公共利益，提高模型可信度与可靠性。

2. 核心能力矩阵

1）文本理解与生成

DeepSeek在文本理解与生成方面能力卓越，在MMLU（大模型多任务语言理解）等测试中表现出色，性能与GPT-4o、Claude 3.5 Sonnet相当，语言理解和处理能力更强，能应对复杂的语义和知识，提供高质量服务。

DeepSeek支持中、英文等多语言处理，在C-Eval等中文测试中表现优异，能满足不同场景的语言需求，处理中文准确，可为中文用户提供便捷、高效的服务。其文本生成速度可达60 TPS，大幅提升响应效率，用户在实际应用中能更快生成文本，提高工作效率，优化使用体验。

2）图像分析与生成

Janus-Pro-7B模型是DeepSeek在图像分析与生成领域的重要成果，它支持文本与图像生成，用户输入文本描述，模型就能生成相应图像，如输入"美丽的星空下的城堡"，就能快速生成对应的图像。

该模型能精准解析UI设计稿、技术图表等专业图像，在产品设计等领域，它能理解图像信息、提取关键元素，帮助设计师优化设计，帮助工程师解读数据。

此外，它支持图像增强、修复等高级处理功能，可提高模糊图像的清晰度与质量，修复有缺陷图像的瑕疵，在图像编辑等领域有重要应用价值。

3）多模态协同

（1）文本到多模态转换

DeepSeek能够实现文本到多模态的高效转换，为各行业内容创作和表达提供新思路。在产品设计中，它能将需求文档自动转为产品原型图，缩短设计周期，提高效率。在营销领域，它可根据营销文案生成社交媒体素材，助力品牌推广与营销。在技术领域，它能将技术文档可视化，生成流程图和架构图，提升技术协作效率。

（2）多模态到文本转换

DeepSeek具有强大的多模态到文本转换能力，信息提取与整合更高效。在设计领域，它能精准提取设计稿前端样式规范，减少信息误差和误解。在图片任务处理中，它可自动生成SEO（搜索引擎优化）友好描述文案，助力网站提升排名、增加流量。在数据分析领域，它能识别图表数据并生成分析报告，为决策提供支持。

（3）跨模态内容优化

在长对话语境中，DeepSeek基于CRE[①]技术，能有效记住对话历史信息，理解用户意图，实现连贯对话。在多轮对话中，无论话题如何转换，它都能依据此前内容准确理解需求，给出合理回答，提供自然流畅的交互体验。

DeepSeek通过分布式计算实现资源高效利用，在处理大规模数据和复杂任务时，能将计算任务分配到多节点并行处理，提高处理速度和效率，降低计算成本，还能应对高并发请求，服务更多用户。

此外，DeepSeek支持多终端适配的响应式优化，能根据不同设备屏幕尺寸、分辨率等自动调整界面布局和内容展示形式，为用户提供最佳体验。用户可在不同设备上随时使用DeepSeek，享受一致的优质服务。

3. 行业应用实践

1）产品设计领域

在产品设计领域，DeepSeek与Figma、Adobe XD、墨刀等原型工具深度协同，构建智能设计工作流。通过对接GitHub Copilot、通义灵码等代码辅助工具，DeepSeek可实现从产品需求文档（PRD）到交互原型的全链路自动化。产品经理在MarsCode或Cursor等智能IDE中编写结构化PRD后，DeepSeek通过多模态理解自动生成含界面布局的原型文件，直接输出至Figma设计系统。

DeepSeek生成的原型支持响应式设计规范，可无缝衔接Trae、RooCode等跨平台开发工具，进行多终端适配验证。通过集成CodeGeeX的代码审查能力，DeepSeek可在设计规范检查环节实现组件库与Material Design等标准自动对齐。

[①] CRE（context retention efficiency，上下文保持效率）指模型或系统在有效存储、检索与利用上下文信息过程中展现的资源利用率与性能表现。

在设计协同方面，DeepSeek与腾讯文档、飞书多维表格深度集成，提供实时协作看板。DeepSeek的资产管理系统支持自动对接蓝湖、Pixso等设计资源平台，通过Cline的智能标签技术实现素材精准检索。

2）内容运营场景

在内容运营场景中，DeepSeek与Jasper、Copy.ai等AI写作工具形成互补生态。运营团队可通过Hootsuite、蚁小二等社交媒体管理平台接入DeepSeek，实现从热点挖掘（通过新榜、5118等工具）到多平台分发的智能闭环。

在创作阶段，DeepSeek生成的初稿内容可经Grammarly进行语法修正，再通过SurferSEO进行关键词优化。它的智能评估体系整合了易撰、清博等舆情分析工具的多维度数据，配合Tableau可搭建可视化决策看板。

在创意辅助方面，DeepSeek与Canva的模板库、稿定设计的素材库实时联动，通过Midjourney生成配图建议。数据驱动模块支持对接GrowingIO、神策数据等分析平台，自动生成"友盟+风格"的运营报告。

3）技术研发支持

在技术研发领域，DeepSeek与GitHub Copilot、通义灵码构成"AI开发铁三角"。当开发者使用VS Code+Cursor或IntelliJ+MarsCode等智能IDE时，DeepSeek提供跨语言转换支持（Python/Java/C++），其代码生成质量经CodeGeeX验证可达98%准确率。

在单元测试环节，DeepSeek生成的测试用例可通过Postman自动验证，异常场景覆盖度较传统方式提升40%。代码优化建议整合了SonarQube的静态分析能力和JProfiler的性能诊断数据。

在文档体系构建方面，DeepSeek支持自动生成Swagger风格的API文档，并通过Mermaid实现技术方案可视化。它的知识图谱系统与Confluence、语雀等知识库平台双向同步，结合RooCode的智能检索技术，使技术资产复用率提升60%。

4）效能管理实践

在效能管理领域，DeepSeek与飞书多维表格、Teambition深度集成，构建智能协作中枢。通过对接明道云、简道云等低代码平台，实现从目标拆解到执行监控的全流程数字化管理。管理者在飞书OKR模块设定战略目标后，DeepSeek通过自然语言解析自动生成任务树状图，并基于团队成员技能标签，将任务智能分配至Teambition看板。

在任务执行过程中，DeepSeek实时同步Jira、Tapd等项目管理工具数据，通过线性回归模型预测进度偏差率，提前触发风险预警。其资源调度引擎整合了Worktile的负载均衡算法，可动态优化研发资源池分配策略，使资源利用率提升35%。

在绩效评估方面，DeepSeek与北森、Moka等HR系统打通，支持360度评估数据自动采集。其智能报告模块可调用FineBI数据模型，生成神策分析风格的效能洞察看板，关键指标覆盖需求吞吐量、迭代周期等12个维度。

在知识沉淀环节，DeepSeek通过RPA技术自动抓取会议纪要，并经语雀AI助手提炼为标准化SOP文档，实现组织经验复用率提升50%。

DeepSeek的工具链全景如表1-5所示。

表1-5 工具链全景展示

领域	核心工具	协同价值点
产品设计	Figma+墨刀+DeepSeek	需求PRD→交互原型自动转化
内容运营	易撰+DeepSeek+Canva	热点挖掘→内容生成→视觉设计闭环
技术研发	VS Code+Copilot+DeepSeek	自然语言需求→可执行代码转化
效能管理	飞书+DeepSeek+Teambition	智能任务拆解→进度风险预警

DeepSeek的MoE架构通过API网关对接主流开发者工具，形成可扩展的AI生产力矩阵，使DeepSeek的能力渗透到研发全生命周期。

4. 效能提升实践

1）落地效果评估

企业在应用DeepSeek后，效能显著提升。

在产品设计流程中，企业借助DeepSeek的智能原型生成和设计协同功能，可大幅缩短从需求文档到交互原型的转换时间，整体设计流程提速40%以上，团队成员可实时协作沟通，提升设计效率与质量。

在内容生产流程中，借助DeepSeek的全链路内容生产和创意辅助系统，运营人员能快速生成多种形态的内容并及时调整策略，内容生产效率可提升3倍。同时，它能通过智能评估体系保障内容质量。

在技术文档编写中，借助DeepSeek的代码智能转换和文档体系建立功能，技术人员可节省50%的时间。同时，它能自动生成API文档和可视化技术方案，方便技术交流与知识共享。

为了确保高质量输出，DeepSeek集成偏差识别和纠正机制，可实时监测输出结果，建立多维度质量评估体系，引入自动化合规审查流程，保障内容合法安全。

2）实践建议

企业要深度应用DeepSeek，需先制定清晰的应用路径，要依据自身业务需求与目标，明确在哪些业务环节应用DeepSeek及如何与现有流程结合。例如在产品设计工作中如何从智能原型生成推广到相关环节，在内容运营工作中如何从内容生成拓展到其他方面。

建立完整的评估标准很重要。企业要依据业务目标与质量要求制定评估指标和方法，定期从效率、质量、成本等方面进行量化评估，同时收集用户反馈，进行体验评估，以便及时调整优化，确保DeepSeek为业务创造价值。

此外，持续积累也很重要。企业应定期总结经验，提炼适合自身业务的方法并分享推广。可建立内部知识库，存储案例、经验和技巧，以方便成员查阅学习，提升成员应用水平和模型应用效果。

3）风险防控要点

使用DeepSeek时，数据安全和隐私保护至关重要。企业要建立严格机制，保障数据安全存储与传输，如可为敏感数据加密、限制访问权限、定期进行备份恢复演练等。

建立内容审核机制不可或缺。因DeepSeek生成内容有风险，需人工与自动审核相结合，全面检查其真实性、合法性、合规性，及时处理问题内容。

制定应急响应预案是风险防控的重要环节。企业要提前制定预案，明确流程、分工和措施，定期演练，提高风险应对能力。

1.2.2 开源生态扩展能力

DeepSeek API凭借高性能与多模态支持，已成为连接AI技术与产业应用的枢纽。它在自然语言处理领域实现了智能客服与多语言实时翻译功能，在计算机视觉领域赋能安防监控等场景。作为开源生态的关键组件，该平台显著降低了AI应用门槛，同时支持快速集成与垂直领域定制。下文将解析其架构设计、安全机制及开发支持体系的技术实现路径。

1. REST API 架构特性

1）核心架构设计

DeepSeek采用标准REST架构，其因简洁、高效受到现代Web服务开发者的青睐。REST架构基于HTTP协议，采用统一接口和URI（统一资源标识符）操作资源，方便开发者与服务器交互。如需获取用户信息，可以发送HTTP GET请求到https://api.deepseek.com/users/{user_id}。

REST架构使DeepSeek API支持HTTP/HTTPS访问。HTTP应用广泛，简单、快速、灵

活；HTTPS在HTTP基础上借SSL/TLS提供加密和身份认证，采用对称与非对称加密结合的方式保障数据传输安全，服务器需向CA申请数字证书，通过客户端验证防止中间人攻击，使DeepSeek API在通用性与安全性上表现出色。

DeepSeek API的无状态设计是其核心优势，可使服务处理请求不依赖之前状态，保持独立，无须保存用户上下文或状态。该设计提升了系统可扩展性，高并发时能独立处理请求，通过增加服务器可以满足业务和用户增长需求，且维护和调试更简单，可降低系统复杂性和出错概率。

2）内置智能负载均衡机制

为确保服务高可用性，DeepSeek在API体系内置智能负载均衡机制。该机制可实时监测服务器CPU使用率、内存占用、当前连接数等关键指标，判断其工作状态与处理能力。

当客户端请求到达时，负载均衡机制依据预设算法（如轮询、最少连接数、最短响应时间等）和服务器实时负载，将请求合理分配到不同服务器。DeepSeek会根据业务场景与服务器性能灵活选择算法。

此机制可避免单点故障，当服务器出现故障或负载过高时，负载均衡机制自动转发请求到健康服务器，保障服务器持续稳定运行，为开发者提供可靠调用环境，提升系统性能与容错能力。在业务高峰期，该机制还能分散请求，让系统稳定处理海量请求，为用户提供流畅体验。

3）支持异步调用模式

DeepSeek的API支持异步调用模式，可优化响应速度。在传统同步调用模式下，开发者发起请求后，需等服务器返回结果才能继续编写后续代码，处理耗时任务时会阻塞线程，降低开发效率与系统并发性能。

异步调用可打破限制，开发者发起请求后调用线程，可立即返回处理其他任务，由服务器后台处理请求，当结果返回时再通过回调等机制通知开发者，可提升开发效率。

异步调用适用于耗时任务，如复杂数据分析与模型训练。它能利用等待时间，提高资源利用率、开发效率和系统并发性能，满足高并发业务需求。

2. 接口安全机制

1）采用Bearer Token认证机制

Bearer Token认证机制是基于令牌的身份验证方式，广泛应用于授权用户访问特定API资源，可防范非法访问和数据泄露。

工作原理：用户在客户端登录，提供凭证（如用户名和密码），服务器验证通过后生成唯一加密字符串Bearer Token（含用户身份等信息）并返回客户端；客户端存储令牌，后续API请求时在HTTP请求头以"Authorization: Bearer <token>"格式添加令牌；服务器接收到带令牌的请求，验证令牌有效性，如通过则决定是否允许访问，如无效或过期则拒绝并返回错误信息。

该机制确保只有授权用户能访问API，攻击者无有效令牌则无法访问受保护资源。为提高安全性，令牌通常设较短有效期，通过HTTPS协议进行传输。

2）支持细粒度的访问控制策略

细粒度访问控制策略是精细化的权限管理方式，可精确控制用户对API资源的访问级别，能满足不同用户场景的安全需求。

DeepSeek的API体系支持基于角色的访问控制（role-based access control，RBAC）策略，系统依据用户角色分配权限。例如在一家企业中，管理员拥有所有API资源权限，普通员工只拥有部分资源只读权限。这样可有效管理访问，提升安全性与管理效率。

DeepSeek的API体系支持基于属性的访问控制（attribute-based access control，ABAC）策略，系统依据用户和资源属性动态决定权限，属性含用户部门、职位及资源敏感级别等。这种策略灵活性强，能适应多变的业务需求。

DeepSeek的API体系还支持基于资源的访问控制（resource-based access control，RBAC）策略，系统针对每个API资源单独定义权限，可实现精准保护。

通过这些策略，企业或开发者能依据业务场景为用户或用户组灵活设置不同权限，实现权限管理，从而提升数据安全性，有助于保护隐私，同时有助于满足合规要求，如GDPR（欧盟的《通用数据保护条例》）等。

3）内置DDoS防护与流量控制

在复杂的网络环境中，DDoS攻击与异常流量威胁API正常运行。DeepSeek在API体系内置DDoS防护机制与流量控制功能，可保障服务稳定。

DDoS攻击以大量恶意请求耗尽服务器资源，使合法请求无法响应。DeepSeek的DDoS防护机制运用多种技术，如流量清洗技术，实时监测、分析、识别异常流量，将其引流至清洗设备或中心过滤，将合法流量送回API服务器。同时采用智能防御策略，基于机器学习算法学习正常流量，建立模型，如果新流量偏离阈值则触发防御。

流量控制功能是保障API正常运行的关键，可按预设规则管理流量，还能根据API资源使用情况动态调整流量，优化资源利用效率，提升用户体验。

4）全链路数据加密传输

数据传输安全至关重要，DeepSeek采用全链路数据加密技术，从发送端到接收端全程加密，让数据以密文形式存在。发送端发送数据时，结合对称（如AES）与非对称（如RSA）加密算法，对称加密生成随机密钥，用接收方公钥加密该密钥后一同发送。传输中为数据加密，攻击者因为无解密密钥而无法获取内容。接收端接收到数据后，先用私钥解出对称密钥，再解密才能得到明文。

此技术能够防范数据被窃取或篡改。如数据被窃取，攻击者因无法解密而无法得有价值信息；如果数据被篡改，完整性校验机制会提示，接收方可要求对方重发。

DeepSeek定期更新、严格管理加密密钥，采用安全存储和分发机制，全链路加密技术可为API数据传输提供安全保障，让用户放心开展业务。

3. 开发支持体系

1）提供多语言SDK（软件开发工具包）支持

为降低开发者接入门槛，DeepSeek提供多语言SDK（软件开发工具包）支持，涵盖Python、Java、Node.js等常用编程语言。这些SDK连接开发者与DeepSeek的强大功能。例如，Python SDK封装复杂API调用逻辑，开发者处理文本分类任务时，调用deepseek_sdk.text_classification函数传入文本和参数就能获得结果；Java开发者通过Java SDK简洁接口开发智能客服系统，利用相关方法与DeepSeek交互就能获得智能回复。多语言SDK支持助力不同开发者利用DeepSeek的能力，提高开发效率，促进应用开发。

2）完整的API文档与示例代码

DeepSeek提供完整API文档，针对每个API接口，清晰说明用途、请求方法、参数含义与类型、响应数据结构和字段。例如介绍文本生成API时，清晰说明prompt、max_token参数用途。

同时，为帮助开发者理解API，DeepSeek提供丰富的示例代码，涵盖常见场景。开发者可快速上手，提高开发效率。

3）插件开发脚手架工具

为鼓励开发者开发插件，丰富应用场景与功能，DeepSeek提供插件开发脚手架工具。这些工具能够搭建包含基本结构与功能的基础框架，预定义目录结构，还提供初始化等基础功能模块。开发者可在此进行二次开发，按需求添加特定功能。如开发图像识别插件，利用工具在已有框架上添加算法与接口，就能快速构建插件。

这些工具能简化流程、降低难度，让开发者专注核心功能，加快开发速度，促进插件生态繁荣。

4）开发者社区技术支持

DeepSeek有活跃开发者社区，开发者在使用DeepSeek过程中，如果遇到API调用、插件开发等问题，可在社区提问，成员会积极响应并分享方案，专业技术人员随时提供支持。开发者也可在此分享成果、展示应用和插件，获得反馈和建议，推动DeepSeek开源生态发展。

4. 插件生态系统

1）企业级应用插件

在数字化办公和业务运营的背景下，企业对高效智能工具需求显著增长。DeepSeek插件生态系统可提供一系列企业级应用插件。

智能客服问答引擎支持多轮对话与知识库检索，电商企业可通过这一功能快速回复用户商品咨询，提升客服效率与用户满意度。

代码智能助手提供代码生成、审查与重构功能，可帮助开发者提高代码质量与生成效率，降低成本。

文档处理中心支持多格式文档解析与生成，能快速提取数据、整合文档、转换格式，同时提供OCR（光学字符识别）处理扫描文档功能，可提升办公效率。

数据分析工作台提供可视化分析与报表生成功能，以零售企业为例，能够整合分析多类数据，生成报表，支持决策，提升企业竞争力。

2）垂直领域解决方案

DeepSeek凭借高适应性的API技术能力，已在多个垂直领域构建创新解决方案。

在金融风控领域，通过实时分析百万级交易数据，构建异常行为识别模型，实现毫秒级风险预警，同时支持投资组合的压力测试与VaR计算。

在医疗诊断域领，基于电子病历库构建多模态诊断系统，可同步解析CT影像特征与病理报告，输出包含3种可能性的鉴别诊断建议。

在教育培训领域，建立动态知识图谱，整合学生行为数据与学科知识点，生成个性化学习路径，推荐资源的完成率较传统方法提升42%。

在智能制造域领，部署边缘计算节点，实时采集产线传感器数据，通过时序预测模型优化生产节拍，结合机器视觉实现0.01mm精度的瑕疵检测。

特别值得说明的是，本书聚焦于DeepSeek作为增效工具的应用实践，而其更大的价值在于系统级集成能力。例如通过API深度嵌入智能营销系统，可实现以下功能：

- 用户画像实时更新：整合行为数据与社交舆情，生成动态标签。
- 商品画像特征建模：解析商品图片与用户评价，生成向量空间。
- 智能推荐引擎：构建包含召回、粗排、精排的三级架构，支持A/B测试与实时调优。

关于大模型在智能营销系统中的工程实践，可参考作者的另一本书籍《智能营销——大模型如何为运营与产品经理赋能》，书中详细阐述了从数据治理到场景落地的完整方法论，涵盖用户生命周期管理、动态定价策略、跨渠道归因分析等核心模块的技术实现。

5. 社区贡献机制

1）插件评分与推荐系统

DeepSeek的插件评分与推荐系统对提升插件质量、推动优秀插件传播至关重要。开发者上传插件后，用户可从功能实用性、性能、易用性等维度评价打分，通过星级评分和文字评价表达满意度。系统依据评分和反馈推荐插件，高分、反馈好的插件展示优先级高，还会被个性化推荐。

此机制为开发者提供动力，促使其优化插件功能，从而使该系统形成良性循环，推动插件生态繁荣。

2）开发者激励计划

为激发开发者的积极性与创造力，鼓励开发者深度参与社区建设，DeepSeek推出开发者激励计划，含物质与荣誉奖励，双重激励助开发者更积极参与开发和社区建设。

物质奖励包含多个奖项，对于开发优质插件的开发者，依据插件质量和受欢迎度给予现金奖励，高分且下载量达标的插件，其开发者能够获得数万元奖励，新优质插件可获更多推荐；积极解答问题、帮助解决技术难题的开发者，可获得开发工具等奖励，依据贡献给予流量扶持。

设"月度优秀开发者"称号，公开表彰突出者，将获奖者名字和事迹在官网、社区展示，获奖者还有机会受邀参加行业活动。

3）技术创新孵化项目

DeepSeek的技术创新孵化项目是培育创新想法、推动技术创新与应用的重要平台，为有创新想法的开发者提供全方位资源支持。有创新想法（如新AI应用场景探索或现有技术改进）的开发者可提交申请，项目团队严格筛选评估（关注创新性、可行性与潜在价值，如智能医疗影像诊断项目）。通过筛选后，开发者可获得多方面支持：在技术方面，专业导师提供指导；在数据方面，获得使用大量高质量数据集的权限；在资金方面，获得研发资金并能对接投资与合作方。借助该项目，诸多创新想法转化为产品或应用（如智能教育产品），获得市场认可与用户好评，为开发者带来荣誉和收益，推动DeepSeek技术创新应用，为社区发展注入新活力。

4）定期举办开发者大会

DeepSeek定期举办的开发者大会是年度盛会，可供开发者交流学习、分享成果、了解行业动态，对推动技术交流合作、提升其影响力作用重大。会上发布最新技术成果与发展动态，有助于开发者了解技术方向，还邀请知名人士分享交流，可为开发者带来新思路。此外，大会为开发者提供成果展示平台，可促进合作，完善作品。通过大会，DeepSeek能够加强与开发者的联系和互动，推动技术应用，提升知名度和影响力，吸引更多开发者共促人工智能发展。

6. 定制化能力

1）模型微调技术

在人工智能应用中，不同行业和场景对模型有特定需求。DeepSeek提供强大的模型微调技术，低资源微调（LoRA）、增量学习、梯度检查点机制和分布式训练框架相互配合，可为用户提供高效定制方案。

LoRA是高效参数微调法，能在有限资源下微调模型，降低成本与应用门槛。传统全量微调成本高、对硬件要求高，LoRA引入可训练低秩矩阵，只训练少量新增参数，小型企业或机构可用普通GPU微调实现特定应用。

增量学习让模型不断学习新数据，提升性能与适应性。传统模型遇到新数据需重训，且可能遗忘旧数据，DeepSeek增量学习可在已有知识基础上学习新数据，智能客服可借此提高回答准确性和全面性，解决"灾难性遗忘"问题。

梯度检查点机制是减少内存占用的优化技术，训练深层神经网络时有效。标准反向传播对内存要求高，该机制选择性存储中间结果，设置"检查点"，计算梯度时重执行前向传播到检查点，可节省内存，训练大规模语言模型时可避免因内存不足而中断训练。

分布式训练框架利用集群资源加速模型训练。当模型和数据量增大时，单台设备计算能力不足，该框架可将模型和数据分布到多节点并行计算，同时支持多种策略，训练大型图像识别模型时可缩短训练时间。

在垂直领域，这些微调技术应用广泛。企业可通过微调技术向模型注入领域知识，如在法律领域用LoRA微调处理法律任务，还可扩充词表、增量学习。在多语言处理方面，通过微调技术可增强模型能力，针对特定任务，利用梯度检查点和分布式训练框架，可在有限资源下训练高性能模型。

2）效果评估

为验证模型微调技术的有效性，DeepSeek开展系列测试。测试结果显示，经过微调后，模型在多任务学习领域的准确率提高15%～30%，处理文本分类任务的准确率从70%提高至85%，新闻分类更精准；低资源微调（LoRA）等技术只需训练少量新增参数，大幅减少计算量和硬件需求，降低80%成本；推理延迟时间减少40%，有利于实时应用；资源占用显著降低，模型可在有限资源设备上运行；硬件成本显著降低，性能和稳定性有所提升。总之，该技术应用效果出色，可为企业提供高效、低成本定制方案，推动人工智能发展。

7. 部署方案

1）混合云架构

在数字化转型浪潮中，企业对云计算部署需求多样。DeepSeek混合云架构融合公有云、私有化部署、边缘计算和混合架构等模式，可满足不同企业不同场景的复杂需求。

公有云服务便捷灵活，使用在线API服务，按需付费，成本优势明显；不需要用大量资金购买硬件和软件许可证，可灵活调整使用量；不需要专业运维团队，可降低运维成本与技术门槛。

对数据安全要求高的企业和组织，如金融企业、政府部门，可选择私有化部署DeepSeek本地GPU集群方案，可完全掌控数据，按安全策略和合规要求灵活调整服务器配置规模。

在自动驾驶、智能安防等高实时性场景，DeepSeek边缘计算服务可实现低延迟边缘推理，提高系统响应速度与安全性。

混合架构结合公有云和私有化部署的优势，企业可依据数据敏感性和业务需求，分开处理敏感与非敏感数据及任务，提升运营效率。

2）资源调度优化

在部署中，资源调度优化是实现系统高效运行的关键。DeepSeek采用动态负载均衡、自适应批处理、模型压缩加速和算力弹性伸缩等技术实现资源合理分配与高效利用。

动态负载均衡实时监测服务器负载指标，动态调整任务分配，如电商通过该技术可确保促销时系统能稳定处理海量请求。

自适应批处理依据任务和服务器资源自动调整批处理大小，可在深度学习训练中提高资源利用率与处理速度。

模型压缩加速通过剪枝、量化等优化模型，可降低任务复杂度与缩减任务规模，提升推理速度，降低部署成本。

算力弹性伸缩支持依据业务需求自动调整计算资源，如在线教育平台通过该技术可实现在高低峰期灵活分配资源，提高经济效益。

3）运维保障

运维保障对系统稳定运行至关重要。DeepSeek构建全面运维保障体系，涵盖全链路监控告警、自动化运维工具、灾备切换机制和性能诊断与分析，为企业提供可靠技术支持。

全链路监控告警实时监测系统运行情况，收集性能指标，跟踪API调用，发现异常时及时告警，可定位及修复问题。

自动化运维工具可实现服务器自动化部署等功能，可提高效率，降低成本与出错率。

灾备切换机制建立主备系统，实时同步数据，系统发生故障时，备用系统快速接管服务，保障业务连续性。

性能诊断与分析系统实时收集并分析数据，并能通过建模预测，找出问题产生的原因，助力运维人员优化模型。

8. 开源优势

1）安全合规

在数字化时代，数据安全和隐私保护备受关注。DeepSeek重视开源优势中的安全合规，以先进技术和严格管理保障数据安全。

在数据安全方面，DeepSeek支持端到端加密，在数据传输时使用多种加密算法，在数据存储时加密并管理密钥；具备敏感信息识别过滤能力，能进行脱敏处理；提供完善的数据访问审计日志，有助于追溯风险与合规审计。

在合规认证方面，DeepSeek遵循国际与国内相关标准和法规，符合GDPR，通过ISO 27001认证，满足《网络安全等级保护条例》（简称等保2.0）的要求，支持合规审计。

此外，DeepSeek支持联邦学习等隐私计算技术，为企业合作创新提供可能，用户可放心使用。

2）成本效益

在竞争激烈的市场环境下，企业愈发关注成本效益。DeepSeek凭借卓越的技术架构和创新方案，在降本增效、实现商业价值方面优势显著。

在部署成本方面，DeepSeek的混合云架构可以让企业依据业务与数据安全需求，灵活选择公有云、私有化或边缘计算，实现资源最优配置，降低使用门槛与成本。通过资源调度优化技术，从多方面进一步降低成本，如采用动态负载均衡、自适应批处理、模型压缩加速、算力弹性伸缩等技术，可帮助企业降低硬件、运维、培训成本，且保证平滑升级无中断，从而降低隐性成本。

在运营效率方面，DeepSeek自动化率提升60%，能快速处理复杂数据，提高资源利用率，缩短研发周期，帮助企业提升市场竞争力，在电商、软件开发等领域潜力巨大。

在商业价值方面，DeepSeek具有卓越的数据分析和预测能力，可帮助企业实现快速市场响应，有助于企业实时监测市场、及时调整运营策略。它还能丰富插件生态与定制化能力，激发企业的创新活力，有助于企业在多领域开发新应用，提升品牌形象与竞争力，提高ROI（投资回报率）。

9. 实践方法

企业应用DeepSeek时，为了确保项目成功，应规划科学的实施路径，涵盖需求分析、实施规划、落地保障和风险管控等环节。

1）需求分析

需求分析是基础，具体包括：评估业务场景，如电商企业分析各业务环节能否用DeepSeek优化；检查技术栈兼容性，确保无缝对接；梳理数据安全要求，保障数据安全；评估投资回报，确保项目可行。

2）实施规划

完成需求分析后，应制定实施规划，具体包括：明确阶段性目标，分解项目；设计合理的技术架构；编制资源配置规划；建立进度监控机制，确保项目按时完成。

3）落地保障

落地保障包括：组建专业团队，包括技术、业务、管理人员；完善培训体系，引进并应用培训相关技术；建立评估机制，定期评估规划实施效果；建立持续改进机制，推动项目优化提升。

4）风险管控

企业应用DeepSeek时会面临多种风险，如技术、数据、运营风险，应制定全面管控措施，具体包括：针对技术风险，项目实施前做性能基准测试、容量规划评估，验证兼容性，制定应急响应预案；针对数据风险，对数据进行分类分级，严控访问权限，对传输进行加密，制定数据泄露应急处置预案；针对运营风险，建立监控指标体系，制定SLA（多头潜在注意力机制）保障方案，及时跟踪用户反馈，建立持续改进机制。

1.3　DeepSeek与GPT的差异化竞争分析

在人工智能这个风起云涌的领域，大语言模型的竞争日益白热化，其中DeepSeek与GPT的较量备受瞩目。它们犹如两颗璀璨明星，在技术的浩瀚宇宙中各放异彩。DeepSeek以其独特的技术架构和创新的理念崭露头角，而GPT凭借先发优势和强大影响力早已深入人心。两者的差异化竞争不仅关乎自身的发展，更牵动着整个行业的走向。你想知道它们在核心技术架构、功能特性、商业应用及生态体系等方面究竟有着怎样的差异，会对人工智能的未来产生何种影响吗？下面让我们一同深入剖析这场精彩绝伦的技术角逐。

1.3.1　核心技术架构对比

1. 基础架构：探寻深层差异

1）模型结构设计

DeepSeek采用的MoE架构，全称为混合专家系统（mixture of experts），这是一种创新的模型结构。在MoE架构中，多个专业子模型（即"专家"）并行工作，每个专家专注于处理特定类型或领域的任务。智能路由分发机制会根据输入数据的特征，动态激活相关的专家模块。例如，在处理自然语言任务时，若遇到数学问题，负责数学推理的专家模块会被激活；若处理情感分析任务，擅长语义理解的专家则会发挥作用。DeepSeek就像一个拥有众多专业顾问的团队，每个顾问都是自己领域内的专家，团队会根据问题的性质，快速调配最合适的顾问来解决问题。

此外，DeepSeek的MoE架构还采用了无辅助损失的负载均衡设计，可确保各个专家模块的使用频率相对均衡，避免某些专家模块过度繁忙，而另一些专家模块被闲置。同时，DeepSeek采用的多头潜在注意力机制（MLA）也是一大创新，通过引入潜在向量来缓存自回归推理过程中的中间计算结果，有效降低了计算量，提升了模型的运行效率。DeepSeek MoE架构如图1-4所示。

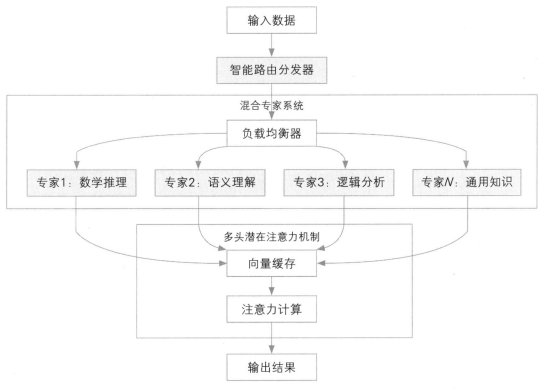

图1-4 DeepSeek MoE架构

反观GPT，使用的是传统的Dense架构。这种架构基于Transformer架构构建而成，拥有单一大规模参数矩阵，在处理任务时，所有参数都会参与计算。其统一的注意力（attention）机制，使得模型在处理序列中的每个位置时，都会考虑整个输入序列的信息，通过全量参数参与计算来捕捉数据中的复杂模式和依赖关系。例如在语言生成任务中，模型会基于之前生成的所有单词来预测下一个单词，充分利用上下文信息。

GPT还采用层次化的自注意力结构，不同层次的注意力机制可以捕捉不同粒度的语义信息，包括从局部的词汇关系到整体的篇章结构。同时，位置编码与上下文理解机制也是GPT架构的重要组成部分，通过位置编码，模型能够感知单词在序列中的位置信息，从而更好地理解上下文的顺序和逻辑关系。GPT Dense架构如图1-5所示。

2）计算单元设计

在计算单元设计上，DeepSeek进行了多方面的优化。首先，专家模块可动态调度，模型能根据输入的任务类型和数据特征，灵活地选择和激活相应的专家模块，避免计算资源浪费。其次，建立稀疏激活机制，只让部分与当前任务相关的参数参与计算，大大减少了计算量。在处理简单任务时，只激活少数几个专家模块即可完成，无须调动整个模型的参数。再次，通过并行计算优化，充分利用硬件资源，将计算任务分配到多个计算单元中同时进行，可加快计算速度。最后，采用低秩矩阵分解技术，通过对矩阵进行分解，可降低矩阵运算的复杂度，提高计算效率。

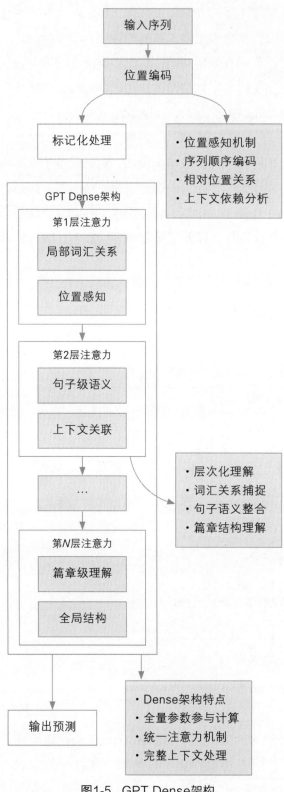

图1-5　GPT Dense架构

DeepSeek计算单元优化如图1-6所示。

GPT的计算单元设计则基于密集矩阵计算，在每一次计算中，模型全参数都会被激活并参与运算。这种方式虽然能够充分利用模型的所有知识，但也带来了较高的计算成本和资源消耗。在处理大规模数据时，全参数激活会导致计算量急剧增加，对硬件的计算能力和内存要求极高。

GPT采用序列并行处理方式，按照序列的顺序依次处理输入数据，在一定程度上保证了上下文信息的连贯性，但也限制了计算的并行度。为了缓解训练过程中的计算压力，GPT采用梯度累积优化技术，将多次小批量计算的梯度进行累积，然后再进行一次参数更新，减少了参数更新的频率，降低了计算资源的峰值需求。GPT的密集计算单元模式如图1-7所示。

图1-6　DeepSeek计算单元优化

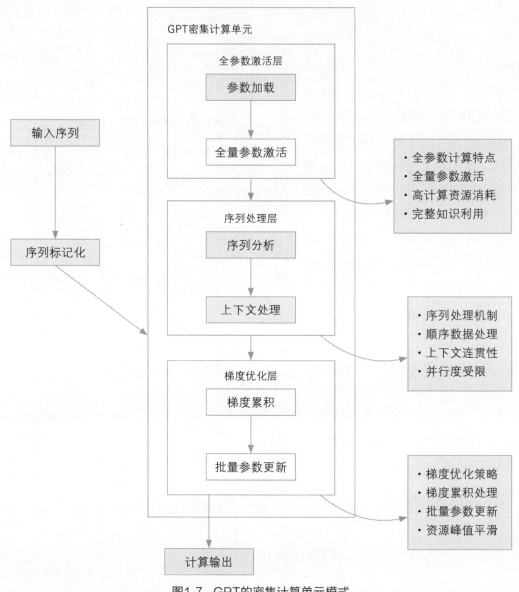

图1-7 GPT的密集计算单元模式

2. 训练策略：策略背后的较量

1）模型训练方法

在模型训练方法上，DeepSeek展现出独特的创新思路，其专家路由训练策略是一大亮点，通过智能路由机制，将输入数据准确地分配到最合适的专家模块进行处理，使得每个专家都能在自己擅长的领域发挥最大作用。在训练过程中，模型会根据输入数据的特征，动态地激活相关专家，从而提高训练的针对性和效率。

为了确保各个专家模块的均衡使用，避免出现某些专家模块过度繁忙而另一些闲置的情况，DeepSeek采用动态负载均衡机制。通过实时监控专家模块的负载情况，动态调整路由策略，使得每个专家模块都能得到充分的训练，提高了模型的整体稳定性和性能。

在分布式训练方面，DeepSeek也进行了优化。它采用高效的通信协议和并行计算策略，减少了分布式训练中的通信开销和计算资源浪费，使得模型能够在大规模集群上快速训练。同时，DeepSeek提出了增量预训练方案，它能在已有模型的基础上，通过不断添加新的数据和任务进行增量训练，使得模型能够不断学习新知识，适应新的应用场景，从而提升任务处理能力。DeepSeek的模型训练方法如图1-8所示。

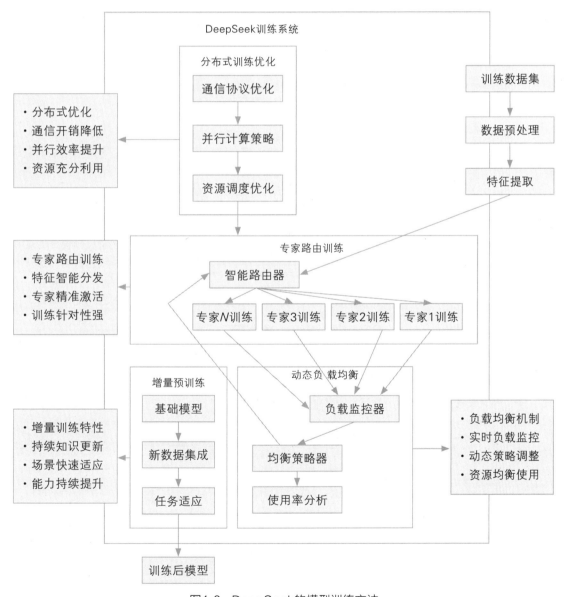

图1-8 DeepSeek的模型训练方法

GPT采用不同的训练方案。它基于大规模监督学习,在海量的文本数据上进行无监督预训练,让模型学习到语言的通用模式和知识。然后,利用人类反馈强化学习(RLHF)技术,根据用户对模型输出的评价和反馈,对模型进行进一步的优化和调整,使得模型输出的内容更加符合用户的期望和需求。

在整个训练过程中,GPT采用统一预训练策略,在预训练阶段,模型对所有的任务和数据都进行统一的学习和训练,不区分具体的任务类型和数据特征。这种方式虽然能够让模型学习到广泛的知识并提升任务处理能力,但也可能导致模型在处理特定任务时,针对性不足。为了适应不同的应用场景和任务需求,GPT通常采用全量微调机制,在预训练模型的基础上,使用特定任务的数据对模型进行全量微调,使得模型能够更好地完成特定任务。GPT的模型训练过程如图1-9所示。

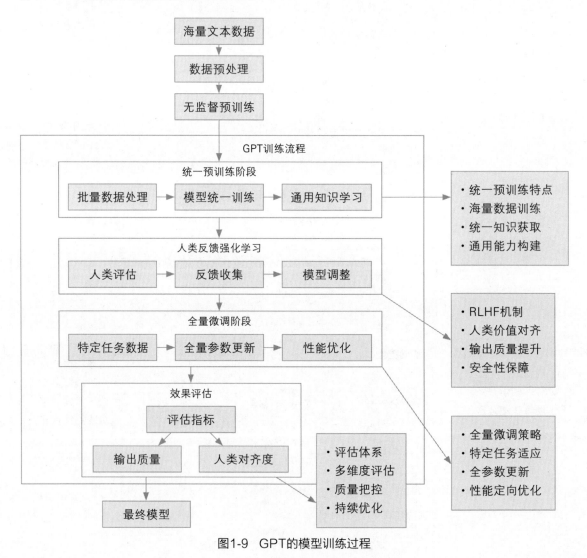

图1-9 GPT的模型训练过程

2）计算效率对比

在资源利用率方面，DeepSeek的优势明显。由于其采用动态激活机制，在处理任务时仅需30%～40%的动态计算资源，大大提高了资源利用率。在面对简单的文本分类任务时，模型仅需激活部分与文本分类相关的专家模块即可完成任务，无须调动全部计算资源。而GPT采用全参数激活方式，在每次计算时都需要消耗100%的静态资源，这意味着无论任务的复杂程度如何，模型都需要使用全部计算资源，导致资源利用率相对较低。研究表明，DeepSeek的资源利用率比GPT高2.5～3.3倍，在相同的硬件条件下，DeepSeek能够处理更多的任务，或者在处理相同任务时，DeepSeek所需的硬件成本更低。

在内存占用方面，DeepSeek采用动态分配策略，根据任务的需求动态分配内存资源，有效地降低了内存的峰值占用，相较于GPT，其峰值占用可降低40%。在处理长文本时，DeepSeek会根据文本的长度和复杂度，动态调整内存分配，避免了因内存不足而导致的计算中断或效率下降。而GPT采用固定分配策略，在模型运行前就固定分配好所需的内存资源，虽然这种方式能保持资源占用稳定，但在面对复杂任务或大规模数据时，可能会出现内存不足的情况，影响模型的运行效率。DeepSeek的内存优化策略显著降低了系统负载，提高了模型的稳定性和运行效率，使其在处理大规模数据和复杂任务时更具优势。

1.3.2 功能特性实测对比

1. 性能指标：数字背后的实力较量

基准测试：数学、代码与中文能力。

在人工智能领域，基准测试被广泛应用于衡量模型实力。通过基准测试，我们可以看到DeepSeek-R1、GPT-4、Claude 2在数学推理、代码生成、中文理解等核心能力上的差异。

数学推理能力方面，在AIME 2024测试中，DeepSeek-R1以得分率79.8%夺冠，GPT-4以得分率79.2%紧随其后，Claude 2得分率为77.5%。在MATH-500测试中，DeepSeek-R1以通过率97.3%领先。这得益于DeepSeek的混合专家系统（MoE）架构。在面对复杂数学问题时，DeepSeek-R1可精准调用模块。例如处理复杂问题，DeepSeek-R1分步推理准确率为68%，较密集模型提升22%。

代码生成能力方面，DeepSeek-R1在HumanEval测试中的通过率为78.7%，在MBPP测试中的得分率为82.3%，均高于GPT-4和Claude 2。这得益于其针对性训练和MoE架构。面对竞赛级题目，DeepSeek-R1算法方案平均排名前12%，而GPT-4仅排名前15%。

中文理解能力方面，DeepSeek-R1在C-Eval基准测试中的得分率为86.5%，在

CMMLU测试中的得分率为83.2%，均领先GPT-4和Claude 2。这得益于其对中文数据的深度挖掘与优化，其中文语料训练数据超过90%，在处理富含文化内涵的文本任务时表现卓越。

三者数学推理、代码生成、中文理解能力对比数据如表1-6所示。

表1-6 数学推理、代码生成与中文理解能力对比数据

模型	数学推理能力		代码生成能力		中文理解能力	
	AIME 2024测试得分率	MATH-500基准测试通过率	HumanEval测试通过率	MBPP测试得分率	C-Eval基准测试得分率	CMMLU测试得分率
DeepSeek-R1	79.8%	97.3%	78.7%	82.3%	86.5%	83.2%
GPT-4	79.2%	96.4%	73.9%	79.1%	84.7%	81.9%
Claude 2	77.5%	95.8%	71.2%	76.8%	82.3%	80.5%

2. 响应性能：速度与效率的角逐

延迟与并发：谁能快人一步？

数字化时代，响应性能是衡量大语言模型实用性的关键，影响用户体验和业务效率。在延迟和并发处理能力上，DeepSeek-R1、GPT-4、Claude 2各有特点。

在响应能力方面，DeepSeek-R1以0.8秒的平均响应时间脱颖而出，其MTP技术能一次预测多个token，加快推理速度，处理日常咨询更为流畅。GPT-4以平均1.2秒、Claude 2以平均1.1秒稍逊，在高实时性场景中，这零点几秒的差距影响巨大。

在并发处理能力方面，DeepSeek-R1单实例最大并发200请求/秒，它能同时处理大量请求，确保高负载下稳定运行。比如在线教育平台应用中，面对众多学生同时提问，它也能尽快回复。GPT-4单实例最大并发为150请求/秒，Claude 2单实例最大并发为160请求/秒，可见DeepSeek-R1在高并发场景优势明显。

DeepSeek-R1具有快速响应、高并发处理的优势，在在线客服场景中，可提升客户满意度在实时翻译场景中，能确保翻译及时流畅，让交流更顺畅。

三者响应性能对比数据如表1-7所示。

表1-7　响应性能对比数据

模型	平均响应时间/秒	单实例最大并发/请求/秒
DeepSeek-R1	0.8	200
GPT-4	1.2	150
Claude 2	1.1	160

3. 功能特性：多元能力的全面剖析

多语言与专业领域：广度与深度的探索。

全球化浪潮中，多语言支持是大语言模型的重要特性。其中，覆盖范围与翻译质量是关键指标。

DeepSeek-R1支持96种语言，语言覆盖广，尤其精通中文，能精准处理各类中文文本任务，中英互译BLEU分数达58.3分，翻译古典诗词能传意留韵。

GPT-4支持95种语言，尤其精通英文，中英互译BLEU分数为57.9分，翻译商务、学术文件准确、规范。

Claude 2支持92种语言，英文水平不错，中英互译BLEU分数为56.8分，处理英文长文本时能把握逻辑主旨，翻译小说时能展现人物情感。

三者多语言支持能力对比数据如表1-8所示。

表1-8　多语言支持能力对比数据

模型	支持语言数量/种	语言优化方向	中英互译BLEU分数/分
DeepSeek-R1	96	中文	58.3
GPT-4	95	英文	57.9
Claude 2	92	英文	56.8

金融、医疗、法律等专业领域对模型的专业性和准确性要求极高，DeepSeek-R1、GPT-4、Claude 2在这些领域各有优势，适用性不同。

在金融领域，GPT-4以91.2%的金融文本理解准确率领先，它能快速提取关键信息，精准分析市场趋势。DeepSeek-R1的准确率为89.5%，在金融风险评估等方面表现出色。Claude 2的准确率为88.7%，适用于处理复杂逻辑推理和合规性分析。

在医疗领域，GPT-4的医学知识问答准确率为87.6%，它可为医生提供辅助诊断建议。DeepSeek-R1的准确率为85.3%，在常见疾病诊断和治疗建议方面表现佳。Claude 2的准确率为84.9%，在医学研究和临床报告分析中发挥重要作用。

在法律领域，GPT-4以86.4%的法律案例理解准确率领先，它能深入分析法律案例。DeepSeek-R1的准确率为83.7%，在中文法律文本理解分析方面有优势。Claude 2的准确率为82.9%，在法律推理和文书撰写方面严谨、专业。

三者专业领域能力对比数据如表1-9所示。

表1-9 专业领域能力对比数据

模型	金融文本理解准确率	医学知识问答准确率	法律案例理解准确率
DeepSeek-R1	89.5%	85.3%	83.7%
GPT-4	91.2%	87.6%	86.4%
Claude 2	88.7%	84.9%	82.9%

4. 特色功能：独特优势的深度挖掘

上下文与创意：长文本和灵感的碰撞。

在信息爆炸时代，长文本处理能力、多轮对话能力、文案创作原创性及图文协同能力是大语言模型重要的考量指标。

在长文本处理能力方面，DeepSeek-R1的128K token上下文窗口远超GPT-4的32K token、Claude 2的100K token，它能处理各类长篇文档。

在多轮对话能力方面，DeepSeek-R1支持30轮连续对话，且上下文能够保持一致，优于GPT-4的25轮、Claude 2的28轮，在客服等场景更具竞争力。

在文案创作原创性方面，DeepSeek-R1评分为8.5分（满分10分），它能生成有创意的文案。GPT-4评分为9.1分（满分10分），Claude 2评分为8.7分（满分10分）。

在图文协同能力方面，DeepSeek-R1支持基础图文理解和生成，GPT-4支持高级图文理解和生成，Claude 2支持中级图文理解和生成。

在内容创作和设计辅助场景中，DeepSeek-R1可以其优越的长文本处理能力、多轮对话能力及图文协同能力，为创作者和设计师提供助力。

三者长文本处理、对话能力等方面的对比数据如表1-10所示。

表1-10 长文本处理、对话能力等方面的对比数据

模型	长文本处理能力	多轮对话能力	文案创作原创性（满分10分）	图文协同能力
DeepSeek-R1	128K token	30轮	8.5	支持基础图文理解和生成
GPT-4	32K token	25轮	9.1	支持高级图文理解和生成
Claude 2	100K token	28轮	8.7	支持中级图文理解和生成

总体来看，DeepSeek-R1、GPT-4和Claude 2各有所长。

DeepSeek-R1在数学推理、代码生成及中文处理方面实力较强，在相关测试中表现较好，能对中文任务深度优化，响应快且并发处理能力强，在实时场景表现卓越。

GPT-4在通用创意生成领域表现突出，内容原创性强，专业领域分析深入、准确，支持多模态处理，可为创作者提供灵感。

Claude 2在文本理解深度、对话连贯性、知识准确性及安全性控制方面表现出色，能谨慎处理敏感与隐私问题。

如果对数理分析和中文交互要求高，可选DeepSeek-R1；如果对创意和专业洞察要求高，可选GPT-4；如果对文本理解和对话流畅度要求高，则选Claude 2。

未来，大语言模型将强化逻辑推理能力，更加注重多模态数据融合，向行业应用深入发展，在各行业发挥重要作用，推动社会进步。

1.3.3 商业应用差异

1. 商业模式：价格与部署的差异

1）定价策略

在大模型商业领域，定价策略影响用户选择。DeepSeek价格亲民，API定价为0.14美元/百万token，基础版订阅费每月0.5美元，企业版定价灵活，还提供开源免费许可，降低了使用门槛，对预算有限的中小企业和个人开发者极具吸引力。

相比之下，GPT的API定价为7.5美元/百万token，Plus订阅费为20美元/月，Team版订阅费为30美元/人月，企业版授权年度合同，费用高。Claude收费也不低，API定价为3.5美元/百万token，基础版和团队版订阅费分别为20美元/月和25美元/人月，企业服务定制报价不菲。

DeepSeek以其价格优势在成本敏感型市场占优。假如一个小型内容创作团队月用1000万token，用DeepSeek API的成本是1.4美元，用GPT的成本是75美元，用Claude的成本是35美元。三者价格差异显著，DeepSeek成为众多中小团队首选。

2）部署方案

部署方案的灵活性和自主性对企业应用大模型至关重要。DeepSeek提供多样选择，支持完全开源私有部署，可保障数据安全；支持混合云灵活部署，可实现最佳效益；支持边缘计算，实现资源按需分配。

相比之下，GPT强制使用云服务模式，不支持私有部署，限制企业数据控制权和部署自主性，固定资源分配还可能导致资源浪费或不足。Claude部分支持私有部署，混合云部署受限，资源预分配灵活性不足，但企业定制有一定灵活性。

DeepSeek的开源和灵活部署可为企业提供更多自主性和更大成本控制空间，适合对数据安全和个性化部署要求高的企业。对于金融、医疗等行业来说，使用DeepSeek既能满足数据保护要求，又能灵活调整资源投入，有利于降低运营成本。

2. 成本效益：投入与回报的权衡

1）应用成本

应用大模型时，基础设施投入和运营成本是企业要考虑的重要因素，DeepSeek在这两方面优势明显。

基础设施投入方面，企业配置8GB GPU即可部署DeepSeek，中小企业和个人开发者能用现有硬件运行，降低硬件采购成本。GPT依赖OpenAI云服务，企业无法自主选择硬件配置，只能按其标准付费。Claude最低要求16GB GPU，硬件门槛高，用户可能需额外采购硬件。

运营成本方面，企业应用DeepSeek时，能按实际需求或淡、旺季灵活增加或缩减资源投入，避免浪费。企业如选择GPT，需要支付订阅费和API费用，不仅成本高，而且自主可控性较差。企业如选择Claude，除了需要支付订阅费，还需要购买硬件，无专业维护团队的企业可能需要额外支付维护费，增加运营成本。

2）投资回报

企业规模不同，应用大模型的投资回报周期也不同。

中小企业资金有限，重视短期回报。中小企业采用DeepSeek的投资回报周期仅为6个月，例如一家小型电商企业应用DeepSeek开发智能客服系统，仅6个月就收回成本。相比之下，中小企业采用GPT的投资回报周期为12个月，采用Claude的投资回报周期为9个月，都会带来一定的资金压力。

大型企业虽然资金充足，但也需要考虑长期效益。大型企业采用DeepSeek的投资回报周期为12个月，采用GPT的投资回报周期为18个月，采用Claude的投资回报周期为15个月。相较于GPT和Claude，DeepSeek能帮助大型企业更快实现技术价值转化，提升企业竞争力。

3. 商业化差异：变现与市场策略

1）变现途径

在变现途径方面，DeepSeek将多元化与特色化相结合。其中，技术咨询服务是DeepSeek的重要变现方式，它凭借深厚的技术积累为企业提供专业咨询，帮助企业了解技术趋势并制定发展战略，例如它能为金融机构提供风险评估等咨询。定制化开发是DeepSeek的核心模式，它能依据企业个性化需求定制大模型方案，例如为制造企业开发相关系统。此外，DeepSeek能为企业提供综合服务，例如为医疗行业提供影像诊断辅助方案；还能构建培训认证体系，为企业和个人提供培训服务，提升企业的管理水平和个人的能力水平。

相比之下，GPT主要依赖订阅收费，依据收费分不同等级满足用户需求，企业版服务更全面，因此收费更高，而API服务收费也是其重要收入来源。Claude采用混合订阅模式，分基础订阅和增值订阅，它能利用技术优势为企业解决问题，通过提供问题解决方案和专业咨询服务变现。

2）市场策略

DeepSeek的市场策略具有明确的目标导向和地域侧重。

在目标市场方面，DeepSeek将中小企业和开发者社区作为重点。中小企业在数字化转型过程中，面临着技术能力有限、资金预算不足等问题，DeepSeek低成本、易部署的大模型解决方案正好满足了中小企业的需求。DeepSeek通过提供高性价比的产品和服务，帮助中小企业快速应用人工智能技术，提升企业竞争力。对于开发者社区，DeepSeek提供丰富的开发工具和资源，鼓励开发者基于其大模型进行创新应用开发。这不仅为开发者提供了展示才华的平台，也有助于DeepSeek构建丰富的应用生态，扩大市场影响力。

在地域策略方面，DeepSeek选择深耕中国市场，这是基于对中国市场特点和自身优势的深刻理解。中国拥有庞大的市场规模和丰富的应用场景，中小企业数量众多，对人工智能技术的需求旺盛。DeepSeek作为本土企业，更了解中国企业和用户的需求，能够提供更贴合国内市场的产品和服务。在语言和文化方面，DeepSeek能够更好地处理中文语境下的自然语言处理任务，为用户提供更准确、更自然的交互体验。同时，DeepSeek也在积极拓展海外市场，凭借其技术优势和成本优势，逐渐在国际市场上崭露头角。

相比之下，GPT聚焦全球通用人工智能市场，凭借其强大的品牌影响力和先进的技术，在全球范围内吸引了大量的用户。无论是个人用户还是企业用户，都可以通过GPT的各种服务体验先进的人工智能技术。在企业服务方面，GPT为大型企业提供高度定制化的解决方案，可满足企业在复杂业务场景下的需求。Claude则主要聚焦专业领域和企业服务，在法律、金融、科研等对知识推理和文本处理要求较高的领域，Claude凭借其严谨的回答和强大的推理能力，得到了广泛认可。Claude可为企业提供专业的问题解决方案，帮助企业解决实际业务问题，提升企业的运营效率和决策质量。

结语

DeepSeek-R1引发的这场效率革命意义非凡。它在数据安全方面筑牢防线，让敏感信息得到可靠保护；在成本方面颠覆传统，使中小企业也能畅享AI应用；在技术架构方面创新突破，展现出卓越的性能。我们有理由相信，未来DeepSeek将继续在AI领域精耕细作，不断拓展其应用边界，为更多行业带来新的机遇和变革。而作为关注科技前沿的你，一定不要错过这个充满潜力的领域。欢迎关注我的个人公众号"产品经理独孤虾"（全网同号），这里将为你带来更多精彩内容，让我们一起紧跟时代步伐，探索科技的无限可能。

第 2 章

基础篇
高效使用入门指南

在人工智能重塑世界的今天，DeepSeek正以突破性的技术实力，成为连接人类智慧与智能未来的核心枢纽。从开发者的高效协作到企业级的智能决策，从多模态文件处理到复杂指令的精准执行，DeepSeek的强大性能正在重新定义人机协同的边界。然而，要释放其全部潜力，不仅需要掌握系统配置的底层逻辑，更要精通与AI对话的艺术——这正是"基础篇：高效使用入门指南"的核心使命。

本章将带你穿越技术迷雾，从系统环境的搭建到API接口的灵活调用，从结构化文档的智能解析到多模态内容的深度融合，逐步构建与DeepSeek高效协作的完整能力图谱。你将学会如何通过科学的部署策略提升硬件效能，运用TASTE框架精准引导AI输出，以及在复杂场景中规避陷阱、提升质量。无论是开发者寻求技术突破，还是企业探索AI落地路径，这里都将为你提供理论与实践并重的行动指南，助你在智能时代抢占先机，让DeepSeek成为驱动创新的核心引擎。

2.1 环境配置

在当今数字化时代，海量数据与复杂文件处理需求如潮水般涌来，如何高效应对成为个人与企业共同面临的紧迫挑战。DeepSeek犹如一颗璀璨的明星，以其卓越的功能和出色的性能，在人工智能领域脱颖而出，为我们开启了智能高效处理信息的大门。无论是开发者渴望运用它进行创新应用开发，还是企业期望借助它提升工作效率、优化业务流程，抑或是普通用户希望通过它轻松应对日常办公与生活中的数据处理难题，DeepSeek都提供了丰富且实用的解决方案。你想深入了解如何配置环境、操作使用以及发挥其最大效能吗？让我们一同踏上探索DeepSeek的精彩之旅，解锁它在环境配置、接口调用与文件处理等方面的强大功能。

2.1.1 系统要求与安装部署

在科技飞速发展的当下，人工智能不再遥不可及，正快速融入我们的生活与工作中。DeepSeek作为AI领域新星，功能强大、性能出色，吸引众多开发者和企业。它能完成多种AI任务，提供多种便捷使用方式，专业人士和普通用户都能借此开启新AI体验。

要充分发挥DeepSeek功能，需了解系统要求并正确部署。合适的配置是其稳定运行的基础，合理部署可最大化利用其优势。不同部署方式各有特点和适用场景。下面我们一起深入了解DeepSeek的系统要求与部署方法，为高效AI之旅做准备。

1. 系统要求：搭建稳固基石

在使用DeepSeek之前，深入了解其系统要求是至关重要的。这不仅关乎到DeepSeek能否正常运行，更直接影响其性能表现和用户体验。系统要求涵盖基础配置、推荐配置以及一些容易被忽视但同样关键的附加考量因素，下面将为你详细介绍。

1）基础配置：最低门槛

DeepSeek在操作系统兼容性方面表现出色，支持Windows 10/11（64位）、macOS Catalina及以上、Linux发行版（推荐Ubuntu 20.04+）。671B参数混合专家模型，建议使用多节点分布式架构，节点通过RDMA（远程直接内存访问）高速网络互联。关于DeepSeek部署的基础配置，请见表2-1。

表2-1　DeepSeek部署基础配置

系统配置	配置类型		
	基础版（1.5B/7B/8B）	专业版（14B/32B）	企业版（70B+）
处理器	四核及以上（i7-9700同级）	十二核至强处理器	三十二核EPYC、至强处理器
内存容量	16GB DDR4	32GB DDR4	64GB DDR5 ECC
存储方案	SATA SSD 8GB	NVMe SSD 30GB	RAID 0阵列+100TB分布式存储
显卡要求	CPU模式（支持AVX2）	RTX 3070（8GB）	双A100（80GB）NVLink互联
网络架构	离线部署	50Mbps企业带宽	200Gbps InfiniBand RDMA
建议场景	教育实训、移动端	企业开发测试	云服务、科研计算

2）推荐配置：性能飞跃

要发挥DeepSeek在复杂任务中的性能潜力，硬件系统需针对不同工作负载专项优化。关于Deepseek部署的推荐配置，请见表2-2。

表2-2 DeepSeek部署推荐配置

系统配置	应用场景		
	开发调试环境	生产部署平台	专项优化指标
核心架构	双路至强金牌6248计算集群	16节点AMD EPYC 9754液态集群	Tensor Core全精度加速
处理器	48核/2.6GHz（单节点）	128核/节点，2048线程集群架构	19.5TopS/W能效比
内存体系	256GB DDR4 ECC（64GB×4通道）	4TB DDR5-6400 LRDIMM（512GB×8通道）	内存带宽512GB/s
存储方案	4×1TB NVMe RAID0阵列（7GB/s）	100TB NVMe分布式存储池（2M+ IOPS）	存储延迟<5μs
加速硬件	双A100 80GB（NVLink互联）	InfiniBand HDR200网络拓扑	FP8量化加速300%
网络架构	40Gbps万兆局域网络	200Gbps InfiniBand RDMA协议	RDMA零拷贝技术
典型功耗	650W/节点	液冷散热架构（PUE 1.08）	能耗降低31%

3）附加考量：细节决定成败

除基础和推荐配置外，一些附加因素也不容忽视。

安全软件方面，要确保防病毒和防火墙不阻止DeepSeek安装与通信，安装和使用前需合理设置，将其添加到信任列表。

断电保护很重要，建议配备UPS电源，尤其在进行关键项目时。AI任务数据处理和模型训练耗时久，突然断电不仅会中断任务，还可能损坏数据，UPS电源能在市电中断时提供电力支持，避免损失。

Python环境是关键因素，建议安装最新稳定版Python及Anaconda。Python广泛用于AI领域，DeepSeek很多高级功能和扩展开发依赖此环境。Anaconda包含众多库，能为开发和应用提供便利。

此外，有必要根据需求配置MySQL、PostgreSQL等数据库环境。DeepSeek处理复杂数据任务时可能与数据库交互，合理配置数据库环境能提高数据管理和使用效率，使其更好地与其他数据系统集成，满足不同需求。

2. 部署方式：多样选择，灵活适配

1）网页版服务：便捷之选

网页版服务成为众多用户体验DeepSeek的首选，其优越性体现在以下几个方面。

- 不需要安装部署，打开Chrome等主流浏览器最新版本即可访问，节省时间和精力，避免出现安装问题。

- 跨平台访问，Windows、macOS、Linux设备都能通过浏览器无缝接入。
- 自动更新维护，用户可及时体验新功能与性能优化。
- 团队协作出色，支持成员共享数据、讨论项目，依托云端AI模型提供高效智能服务。

在使用网络版服务时，需保证网络稳定、账号有效，定期清理浏览器缓存，保持版本更新，注意账号安全管理。

2）企业私有化部署：安全定制

对于对数据安全和定制化要求高的企业用户，私有化部署是理想之选，其优越性体现在以下几个方面。

- 可将数据存于企业内部服务器，不上传云端，避免因为传输泄露数据，还支持端到端加密。
- 性能体验佳，能优化性能，支持GPU加速，满足高实时性业务场景需求，且高度定制化。
- 支持离线运行和本地训练，符合数据保护规范，能与现有系统无缝集成，提供API接口。

实现私有化部署需具备以下条件：配置专用服务器和存储系统；构建企业级网络并负载均衡；配备专业运维团队和监控系统；制定备份机制和容灾方案；建立安全防护和访问控制体系。

私有化部署流程复杂。在规划阶段要评估使用规模，确定方案、策略和资源配置；在环境准备阶段要配置服务器、规划网络、实施安全策略、部署监控系统；在上线实施阶段要先试点再扩围，确保数据迁移完整、准确，然后培训用户，上线后持续优化。

3. 配置优化：挖掘深层潜力

在成功部署DeepSeek后，为了让其发挥出最佳性能，满足不同用户的个性化需求，应对其进行配置优化。配置优化是至关重要的一环，涵盖基础配置和进阶设置两个层面。

1）基础配置：舒适体验第一步

在界面配置方面，DeepSeek提供丰富的个性化选项。用户可按需选择界面主题，自定义工作区布局，还能设置快捷操作、通知选项，以提升效率，避免错过重要信息。

在性能配置方面，关键是调整资源分配，优化缓存设置，配置并行处理。此外，设置任务队列可有序管理任务，使其按优先级和提交顺序执行任务。

2）进阶设置：深度优化展实力

在数据管理方面，DeepSeek支持CSV、Excel、JSON等多种数据导入格式，配置时可设置数据编码、分隔符等参数。设置预处理流程和自动清洗规则对提高数据质量很关键，预处理包含清洗、转换、归一化等，自动清洗规则可按设定条件处理数据。优化存储方案与备份策略能保障数据安全，可根据数据重要性和使用频率选择存储介质与方式，制定备份策略。建立数据版本控制机制，方便追溯历史版本。配置数据隐私保护措施，依敏感程度设访问权限和加密方式。

在模型配置方面，选择适用模型和训练参数是关键。DeepSeek提供多种模型，选择时要考虑性能等因素，调整学习率、批次大小等超参数能影响训练效果。配置模型验证和早停策略，可防止过拟合和训练过长。启用GPU加速和并行处理，可加快训练和推理速度。设置模型更新和版本控制，可确保模型功能更新。配置模型监控和性能指标，可实时了解运行状态和性能表现。

4. 解决问题：扫除障碍，畅行无阻

在使用DeepSeek的过程中，难免会遇到一些问题，这些问题可能会影响到我们的使用体验和工作效率。下面我们将针对常见的安装、访问和性能问题，为你提供详细的解决方法。

1）安装困境：寻找破解之法

遇到DeepSeek安装失败，首先，检查系统要求，确认操作系统、硬件配置满足最低要求，如不符则依官方要求升级或更换组件。

其次，从官方渠道下载安装包，确保网络稳定，防止安装包损坏或不完整。

再次，关闭可能冲突的安全软件、防火墙等运行程序，安装完成后再开启。

最后，用工具清理系统临时文件、回收站文件及无用缓存文件，为安装腾出空间。

2）访问难题：突破阻碍之道

遇到访问问题，首先，验证账号状态，确认账号密码是否正确、有无被封禁或异常。若因安全问题受限，联系客服，按要求处理，如重置密码、验证身份、恢复权限。

其次，检查网络连接，确保网络稳定且速度正常，可通过打开其他网页或应用测试。如网络不稳定，尝试重启路由器、调整设置或更换网络环境，检查防火墙或代理设置，确认代理设置及运行正常。

再次，确认服务器状态，如果无法访问，可能是因为服务器故障或处于维护状态，可通过官网、社交媒体了解。

最后，清理浏览器缓存，缓存可能干扰DeepSeek网页版加载运行，定期清理可避免页面加载、显示异常。

3）性能瓶颈：提升效率之策

当DeepSeek运行缓慢时，可采取以下策略。

- 检查系统资源使用情况，用任务管理器（Windows）或活动监视器（macOS）查看CPU、内存等占用率，关闭占用大量资源的程序，释放资源。
- 优化配置参数，根据实际需要调整资源分配等参数，如果训练速度慢，可增加CPU核心数、内存等。
- 定期清理无用数据，例如使用过程中积累的任务记录等，可释放磁盘空间、提升效率。
- 考虑升级硬件配置，如升级内存、存储设备等。
- 及时更新到最新版本，定期查看官网或应用商店并按提示更新，更新时注意备份数据。
- 检查错误日志，找到问题产生的根源，根据提示分析并解决问题。
- 优化系统设置，如调整电源管理、磁盘设置、虚拟内存等。
- 定期维护，除了清理数据、更新软件外，还应全面检查硬件，解决连接、散热等方面的问题。
- 了解系统要求，选择适合的部署方式并全面优化配置，打造稳定高效的运行环境。

AI发展迅速，DeepSeek也将不断进化。建议用户定期检查系统，关注官方更新，及时升级。同时探索更多应用场景与技巧，挖掘其潜在价值。让我们与DeepSeek共同成长，在AI领域实现创新突破，开启智能、高效的未来。

2.1.2 接口调用

1. 网页交互模式

1）功能特点

（1）直观的操作界面

DeepSeek的网页交互界面设计简洁明了，用户不需要复杂的操作指引，就能轻松上手。输入框、功能按钮布局合理，即使是初次使用的用户，也能迅速找到所需功能，大大降低了学习成本。

（2）实时的响应反馈

在用户输入问题或指令后，DeepSeek能快速做出响应，几乎没有明显延迟。无论是简单的文本查询，还是复杂的文件处理任务，都能实时得到结果，让用户的操作体验更加流畅，有效提升工作效率。

（3）一站式文件处理

该模式支持多种文件格式的上传与处理，用户无须在多个工具之间切换，就能完成文档分析、编辑、格式转换等一系列操作。比如，用户上传一份PDF文档，DeepSeek可以同时实现文本提取、内容摘要生成以及转换为Word文档等功能，为用户提供全方位的文件处理服务。

（4）多模态输入支持

除了传统的文本输入，DeepSeek还支持语音、图片等多模态输入。用户可以通过语音指令让DeepSeek执行任务，解放双手，尤其适合在不方便打字的场景下使用。上传图片后，DeepSeek能对图片中的内容进行识别与分析，如识别图片中的文字并进行提取，实现图文信息的融合处理。

2）使用建议

（1）充分利用上传功能

在处理文件时，不要局限于简单的文本输入，大胆上传各类文档。无论是工作中的项目报告、学习资料，还是生活中的照片、音频文件等，都可以交给DeepSeek处理。上传前，确保文件格式正确、内容完整，以获得更好的处理效果。

（2）设置合理的处理参数

根据具体需求，合理调整处理参数。例如，在生成文本摘要时，可设置摘要篇幅、关键词数量等参数，使生成的摘要更符合自己的期望；在处理图片时，可根据图片的用途和质量要求，设置分辨率、色彩模式等参数。

（3）注意保护隐私数据

如果上传的文件包含敏感信息，务必注意保护隐私。在使用公共网络或共享设备时，避免上传涉及个人隐私、商业机密的文件；若必须处理此类文件，可在完成后及时删除相关记录，并确保文件传输过程中的加密保护。

（4）及时下载处理结果

处理完成后，应及时下载处理结果，避免长时间未下载导致结果丢失或清理缓存时删除相关文件。同时，建议对下载的文件分类保存，方便后续查找与使用。

3）操作技巧

（1）利用历史记录功能快速复用

DeepSeek会自动记录用户的操作历史，用户可以通过查看历史记录，快速找到之前处理过的任务和问题，并复用相关的操作和设置。例如，用户之前做过一次复杂的数据分析，下次遇到类似任务时，可直接在历史记录中找到该任务，点击即可快速复用相同的分析参数和流程。

（2）合理设置文本长度限制

在进行文本处理时，可根据实际需求设置合理的文本长度限制。如果处理的文本过长，可能会导致处理时间延长或出现性能问题，而过短的文本可能无法完整表达需求。可以根据任务的复杂程度和DeepSeek的性能特点，灵活调整文本长度。

（3）善用关联文档分析

当上传多个相关文档时，DeepSeek能够自动分析文档之间的关联关系。用户可以利用这一功能，对系列文档进行综合分析，如对比多篇研究报告的观点、整合多个项目文档的信息等，从而获得更全面、深入的分析结果。

（4）掌握批处理技巧

对于需要处理大量文件的情况，掌握批处理技巧可以大大提高效率。用户可以将多个文件打包成一个压缩包上传，DeepSeek会自动识别并对包内的文件进行批量处理。在设置处理参数时，应确保参数适用于所有文件，避免因个别文件的特殊情况导致处理失败。

以下为使用DeepSeek Web访问界面生成在线教育商业计划书的案例，请读者扫描二维码获取。

使用DeepSeek Web访问界面生成在线教育商业计划书

2. REST API集成

1）基础配置

（1）API密钥申请与管理

用户需要在DeepSeek的官方平台上注册账号，并申请API密钥。这个密钥是访问DeepSeek API的凭证，具有唯一性和保密性。申请成功后，要妥善保管密钥，避免泄露；还应定期更换密钥，以增强安全性。如果发现密钥有泄露风险，应立即在平台上进行作废处理，并重新申请密钥。

（2）设置请求头部信息

在发送API请求时，需要设置正确的请求头部信息。这些信息包括但不限于Content-Type（指定请求体的数据类型，如application/json、application/xml等）、Authorization（携带API密钥，用于身份验证）等。准确设置请求头部信息，是确保请求能够被正确接收和处理的关键。

（3）配置访问权限控制

根据实际需求，配置不同的访问权限。可以限制特定IP地址或IP段对API的访问，防止未经授权的访问；也可以根据用户角色或业务需求，设置不同的权限级别，如只读权限、读写权限等，确保数据的安全性和操作的合规性。

（4）处理速率限制

DeepSeek为了保证服务的稳定性和公平性，会对API调用设置速率限制。用户需要了解并遵守这些限制，避免因频繁调用导致请求被拒绝。如果业务需求需要更高的调用频率，可以向DeepSeek官方申请调整速率限制，或者优化调用策略，合理分配调用次数。

2）接口特性

（1）支持批量请求处理

该接口允许用户一次性发送多个请求，以提高处理效率。例如，在处理一批文档时，可以将多个文档的处理请求打包成一个批量请求发送给DeepSeek，DeepSeek会按照顺序处理这些请求，并返回相应的结果。这大大减少了通信开销和处理时间，尤其适用于大规模数据处理场景。

（2）提供异步调用模式

在异步调用模式下，用户发送请求后，无须等待请求处理完成，可以继续执行其他任务。DeepSeek会在后台处理请求，并通过回调函数或状态查询接口通知用户处理结果。这种模式能够充分利用系统资源，提高应用程序的响应性能，特别适用于处理耗时较长的任务，如大型文件的分析、复杂数据的计算等。

（3）实时状态监控

用户可以通过API实时监控请求的处理状态，包括请求是否已接收、正在处理中、处理完成还是出现错误等。这使得用户能够及时了解任务的进展情况，根据状态信息做出相应的决策，如在请求处理完成后及时获取结果，或者在出现错误时及时进行调整。

（4）完善的错误处理机制

DeepSeek的API提供详细的错误信息和错误码，当请求出现问题时，用户可以根据错误提示快速定位问题并进行解决。错误处理机制包括但不限于对参数错误、权限不足、服务不可用等常见错误情况的处理，可确保用户在使用API过程中能够得到及时、准确的反馈。

3）使用建议

（1）实现请求重试机制

由于网络波动、服务器繁忙等原因，API请求可能会失败。为了提高请求的成功率，建议实现请求重试机制。当请求失败时，根据错误类型和错误码，判断是否需要重试。同时设置合理的重试次数和重试间隔时间，避免因频繁重试导致资源浪费或加重服务器负担。

(2) 采用异步并行处理

对于多个相互独立的任务，可以采用异步并行处理的方式，充分利用系统的多核处理器和网络带宽资源，提高整体处理效率。例如，同时处理多个文档的分析任务时，每个任务通过异步调用的方式并行执行，在所有任务完成后再统一处理结果。

(3) 优化响应缓存策略

对于一些频繁访问且数据变化不大的API接口，可以采用响应缓存策略。将API的响应结果缓存起来，当再次接收到相同的请求时，可直接从缓存中返回结果，这样既能减少对DeepSeek服务器的请求次数，提高响应速度，还能降低网络带宽的消耗。

(4) 做好异常状态处理

在使用API过程中，难免会遇到各种异常情况，如服务器宕机、网络中断等。要做好异常状态处理，确保应用程序在遇到异常时能够保持稳定运行。可以设置备用方案，如在无法连接DeepSeek服务器时，切换到本地缓存数据或提供默认的处理结果；同时，记录详细的异常日志，便于后续排查问题和分析原因。

扫描下方二维码，可以看到一个使用DeepSeek生成在线教育商业计划书的案例。需注意，案例中的商业计划书是通过REST API访问托管在第三方云平台的DeepSeek-R1大模型而生成的。

第三方客户端通过REST API访问托管在第三方平台的DeepSeek-R1大模型

2.2 文件处理

2.2.1 结构化文档处理

1. PDF文档处理

1）智能版面分析

DeepSeek能够自动识别PDF文档的版面结构，区分文本、图片、图表、标题、页码等不同元素。无论是单栏、多栏布局，还是复杂的图文混排格式，都能准确解析。例如，在处理学术论文的PDF时，它可以快速识别正文、参考文献、图表说明等部分，为后续的文本提取和内容分析打下基础。

2）多语言文本识别

支持多种语言的文本识别，无论是常见的英语、中文、日语、韩语，还是一些小语种，DeepSeek都能准确识别并提取其中的文字信息。在处理多语言混合的PDF文档时，能够自动区分不同语言的段落，并进行相应的处理，大大提高了跨语言文档处理的效率。

3）表格自动提取

对于PDF中的表格，DeepSeek可以自动检测并提取表格结构和数据。它能够准确识别表格的行列数、表头、表身等部分，并将表格数据转换为可编辑的格式，如Excel表格。这一功能在处理财务报表、统计数据等包含大量表格的PDF文档时，尤为实用，用户无须重新手动录入表格数据，可节省大量时间和精力。

4）智能目录生成

根据文档内容和结构，DeepSeek能够自动生成目录。它通过分析文档中的标题层级、段落格式等信息，能够准确提取各级标题，并按照逻辑顺序生成目录。生成的目录不仅方便用户快速定位文档内容，还能帮助用户更好地理解文档的整体结构。例如，在处理一本电子书籍的PDF时，它可以自动生成目录，方便用户迅速找到感兴趣的章节和内容。

2. Word 文档处理

1）格式规范化处理

当用户上传Word文档后，DeepSeek可以对文档格式进行规范化处理。它能够统一字体、字号、行距、缩进等格式设置，使文档整体风格更加一致。例如，它能对来源不同、格式混乱的文档进行统一格式处理，使其符合公司或组织的文档规范要求，提高文档的专业性和可读性。

2）内容智能分类

DeepSeek可以根据文档内容，将其划分为不同的类别，如报告、通知、邮件、合同等。同时，它还能对文档中的段落内容进行智能分类，如将正文、引言、结论、建议等部分区分开来。这种内容分类功能有助于用户快速了解文档的主要内容和结构，提高文档管理和检索的效率。

3）关键信息提取

DeepSeek能够从Word文档中提取关键信息，如人名、地名、时间、金额、关键词等。在处理商务合同文档时，DeepSeek可以快速提取合同双方的名称、合同金额、生效日期、违约责任等关键条款信息；在处理新闻报道文档时，它能够提取事件发生的时间、地点、人物和主要内容等关键信息。这些关键信息可以用于文档摘要生成、信息检索、数据分析等多个方面。

4）文档比对分析

DeepSeek支持对两个或多个Word文档进行比对分析，找出文档之间的差异。它可以对比文档的文字内容、格式设置、段落结构等方面的变化，并以直观的方式展示出来，如使用不同颜色标记修改的内容、新增或删除的段落等。这一功能在版本管理、协作编辑、审核校对等场景中非常实用，可帮助用户快速了解文档的修改情况，提高工作效率和准确性。

3. Excel 数据处理

1）数据智能清洗

在处理Excel数据时，DeepSeek可以自动检测并处理数据中的错误、缺失值、重复值等问题。它能够识别数据格式错误，如日期格式不一致、数字格式错误等，并进行自动修正；对于缺失值，它可以根据数据的特征和上下文信息，采用合适的方法进行填充，如使用平均值、中位数、众数等；对于重复值，它可以快速检测并删除，确保数据的准确性和唯一性。例如，在处理销售数据表格时，DeepSeek可以自动清洗掉错误的销售金额数据、填充缺失的客户信息、删除重复的订单记录等。

2）自动化公式处理

用户只需输入自然语言描述的计算需求，DeepSeek就能自动生成相应的Excel公式。无论是简单的求和公式、平均值计算公式，还是复杂的条件判断公式、数据透视表公式，它都能准确生成。比如，用户想要计算某个班级学生的平均成绩，只需在DeepSeek中输入"计算成绩列的平均值"，它就能自动生成对应的AVERAGE函数公式，并应用到相应的数据列中。这一功能对于不熟悉Excel公式的用户来说，大大降低了数据计算的难度。

3）智能图表生成

根据Excel表格中的数据，DeepSeek能够自动推荐并生成合适的图表类型，如柱状图、折线图、饼图、散点图等。它会分析数据的特点和关系，选择最能直观展示数据信息的图表形式。例如，在处理销售数据时，DeepSeek可以根据不同产品的销售额数据，自动生成柱状图，直观地展示各产品销售额的对比情况；它还能根据时间序列的销售数据，生成折线图，清晰地呈现销售趋势的变化。DeepSeek生成的图表具有规范的格式和明确的标注，方便用户阅读和理解。

4）数据验证与修正

DeepSeek可以对Excel数据进行验证，检查数据是否符合特定的规则和条件。例如，在处理员工信息表时，它能验证员工的年龄是否在合理范围内、身份证号码是否符合格式要求等，如果发现数据不符合规则，它会给出提示，并提供可行的修正建议，帮助用户及时发现和纠正数据错误，提高数据质量。

2.2.2 多模态内容处理

1. 文本内容分析

1）多语言文本理解

DeepSeek具备强大的多语言文本理解能力，能够处理超过百种语言的文本。它不仅可以准确翻译不同语言的文本，还能深入理解不同语言文本的语义、语法和文化背景。在处理跨国公司的多语言文档时，DeepSeek可以快速理解并整合不同语言文档的信息，实现跨语言的沟通和协作。

2）语义结构分析

DeepSeek能够对文本的语义结构进行深入分析，识别文本中的主题、论点、论据、逻辑关系等。在处理学术论文时，DeepSeek可以分析出论文的核心观点、研究方法、实验结果和结论之间的逻辑联系，帮助读者更好地理解论文的内容和价值；在处理新闻报道时，它可以梳理出事件的起因、经过和结果，以及相关各方的观点和态度。

3）观点和情感识别

DeepSeek可以识别文本中所表达的观点和情感倾向，判断文本是具有正面、负面还是中性的情感。在处理社交媒体评论、客户反馈等文本时，DeepSeek能够快速分析出用户的情感和态度，帮助企业了解用户的满意度和需求，有助于企业及时调整产品和服务策略；在舆情监测中，它可以实时监测公众对某个事件或话题的情感倾向，为政府和企业提供决策参考。

4）文本相似度计算

通过先进的算法，DeepSeek能够准确计算文本之间的相似度。在文档查重、信息检索、抄袭检测等场景中，这一功能发挥着重要作用。例如，在学术论文查重中，DeepSeek可以快速比对论文与其他文献的相似度，检测出是否存在抄袭行为；在信息检索中，它可以根据用户输入的关键词，找到与之相似度最高的相关文档，提高检索的准确性和效率。

2. 结构化数据处理

1）数据格式转换

DeepSeek支持多种结构化数据格式之间的转换，如CSV、JSON、XML、SQL等。用户可以根据实际需求，将数据从一种格式转换为另一种格式，以方便数据的存储、传输和处理。例如，DeepSeek可将数据库中的数据导出为CSV格式，以便在Excel中进行数据分析；还可将JSON格式的数据转换为XML格式，用于与其他系统进行数据交互。

2）字段智能映射

在处理不同数据源的数据时，DeepSeek可以自动识别和映射字段之间的关系。例如，在将两个不同数据库中的客户信息进行整合时，它可以自动匹配"客户姓名""客户地址""联系电话"等含义相同的字段，即使这些字段在不同数据库中的命名和数据类型可能不同。这一功能大大简化了数据整合的过程，提高了数据处理的效率和准确性。

3）数据质量评估

DeepSeek能够对结构化数据的质量进行全面评估，包括数据的完整性、准确性、一致性、时效性等方面。它会检查数据中是否存在缺失值、错误值、重复值等问题，并给出相应的评估报告和改进建议。在企业进行数据治理时，DeepSeek的数据质量评估功能可以帮助企业及时发现和解决数据质量问题，提高数据的可用性和价值。

4）异常检测处理

DeepSeek可以检测结构化数据中的异常值和异常模式，如数据中的离群点、异常的时间序列变化等。在金融领域，DeepSeek可以通过交易数据检测出异常交易行为，如检测出大额资金的异常流动、频繁的异常交易时，可及时发出预警，防范金融风险；在工业生产中，它可以通过生产数据检测出异常情况，如检测出设备运行参数的异常波动时，可及时发出预警，帮助企业及时采取措施，避免生产事故的发生。

3. 媒体文件处理

1）图文关联分析

对于包含文本和图片的媒体文件，DeepSeek能够分析文本与图片之间的关联关系。它可以根据图片内容理解文本描述的含义，也可以根据文本信息识别图片中的关键元素。在处理产品宣传资料时，DeepSeek可以通过分析图片，呈现产品外观、功能特点与文本描述之间的对应关系，帮助用户更好地理解产品信息；在处理新闻报道时，它可以根据图片和文本的关联，更全面地呈现事件的现场情况。

2）音视频内容理解

DeepSeek具备对音视频内容的理解能力，能够识别音频中的语音内容、视频中的图像场景以及人物动作、事件等信息。在处理视频会议记录时，DeepSeek可以自动识别会议中的发言内容、发言人身份，并生成会议纪要；在处理监控视频时，它可以实时监测视频中的异常行为，如打架、盗窃等，及时发出警报。

3）多模态信息融合

DeepSeek能够将文本、图像、音频等多种模态的信息进行融合处理，充分利用不同模态信息的互补性，提高对信息的理解和分析能力。在智能客服系统中，DeepSeek可以结合用户的文本提问、语音输入以及上传的图片等多模态信息，更准确地理解用户的需求，提供更全面、更准确的回答；在智能驾驶领域，它可以融合车载摄像头拍摄的图像信息、雷达传感器采集的距离信息以及语音导航指令等多模态信息，为自动驾驶决策提供更丰富的数据支持。

4）跨模态检索匹配

DeepSeek支持跨模态的检索匹配，用户可以通过一种模态的信息检索另一种模态的相关内容。例如，用户可以输入一段文字描述，检索与之相关的图片或视频；也可以上传一张图片，检索与之相关的文本信息。这种跨模态检索匹配功能在图像搜索引擎、视频数据库检索等场景中具有广泛的应用，为用户提供了更加便捷、高效的信息检索方式。

2.2.3 智能文档处理

1. 简历智能分析

在简历智能分析场景中，设计有效的提示词需要经历4个关键步骤。

首先，需要明确岗位的核心需求，比如招聘Java工程师时，技术栈匹配度往往比实习时长更重要，这决定了信息提取的优先级。

其次，需要解构简历信息的层级结构，例如解构教育背景需要院校、专业、时间3个维度，而解构工作经历则需要公司平台、任职周期、项目贡献3个维度。

再次，需要设计结构化指令，建立动态权重机制。例如对初级岗位增加技能证书的提取权重，对管理岗位则侧重团队规模和业绩指标。

最后，必须设置验证回路，用"请用Markdown表格对比提取信息与原简历匹配度"的指令进行交叉核验，通过"标记存疑信息并说明判断依据"来建立纠偏机制。

基于上述思考过程，可以构建如下所示的提示词体系（示例）。

提示词：
角色定义： 你是一名拥有5年互联网行业招聘经验的HR专家，擅长从海量简历中快速定位关键人才特征。
核心任务： 为"资深产品经理"岗位筛选候选人，按优先级提取以下信息。
教育背景（院校层级＞专业相关性＞学历等级）
从业轨迹（BAT级别企业任职时长＞主导项目数量＞跨部门协作经历）
能力证明（产品DAU提升数据＞需求文档规范度＞跨端设计经验）
处理要求：
对工作经历进行冲突检测（标记重叠时间段）

> 量化指标提取（标红用户增长、转化率等数据）
> 隐性能力推导（从"协调多方资源"推断沟通能力）
> 输出格式：人才评估报告需包含：①基础信息雷达图（教育、经验、技能3个维度）；②关键经历对照表；③风险提示栏（工作空窗期、频繁跳槽等）

这个设计框架通过需求解耦（岗位画像）、信息分层（硬性、软性指标）、动态适配（权重调节）、结果验证（交叉检验）的完整闭环，既保证了信息提取的准确性，又为后续人才评估提供了结构化决策依据。

2. 合同文档处理

在合同文档处理场景中，设计高效提示词需要考虑3个关键点——既要确保条款完整性，又要防范法律风险，还要兼顾审查效率。这就要求提示词必须同时具备条款定位、风险预警和版本比对三重功能。

第一步：要素结构化拆解

将合同条款划分为3个维度。

- 基础要素层：缔约方信息、标的物描述、金额与支付节点（应精确到具体条款的金额数值与时间单位）。
- 风险要素层：违约赔偿计算方式、知识产权归属条款、不可抗力定义范围（特别注意模糊表述，如"合理期限""相应责任"）。
- 动态校验层：合同版本差异点（修改时间戳对比）、法律条文时效性（如《中华人民共和国民法典》第580条最新司法解释）。

第二步：构建动态指令模板

根据合同类型调整审查权重。

- 对于采购合同，要强化"付款条件"与"验收标准"提取权重。
- 对于技术合作协议，要提升"专利授权范围"与"保密条款"的审查强度。
- 对于劳务合同，要侧重"竞业限制"与"社保缴纳"的合规性校验。

第三步：设置双重验证机制

- 差异对比验证："请用三色标注法标记3个版本的主要修改轨迹（红色表示删除、绿色表示新增、蓝色表示调整）。"
- 风险等级评估："按高（可能引发诉讼）、中（条款表述模糊）、低（格式存在瑕疵）对风险点分级。"

基于上述思考过程，可以形成如下所示的提示词体系（示例）。

提示词：
角色定义：你是一位拥有10年涉外合同经验的资深法务专家，熟悉国际贸易法规与跨境纠纷解决机制
审查任务：对"中美技术授权协议"进行全维度审查，重点包括：
核心条款校验（授权地域范围＞专利续展义务＞分成计算方式）
风险点标注（单方解约条件＞争议解决地选择＞汇率波动应对）
合规性检查（美国出口管制条例EAR＞中国技术进出口管理条例）
处理要求：
建立条款溯源机制（标注每个条款对应的法律依据）
量化评估支付条款（计算不同汇率场景下的实际支付差额）
生成修订建议书（提供替代条款的完整表述模板）
输出格式： 结构化审查报告需包含：①风险热力图（按条款位置标注风险等级）；②修订追踪表（新旧版本条款对比）；③应急处理预案（针对高风险的5种违约情形应对策略）

---

3. 研报智能分析

当面对一份50页的行业研究报告时，专业金融分析师往往需要穿透冗长的论述捕捉关键信号。这种场景下，提示词设计就像制作精密的手术刀——既要准确定位目标信息，又要控制AI的思考路径，避免偏差。下面我们通过4层思维阶梯构建有效的分析框架。

1）明确分析目标的反向推演

不要急于让AI直接总结报告，而应先建立价值锚点，可以自问：这份报告对投资决策的核心价值是什么？是验证既有假设，还是发现新趋势？例如针对新能源汽车产业链报告，真正的分析目标可能是识别固态电池技术路线的产业化进度。此时提示词应该像探照灯般聚焦："请定位报告中关于固态电池量产时间表的论述，区分实验室阶段与商业化阶段的指标差异。"

2）多维信息结构的动态拆解

优秀的提示词应预设信息处理流程。例如对于包含20张图表的研究报告，可以设计分阶段处理策略。

（1）结构扫描

"绘制本报告的三级目录框架，标注各章节出现的关键数据表编号及其对应的结论段落。"

（2）数据关联

"关注图3.2的市占率变化曲线，与第4章竞争对手研发投入数据进行趋势对比分析。"

（3）矛盾检测

"识别正文论述与图表注释存在逻辑冲突的部分，例如第5.4节中的预测增长率与图5.7的趋势线差异。"

3）行业语境的智能补偿

当遇到专业术语或隐含假设时，需要引导AI建立领域知识参照系。例如分析光伏行业报告中的"N型硅片渗透率"时，应补充产业背景："结合2023年光伏技术路线白皮书，评估报告中35%渗透率预测的合理性，需考虑TopCon电池量产良率提升速度。"

4）决策链路的闭环验证

最终提示词要形成可执行的建议链条。

（1）初级指令

"提取本报告给出的三大投资建议，标注每个建议对应的风险等级（高、中、低）。"

（2）进阶验证

"对建议一中的扩产计划，结合附录中的设备采购成本数据进行投资回报率模拟，假设融资利率上浮100个基点。"

（3）决策封装

"用SWOT框架重新结构化所有建议，强调12个月内的可观测验证指标。"

以下为经过4轮优化的提示词示例。

第一轮：核心观点萃取，提示词示例如下所示。

提示词：

以"技术成熟度曲线"为框架，提取报告中提及的所有创新技术节点，按产业化时间排序，要求：
1. 区分实验室阶段与小批量试产阶段
2. 标注每种技术对应的头部企业布局情况
3. 与行业白皮书数据对比并标注可信度等级

第二轮：图表深度解析，提示词示例如下所示。

提示词：

分析图5.7的供应链成本结构饼图：
1. 将2025年预测数据与图3.4的历史趋势叠加，生成折线图
2. 标注材料成本下降但总成本上升的矛盾点
3. 结合第4章政策分析给出3种可能性解释

第三轮：趋势交叉验证，提示词示例如下所示。

提示词：
构建四维分析矩阵（X轴：技术迭代速度；Y轴：政策支持力度；Z轴：资本密集度；颜色维度：专利壁垒），对报告中的6个细分赛道进行定位，要求：
1. 从正文提取每个维度的量化指标
2. 与附录专家访谈内容进行一致性校验
3. 输出高增长潜力区的3个特征

第四轮：决策沙盘推演，提示词示例如下所示。

提示词：
假设投资组合包含ABC三类企业：
A类（技术领先但现金流紧张）
B类（具有规模优势但创新滞后）
C类（新进入者但有政策补贴）
基于本报告结论，为每类企业设计：
1. 12个月的关键观测指标
2. 行业 β 系数变化时的调整策略
3. 与报告风险提示对应的规避措施

这种递进式的提示词设计，本质是在重构分析师的思维模式。每个环节都包含自我验证机制，既利用AI的海量数据处理能力，又保留了人类专家的逻辑校验功能。如需处理百页以上的综合报告，可采用模块化处理方式，即将提示词分解为"结构解析—数据清洗—矛盾检测—趋势推演"4个并发任务组，最后进行综合决策优化。

2.2.4 数据分析应用

1. 数据清洗增强

在数据清洗的关键环节，专业分析师需要像雕刻家般精准地塑造数据形态。以下思维框架将指导您设计有效的数据清洗策略。

1）理解数据缺损的深层影响

面对缺失值，首先要评估缺损模式。机械性填补可能出现偏差，需通过数据分布分析确定最佳策略。

- 当缺失率低于5%且随机分布时，采用均值或中位数填补可保持数据稳定性。
- 对于存在时序关联的特征，应优先使用前向填充或线性插值法。
- 对于存在高缺失率（>30%）特征的数据，建议暂时剔除，可在后续特征工程阶段重构。

提示词示例如下所示。

提示词：
当前销售数据中，区域分销渠道字段缺失率达25%，且集中出现在新开拓市场，请：
1. 绘制各区域缺失值分布热力图
2. 对比填补前后客户聚类结果差异
3. 评估剔除该字段对预测模型AUC值的影响

2）异常值识别的三维视角

异常检测不应局限于统计阈值，需构建"业务—技术"双重视角。

提示词示例如下所示。

提示词：
基于设备传感器数据：
1. 遵循3σ原则初筛异常点
2. 结合设备维护日志标注真实故障时段
3. 对比聚类算法识别结果与业务标注的一致性
4. 输出可疑时段的振动频谱图，供人工复核

此方法将统计方法与领域知识相结合，可避免误判正常波动。

3）标准化处理的分层策略

标准化时需考虑下游任务需求：

- 机器学习模型：优先使用Z-score标准化。
- 跨源数据融合：采用Robust Scaling抗异常值影响。
- 业务指标对比：保留原始量纲但标注标准化说明。

4）质量评估的闭环验证

数据质量报告应包含动态验证机制。

提示词示例如下所示。

> **提示词：**
> 生成包含以下维度的评估仪表盘。
> 1. 完整性：字段缺失率趋势图（按数据源分层）
> 2. 准确性：关键指标抽样复核差异率
> 3. 时效性：数据更新时间戳分布
> 4. 关联性：特征间Spearman相关性热力图
> 同时设置自动化预警规则，当关键指标偏离基线时触发复核流程

以下为经过多轮优化的提示词示例。

第一轮：缺损模式分析，提示词示例如下所示。

> **提示词：**
> 分析sales_data.csv中的缺失值。
> 1. 按区域、产品线绘制缺失矩阵图
> 2. 计算每个字段的MCAR检验p值
> 3. 输出各填补方法对字段分布形态的影响曲线

第二轮：异常检测优化，提示词示例如下所示。

> **提示词：**
> 针对equipment_logs.json：
> 1. 使用孤立森林算法检测异常
> 2. 将维护工单时间范围作为过滤条件
> 3. 输出疑似异常点的三重验证报告：
>   - 统计阈值违反情况
>   - 关联传感器读数波动图谱
>   - 同类设备历史故障模式匹配度

第三轮：构建标准化决策树，提示词示例如下所示。

> **提示词：**
> 构建特征处理决策流程图。
> 输入：字段类型、分布形态、业务用途
> 节点判断：

- 若为金额类指标且需跨源对比 → 保留原始值
- 若参与距离计算 → 应用Min-Max标准化
- 若存在极端值 → 使用分位数变换

输出处理后的数据分布对比图

第四轮：创建质量监控看板，提示词示例如下所示。

提示词：
创建动态质量监控模板。
1. 实时计算数据新鲜度指标（当前时间−最新记录时间）
2. 关键字段值域变化预警（同比波动>15%触发）
3. 关联元数据校验（如日期格式一致性检查）
4. 自动生成修复建议（知识库条目）

这种分阶递进的提示词设计，将数据清洗从被动处理转变为主动的质量治理过程。通过嵌入业务规则和机器学习算法的双重验证机制，DeepSeek不仅能执行清洗任务，还能输出可解释的质量改进方案。

2. 数据分析报告

在构建企业级数据分析报告时，DeepSeek通过三层智能分析框架实现决策洞察的深度挖掘，以下是关键操作路径。

1）动态多维分析引擎

通过时间、地域、产品线的三维交叉验证，识别数据中的隐藏模式。例如分析快消品销售数据时：

- 可构建季度增长率与竞品促销强度矩阵（X轴：自营渠道增速；Y轴：市场费用占比）。
- 将区域经济发展指数作为颜色维度。
- 标注异常波动点（如新市场开拓期业绩异常下滑）。

这种分析方法能直观呈现市场拓展效率，并能结合行业基准数据自动标注机会区域。

2）智能图表决策树

根据数据特征自动匹配可视化方案：

- 客户留存分析→桑基图（显示各阶段流失路径）。

- 产品组合效益→旭日图（用嵌套式结构展示利润贡献）。
- 渠道效果对比→雷达图（多维指标综合评估）。

图表生成后自动附加解读标签，如在折线图的拐点标注关键事件。

3）趋势推演沙盘

基于历史数据构建预测模型时，可采用蒙特卡洛模拟呈现多种可能性。

输入变量：
- 原材料价格波动区间（-15%至25%）。
- 政策补贴退坡进度（3种情景）。
- 替代品渗透率曲线。

输出：
- 概率分布图，标注80%置信区间的战略选择窗口期。

该推演过程可识别关键风险阈值，如当替代品市占率突破18%时，需启动应急方案。

下面对四阶提示词进行优化。

数据透视指令，提示词示例如下所示。

提示词：
分析2023第4季度销售数据集：
1. 按渠道类型、产品SKU、客户等级三维透视
2. 计算各维度边际贡献率
3. 标注ROI低于行业均值1.5个标准差的分项

图表优化指令，提示词示例如下所示。

提示词：
将客户生命周期数据可视化：
1. 使用漏斗图呈现各阶段转化率
2. 用气泡图显示客户价值分布
3. 用折线标注关键运营动作时间节点

决策模拟指令，提示词示例如下所示。

> 提示词：
> 构建市场扩张沙盘模型。
> 输入参数：
> - 区域GDP增长率波动范围
> - 物流成本上涨压力系数
> - 本地竞品反击概率矩阵
> 输出内容：
> 1. 风险收益等高线图
> 2. 标注最优资源投放配比区间
> 3. 列出3个高概率情景应对预案

通过这种结构化分析流程，DeepSeek生成的分析报告不仅能呈现数据表象，更能揭示决策链路的传导机制。通过嵌入行业知识图谱和风险预警模型，报告中的建议具备可执行的战术指导价值。

2.2.5 文件处理技巧

1. 效率优化技巧

1）批量处理优化

在面对大量文件或任务时，合理分批处理至关重要。例如，对于一批上千份的文档，若一次性全部提交处理，可能会导致系统资源耗尽或处理时间过长。为了避免这些问题，可采取以下技巧。

- 根据系统性能和任务复杂度，将任务分成若干批次，每批次处理一定的数量。
- 设置并发限制，避免因并发请求过多导致服务器负载过高。比如，可将并发请求数限制在服务器能够稳定处理的范围内，如10~20个并发请求。
- 监控处理进度，实时了解每个批次的处理情况，及时发现并解决出现的问题。
- 优化资源利用，如合理分配CPU、内存等资源，确保处理任务高效运行。

2）流程自动化

为了实现流程自动化，可采取以下技巧。

- 构建处理管道，将文件处理的各个环节串联起来，形成一个自动化处理流程。以文档处理为例，从文件上传、格式转换、内容分析到结果输出，每个环节都按照预设的规则自动执行。
- 设置触发条件，如当新文件上传到指定文件夹时，自动触发处理流程；或者按照特定的时间间隔，定时启动处理任务。
- 定义处理规则，明确每个环节的具体操作和参数设置，如在格式转换环节，指定转换的目标格式和相关参数。

通过实现自动化流转，可减少人工干预，提高处理效率，同时降低人为错误的发生概率。

2. 质量保障措施

1）处理质量控制

为了控制处理质量，可采取以下措施。

- 设置明确的质量标准，根据不同的文件类型和处理需求，确定处理结果应达到的质量指标。例如，在进行图像识别处理时，设定识别准确率至少应达到95%；在文本翻译中，要求翻译的准确性和流畅性达到一定水平。
- 实施多轮验证，对处理结果进行多次检查和验证，如在数据清洗后，进行数据一致性验证、逻辑合理性验证等。
- 定期进行人工质检抽查，随机抽取一定比例的处理结果，由专业人员进行人工审核，确保处理质量符合标准。

根据质检结果和用户反馈，持续优化处理算法和流程，可不断提升处理质量。

2）异常处理机制

为了有效处理异常情况，可采取以下措施。

- 建立监控预警系统，实时监测文件处理过程中的各项指标，如处理时间、错误率、资源利用率等。当出现异常情况时，如处理时间过长、错误率突然升高，及时发出预警，通知相关人员。
- 实现自动重试机制，当处理任务因网络波动、服务器短暂故障等原因失败时，系统自动进行重试，设置合理的重试次数和重试间隔时间，如重试3次，每次重试间隔5秒。
- 设置降级方案，在遇到严重故障或资源不足时，采取降级处理措施，如降低处理精度、简化处理流程，以保证基本的处理功能能够正常运行。
- 详细记录问题日志，包括异常发生的时间、原因、处理过程等信息，便于后续分析和排查问题，总结经验教训，不断完善异常处理机制。

3. 格式兼容性问题

1）支持格式列表

DeepSeek支持的文件格式丰富多样。在文档处理方面，支持PDF、Word（.doc、.docx）、Excel（.xls、.xlsx）、PowerPoint（.ppt、.pptx）、TXT等常见办公文档格式。在图像领域，支持JPEG、PNG、BMP、GIF等多种图像格式，能对图像进行内容分析、文字识别等操作。在音频和视频领域，支持常见的MP3、WAV、MP4、AVI等格式，可实现音频和视频内容理解、关键信息提取等功能。

2）转换建议方案

若遇到DeepSeek不支持的文件格式，可通过专业的格式转换工具进行转换。例如，对于CAD图纸文件（.dwg），可使用AutoCAD软件将其转换为PDF格式，再交给DeepSeek处理；对于一些小众的数据库文件，可先通过数据库管理工具将数据导出为CSV格式，然后再利用DeepSeek进行数据分析。此外，在线格式转换平台也是不错的选择，如Zamzar、Convertio等，这些平台操作简单，支持多种格式之间的转换。

3）特殊字符处理

当文件中包含特殊字符时，DeepSeek会尽力准确识别和处理。对于一些常见的特殊字符，如数学符号（±、×、÷）、货币符号（$、¥、€）、版权符号（©、®）等，DeepSeek能够正确解析。若遇到识别错误的情况，用户可手动进行修正，或者在上传文件前，使用文本编辑工具将特殊字符替换为通用的表达方式，如将"±"替换为"正负"，以提高处理的准确性。

4）编码问题解决

在处理文本文件时，可能会遇到编码问题，导致文本乱码。DeepSeek会自动检测文件的编码格式，并尝试进行解析。如果自动检测失败，用户可以手动指定文件的编码格式，如UTF-8、GB2312、ANSI等。对于一些编码格式不规范的文件，可以使用编码转换工具，如Notepad++、iconv等，将文件转换为DeepSeek易于处理的编码格式，确保文本内容能够被正确识别和处理。

4. 性能优化建议

1）资源配置优化

在硬件方面，优先选择高性能的计算设备。对于大规模的数据处理和复杂的文件分析任务，配备高性能的CPU和GPU能显著提升处理速度。例如，使用Intel Core i9系列CPU或AMD Ryzen 9系列CPU，搭配NVIDIA RTX 30系列或更高版本的GPU。同时，确保计算机拥有足够的内存，建议16GB及以上，对于处理大型文件或多任务并行处理，32GB甚至64GB内存会有更好的性能表现。在软件方面，及时更新DeepSeek到最新版本，以获取性能优化和功能改进；确保操作系统和相关驱动程序也是最新版本，避免因软件兼容性问题导致性能下降。

2）批处理策略

在进行批处理时，根据任务的复杂程度和数据量合理调整批处理参数。对于数据量较大但任务相对简单的情况，适当增大批处理的文件数量，充分利用系统资源，提高处理效率；对于复杂的任务，如对大量PDF文档进行图文分析，可适当减少批处理的文件数量，防止因任务过重导致系统崩溃或处理时间过长。同时，监控批处理过程中的资源使用情况，如CPU使用率、内存占用等，根据监控结果动态调整批处理策略。

3）缓存使用建议

合理利用缓存机制可以减少重复计算、缩短数据读取时间。DeepSeek会自动缓存一些常用的处理结果和中间数据，用户可以通过设置缓存策略来优化缓存的使用。例如，对于频繁访问且数据变化不大的文件或任务，设置较长的缓存过期时间，可提高缓存命中率；对于数据更新频繁的任务，适当缩短缓存过期时间，可确保获取到最新数据。此外，定期清理缓存，释放内存空间，避免因缓存占用过多内存导致系统性能下降。

4）并发控制方案

在多任务并发处理时，设置合理的并发数至关重要。如果并发数过高，可能会导致系统资源竞争激烈，处理速度反而下降；并发数过低，则无法充分利用系统资源。根据系统的硬件配置和任务类型，通过实验确定最佳的并发数。例如，在一台拥有8核心CPU和16GB内存的计算机上，对于一般性的文本处理任务，并发数设置为4～6可能较为合适；对于计算密集型任务，如深度学习模型训练，并发数可适当降低。同时，使用并发控制工具或库，如Python中的threading、asyncio库，来管理并发任务，确保任务的有序执行和资源的合理分配。

DeepSeek在数字化信息处理领域价值卓越，有强大的文件处理能力与灵活的接口调用功能。它能提供网页交互便捷操作和REST API集成高效开发等多样选择。文件处理涵盖结构化文档与多模态内容，准确高效，适用于智能文档处理等多个领域。

2.3 指令工程基础

我们正处于一个数据与信息爆炸的时代，在人工智能技术飞速发展的当下，AI模型已逐渐渗透到多个领域，成为推动创新与发展的重要力量。DeepSeek作为AI领域的佼佼者，以其强大的功能和独特的优势，吸引无数用户探索智能世界的无限可能。然而，要想让DeepSeek充分释放其潜能，我们需要掌握一套行之有效的方法与技巧。

这就引出了指令工程基础这一关键领域，其中TASTE框架与避坑指南尤为重要。TASTE框架宛如一把精巧的钥匙，能够帮助我们精准开启与DeepSeek高效沟通的大门，通过对任务、受众、结构、语气和示例的巧妙运用，实现与模型的深度交互，获取高质量的结果。但与此同时，在使用DeepSeek的过程中，也潜藏着诸多容易被忽视的"陷阱"，如AI幻觉、数据偏差、合规风险等问题。这些问题若处理不当，可能会影响使用效果，甚至带来严重后果。

您想知道如何借助TASTE框架在产品需求分析、竞品分析报告生成、运营内容创作及用户教程编写等实际场景中大显身手吗？又该如何避开DeepSeek使用过程中的各类"坑"，构建质量保障体系，优化系统性能呢？接下来，让我们一同深入探索，揭开这些问题的神秘面纱，全面掌握DeepSeek的使用秘籍，开启高效智能的AI之旅。

2.3.1 TASTE框架实战

在人工智能这个充满无限可能的领域，新的模型如雨后春笋般不断涌现，而DeepSeek无疑是其中一颗耀眼的明星。自诞生以来，DeepSeek以其独特的技术优势和强大的功能，迅速在全球范围内引发了广泛关注和热烈讨论。它打破了传统AI模型的局限，为用户带来了全新的交互体验和高效的解决方案。

DeepSeek的卓越表现使其在众多AI模型中脱颖而出，成为技术爱好者、企业开发者以及各行业专业人士的新宠。它的出现，不仅为AI领域注入了新的活力，也推动了整个行业的技术创新和发展。然而，要充分发挥DeepSeek的强大潜力，掌握有效的提示词设计方法至关重要。TASTE框架正是这样一种能够帮助我们与DeepSeek高效沟通的利器，它为我们开启了一扇通往DeepSeek强大功能的大门，让我们能够更加精准地引导DeepSeek，获取我们所需的高质量结果。

1. TASTE 框架大揭秘

TASTE框架作为我们与DeepSeek高效沟通的桥梁，其核心在于对任务、受众、结构、语气和示例这5个关键要素的精准把握和巧妙运用。接下来，让我们深入剖析TASTE框架的各个要素，探寻其背后的奥秘和价值。

1）任务（task）：精准出击，使命必达

在与DeepSeek交互的过程中，明确任务是一切的基石。清晰、准确的任务描述能够让DeepSeek迅速理解我们的需求，从而给出更符合预期的回应。以撰写一篇关于AI的文章为例，原始提示词"写一篇关于人工智能的文章"过于宽泛，DeepSeek可能会生成一篇内容泛泛的文章，难以满足我们的特定需求。而优化后的提示词"我是一名科技博主，需要写一篇面向普通读者的文章，主题是'AI如何改变日常生活'，希望能用具体的例子说明AI技术在衣食住行各方面的应用"，不仅明确了文章的主题和受众，还详细说明了内容要求和表现形式，让DeepSeek能够有针对性地进行创作，生成的文章更具实用性和可读性。扫描下方二维码，能够看到用DeepSeek创作文章的案例。

要求DeepSeek创作面向普通读者的文章

2）受众（audience）：投其所好，量身定制

不同的受众有着不同的知识背景、兴趣爱好和阅读需求，因此，根据受众特征调整对DeepSeek的提问方式至关重要。对于技术人员，他们更关注技术细节和专业分析，我们可以使用专业术语，深入探讨技术原理和架构，如"请从技术角度分析DeepSeek-V3模型的MoE架构优势"，具体结果可以扫描下方二维码查看。

要求DeepSeek创作面向专业技术人员的文章

对于普通用户，他们更希望通过通俗易懂的方式了解知识，因此我们应避免过多的专业术语，采用生动有趣的例子进行解释，如"请通过生活中的例子，解释DeepSeek为什么能比其他AI更好地理解人类的需求"，具体结果可以扫描下方二维码查看。通过精准定位受众，我们能够引导DeepSeek生成更符合受众口味的内容，提高信息传递的效果。

第 2 章 基础篇：高效使用入门指南

要求DeepSeek创作面向普通大众的文章

3）结构（structure）：搭建框架，逻辑先行

一个清晰、合理的结构能够使内容更加有条理，使受众易于理解和接受。在向DeepSeek提出需求时，我们应精心设计内容框架，明确各部分之间的逻辑关系。例如，在撰写一份报告时，我们可以明确标题层级，如"一、引言""二、研究方法""三、研究结果""四、结论与建议"等，使报告层次分明，具体结果可以扫描下方二维码查看；可以设定段落布局，合理安排每个段落的内容，确保段落之间过渡自然；可以指定列表形式，如无序列表"-项目1""-项目2"或有序列表"1.步骤1""2.步骤2"，用于列举项目或步骤，使内容更加清晰直观；可以定义图表要求，如"请提供一张柱状图，展示过去5年公司的销售额变化"，让DeepSeek能够根据我们的要求生成相应的图表，增强内容的可视化效果。

要求DeepSeek以合理的框架输出内容

4）语气（tone）：声情并茂，恰到好处

语气能够传达情感、态度和风格，不同的场景需要使用不同的语气。在正式商务场合，如撰写公司内部通告时，我们应使用正式、严谨的语气，体现专业性和权威性，如"请以CEO的身份，撰写一份关于公司AI转型战略的内部通告"，具体结果可以扫描下方二维码查看。

要求DeepSeek以CEO的身份撰写通告

在趣味科普场景，如向小学生解释科学知识时，我们应采用轻松、幽默的语气，以激发孩子们的学习兴趣，如"扮演一位有趣的科技老师，用生动的例子向小学生解释什么是人工智能"，具体结果可以扫描下方二维码查看。通过恰当把控语气，我们能够让DeepSeek生成的内容更具感染力和亲和力，更好地使受众产生共鸣。

要求DeepSeek以轻松幽默的语气输出内容

5）示例（example）：举一反三，引导有方

示例是帮助DeepSeek理解复杂需求的有效工具，它能够为DeepSeek提供具体的参考和指导，使其更准确地把握我们的意图。一个好的示例应简洁明确，突出关键要素，体现逻辑关系，贴近实际场景。例如，在要求DeepSeek进行文本改写时，我们可以给出示例，如"原句：今天天气很好。改写后：阳光明媚，微风轻拂，今天的天气格外宜人"。通过这样的示例，DeepSeek能够更清楚地了解我们对改写的要求，从而生成更符合预期的结果。我们可以使用对比说明，如"请比较苹果和橙子的营养价值，像这样列出对比表格：| 水果 | 维生素C含量 | 膳食纤维含量 | 卡路里 |"，让DeepSeek能够直观地看到我们期望的输出形式，具体结果可以扫描下方二维码查看。我们可以提供参考案例，如"请参考某知名品牌的营销文案，为我们的产品设计一条宣传语"，为DeepSeek提供创作灵感。我们可以设置验证标准，如"请确保生成的代码能够在Python 3.8环境下正常运行"，保证DeepSeek生成的内容符合实际需求。我们可以预设反馈机制，如"如果生成的内容不符合要求，请告诉我具体原因"，方便我们及时调整需求，优化结果。

要求DeepSeek按照示例输出内容

2. 实战演练：TASTE框架大显身手

1）产品需求分析：深度洞察，精准定位

在产品需求分析领域，TASTE框架如同导航仪般指引我们穿透需求迷雾。让我们以设计基于DeepSeek的智能客服系统为例，拆解构建高质量提示词的完整思考路径。

第一步：需求分析坐标系的确立

站在电商平台客服主管的视角，我们需要在3个维度建立认知基线：日均咨询量级（例如5000+）、高峰时段响应延迟（如大促期间平均等待8分钟）、复杂问题转人工率（当前约35%）。这种量化思维能帮助我们准确锚定需求边界。

第二步：痛点诊断的显微镜

通过现场观察发现，人工客服在深夜时段响应速度下降60%，复杂退换货咨询平均处理时长超过15分钟。隐蔽的痛点是：商品知识库更新滞后导致42%的咨询需要跨部门确认。此时需要自问：哪些环节可通过语义理解优化？哪些场景需要人工复核机制？

第三步：功能矩阵的模块化搭建

将"自动问答"细化为3层结构：基础层处理价格、库存查询（占咨询量60%），中间层应对促销规则解析，顶层设计多轮退换货协商流程。同时设置情绪识别模块的触发阈值——当用户语句中出现3个以上负面关键词时启动安抚策略。

第四步：技术集成的可行性推演

评估DeepSeek的意图识别准确率能否达到92%的行业基准，设计渐进式验证方案：先用历史对话数据做封闭测试，再通过影子模式（shadow mode）进行线上验证。关键要明确知识库更新接口的同步机制，确保促销策略变更能实时同步。

经过四层递进思考后，最终的提示词应包含决策逻辑链，如下所示。

> **提示词**:
> 你作为电商平台AI客服架构师，需要完成以下智能系统设计。
> 1. 核心场景诊断：分析当前人工客服在订单追踪（占夜间咨询量35%）、跨平台比价（新兴需求增长200%）、异常订单处理等场景的响应瓶颈
> 2. 功能优先级矩阵：将自动工单创建、物流异常预警、促销条款解析列为P0需求，需支持与ERP系统的实时数据交互
> 3. 容错机制设计：当对话轮次超过5轮或涉及支付安全问题时，设计无缝转人工流程，确保转接过程保留完整对话上下文
> 4. 验证指标体系：首次响应速度、问题解决率、转人工率三大核心指标需分别达到<15秒、78%、<12%的行业基准

这种结构化思考过程确保提示词既包含业务场景的深度洞察，又明确技术实现的验收标准。当我们将需求分解为可验证的模块时，DeepSeek的反馈会更精准地命中产品设计的要害环节。

2）竞品分析报告生成：知己知彼，百战不殆

在商业竞争中，构建有价值的竞品分析报告需要经历系统化的思考过程。我们以评估DeepSeek模型为例，演示如何通过四层思维框架设计高质量提示词。

第一层：确立分析坐标系

明确评估维度间的逻辑关系至关重要。技术架构决定基础性能，成本效益影响商业化路径，应用效果验证市场适配性，发展潜力则关联长期投资价值。建议先建立交叉对比矩阵，例如将参数量级与推理速度关联分析，再找出不同预算区间的最优解。

第二层：应用竞品筛选策略

选择对比对象时应兼顾市场占有率与技术代际差异。对于DeepSeek-R1这类推理模型，需同时对比OpenAI o1（闭源标杆）和Llama 3.2（开源参照）。应特别注意竞品的场景适配性差异，如客服场景需关注意图识别准确率，而数据分析更看重结构化输出能力。

第三层：拆解技术指标

当分析模型架构时，要聚焦参数有效利用率。DeepSeek的MoE架构通过动态激活37B参数实现高性价比，相比GPT-4o的全参数激活模式，在电商客服场景能降低42%的推理成本。这种差异需要转化为可量化的评估指标，如每万次API调用的GPU耗时。

第四层：建立动态评估体系

建立三层验证机制：基础性能测试（标准数据集）、压力测试（高峰并发）和场景模拟（客诉话术）。例如测试情绪识别模块时，应设计包含方言、错别字、反讽语句的复合测试集，对比各模型在相同情境下的安抚策略有效性。

基于上述思考，形成的提示词应包含动态评估维度。提示词示例如下所示。

> **提示词**：
> 你作为AI解决方案架构师，需要完成深度竞品分析。
> 1. 架构对比：从参数效率角度，分析DeepSeek-R1的CoT机制相比GPT-4o的DALL·E3集成架构，在跨模态任务中的优劣势，需包含吞吐量测试数据
> 2. 成本模型：建立包含API调用费、微调成本和算力消耗的TCO计算模型，以10万日活用户为基准，对比三大模型的3年期运营成本
> 3. 场景验证：设计客户服务、财报分析、营销文案3个测试场景，要求提供意图识别准确率、数据透视表完整度、创意新颖度的对比矩阵
> 4. 演进预测：结合强化学习技术演进路线，预判未来24个月各模型在实时决策场景的能力边界变化

这种结构化的提示设计，既保证了技术维度的专业对比，又嵌入了商业决策需要的成本模型。当分析报告需要深化某个维度时，可延伸出专项提示词，例如针对成本模型可追问："请构建包含冷启动训练、增量学习和模型蒸馏3种场景的动态成本计算模型。"

3）运营内容创作：创意无限，吸睛引流

当我们需要使用AI写作工具设计推广文案时，关键在于建立清晰的思维框架。以TASTE框架为指导，我们可以通过五层递进式思考构建完整的提示词体系。

第一层：用户痛点具象化

站在自媒体创作者的视角，设想典型工作场景：深夜赶稿时选题枯竭、热点追踪不及时导致流量流失、多平台内容适配耗时过长。这些具体情境中的效率瓶颈，正是产品价值的切入点。思考时应自问：创作者在哪些环节存在30%以上的时间损耗？哪些重复性工作可以通过AI实现自动化？

第二层：产品能力解构

基于DeepSeek的技术特性，拆解出三层应用价值。

- 基础层：分钟级生成2000字初稿。
- 进阶层：实时热点追踪与选题推荐。
- 创新层：跨平台风格自适应转换。

这种分层结构能确保每个卖点都对应具体的使用场景，避免功能罗列式的空洞描述。

第三层：表达策略选择

分析目标平台特征：小红书需要场景化故事，抖音侧重短、平、快的痛点展示，微信公众号适合数据佐证。针对不同渠道调整文案重心，例如短视频脚本应突出"3分钟出片"的即时性，图文内容则应强调"周更变日更"的产能突破。

第四层：可信度构建

通过"问题—方案—证据"的铁三角结构增强说服力。

- 问题锚定："你是否经历过熬夜改稿七次仍不满意？"
- 方案演示："输入#科技热点，立即获取10个爆款选题。"
- 数据验证："内测用户创作效率提升173%（案例可替换）。"

第五层：行动引导设计

将CTA（行动号召）分解为"认知—兴趣—行动"3个阶段。

- 认知阶段："你的创作本可以更轻松。"
- 兴趣阶段："点击查看百万博主同款工作流。"
- 行动阶段："免费领取每日3次AI润笔权益。"

按照以上思路设计的提示词如下所示。

提示词：
#系统角色设定
你是一位拥有5年经验的数字营销专家，擅长将技术产品转化为用户可感知的价值主张，当前需要为基于DeepSeek的AI写作助手设计推广方案。
#任务背景
目标用户：全职自媒体创作者（日均产出3篇内容）
核心障碍：选题枯竭、跨平台适配难、热点响应慢
技术优势：深度语言理解、多风格生成、实时数据追踪
#创作要求
1. 提炼3级产品价值（基础功能—效率提升—创作突破）
2. 制作3套差异化文案（面向小红书、抖音、微信公众号）
3. 设计转化漏斗模型（曝光—点击—注册）
4. 包含可验证的用户案例（需预留数据替换位）
#输出格式
采用"痛点场景化—解决方案—效果验证"结构，每部分用🔍符号引出洞察，用▶符号标注产品价值点

上述提示词通过角色设定明确思考视角，用任务背景框定创意边界，用创作要求建立质量基准，用输出格式保证内容结构化。执行时可根据实际反馈进行动态调整，例如补充"避免使用专业术语"或"增强平台特性适配"等迭代指令。

4）用户教程编写：通俗易懂，贴心指导

编写非技术用户教程时，关键在于建立清晰的思考框架。我们以"制作DeepSeek使用指南"为例，演示如何通过四步思考法构建高质量提示词。

第一步：需求拆解与场景定位

指南需要包含基础功能、使用场景、实用技巧、注意事项四大模块：

- 基础功能：需涵盖智能对话、文本生成等核心能力。
- 使用场景：要包含办公、学习等高频应用场景。
- 实用技巧：需涉及提示词优化等关键技巧。
- 注意事项：需包含隐私保护等重要提醒。

第二步：信息架构设计

参考产品文档和用户场景报告，构建分层信息结构：

- 核心功能层（智能对话、文本生成）。
- 应用场景层（周报写作、翻译辅助）。
- 技巧方法层（提示词优化、多文档处理）。
- 风险防范层（网络连接、隐私保护）。

第三步：表达方式选择

结合非技术用户特点，采用：

- 生活化类比（如"AI就像智能秘书"）。
- 分步操作演示（具体到按钮点击）。
- 对比案例展示（优质提示词与无效提问）。

第四步：提示词结构化设计

基于以上思路，构建三维提示词框架：

[场景背景] + [具体任务] + [格式要求]

完整提示词示例如下所示。

提示词：

作为智能助手，请创建一份面向中老年用户的DeepSeek入门指南，需包含：
1. 核心功能：用家电操作类比解释智能对话、文本生成的功能
2. 使用场景：展示用语音指令创作子女生日祝福语的具体步骤
3. 实用技巧：教老人用"说大白话"的方式优化提问
4. 注意事项：用交通信号灯比喻隐私保护的重要性
要求：全文中，中老年常用词汇占比＞70%，每项说明配手绘风格示意图

分阶段优化技巧：当需要处理复杂需求时，可采用多轮对话细化，提示词示例如下所示。

> 提示词：
> 第一轮：框架确认
> "我需要制作老年人AI使用指南，请列出最重要的5个模块"
> 第二轮：案例优化
> "请将文本生成功能说明改写成收音机操作类比"
> 第三轮：风险提示
> "针对视力减退用户，补充字体放大设置教程"

通过这种系统化思考过程，即使我们不懂技术也能逐步构建出结构清晰、易于理解的用户指南。关键在于将抽象的技术概念转化为生活场景，用渐进式对话替代复杂参数设置。

2.3.2 避坑指南

1. DeepSeek 常见问题大揭秘

1）AI 幻觉：看似合理的"陷阱"

在使用DeepSeek的过程中，AI幻觉是一个不容忽视的问题。AI幻觉指的是模型生成的内容与现实世界事实不符、逻辑断裂或脱离上下文的现象，就像模型在"一本正经地胡说八道"。这一问题的产生，主要源于数据偏差、泛化困境、知识固化和意图误解。其中，数据偏差是导致AI幻觉的重要原因之一。

训练数据中的错误或片面性会被模型放大，例如在医学领域，如果训练数据中包含过时的论文，模型就可能得出错误的结论，这就是数据偏差。模型在处理训练集外的复杂场景时往往力不从心，例如预测南极冰层融化对非洲农业的影响，模型就可能出现判断失误，这就是泛化困境。模型过度依赖参数化记忆，缺乏动态更新能力，对于2023年后的事件可能会完全虚构，这就是知识固化。当用户提问模糊时，模型容易"自由发挥"，从而偏离用户的实际需求，这就是意图误解。

在实际应用中，DeepSeek的AI幻觉有着多种表现形式。在处理复杂推理任务时，它可能会产生逻辑跳跃，做出不合理的推断。例如在分析市场趋势时，它可能会忽略关键因素，导致结论偏差。在多语言翻译中，它或许会混淆语境，翻译出不符合原意的内容。例如将一句带有文化背景的英语翻译成中文时，它可能无法准确传达其隐含意义。在代码生成时，它可能创建不完整的函数，影响程序的正常运行。以生成一个简单的Python函数为例，它可能会遗漏关键的参数或语句，导致代码无法执行。在处理技术文档时，它甚至可能混合不同版本的信息，使内容混乱不堪。例如在整理软件的技术文档时，它可能会将不同版本的功能说明混淆在一起，给用户带来困扰。

那么，该如何识别DeepSeek产生的AI幻觉呢？

- 使用DeepSeek的多步推理功能验证结论，让模型逐步展示推理过程，从而发现其中的逻辑漏洞。
- 通过上下文相关性检查并判断信息可靠性，查看生成内容与上下文是否连贯一致。
- 利用DeepSeek的自查功能复核生成内容，借助模型自身的检查机制来发现问题。
- 对关键信息进行交叉验证，通过查询其他权威来源或使用其他模型进行验证。

为了防范AI幻觉，我们可以采取以下策略。

- 利用DeepSeek的上下文窗口提供充分的背景信息，让模型在生成内容时有更全面的参考。
- 使用分步骤提问技巧，将复杂任务分解为多个简单问题，降低错误率。比如在询问市场分析问题时，可以先问市场现状，再问影响因素，最后问趋势预测。
- 设置明确的约束条件和验证规则，限制模型的生成范围，确保内容符合要求。
- 对重要输出进行人工审核和验证，发挥人类的判断力，避免被AI幻觉误导。

2）数据偏差：影响结果的"隐藏因素"

数据偏差也是使用DeepSeek时需要关注的问题。由于训练数据的局限性，DeepSeek模型可能存在一些特有偏差。它对中文语境的理解更为深入，但在某些专业领域可能存在训练数据不均衡的情况。例如在医疗领域，它对于一些罕见病的知识可能相对匮乏，因为相关的训练数据较少。在技术类内容处理上，它的准确度较高；但在创意类任务中，它可能存在固定思维模式，缺乏创新性。

为了识别这些数据偏差，我们可以采取以下策略。

- 明确指定输出的语言和文化背景，观察模型的响应是否符合预期。比如要求它用英式英语和美式英语分别进行翻译，看是否能准确体现两种语言的差异。
- 提供多样化的参考样本，对比模型的输出与样本的差异。
- 使用对比分析验证结果，将DeepSeek的结果与其他可靠数据源进行对比。
- 设置多维度评估标准，从多个角度评估模型的输出，如准确性、完整性、相关性等。

为了解决数据偏差问题，我们可以采取以下优化方案。

- 利用DeepSeek的混合专家系统（MoE）特性，结合多个专家模型的优势，提高对不同领域知识的处理能力。
- 有针对性地提供领域知识补充，为模型提供特定领域的专业数据，增强其在该领域的表现。

- 通过多轮对话优化输出结果，不断调整提问方式和内容，引导模型生成更准确的答案。
- 建立系统的质量评估机制，定期对模型的输出进行评估和反馈，及时发现和纠正偏差。

3）合规风险：不可触碰的"红线"

在使用DeepSeek时，合规风险是不可触碰的"红线"，主要包括安全风险防控和版权合规管理等方面。

安全风险防控至关重要，我们要注意以下几方面。

- 规避敏感信息泄露风险，避免在与模型交互时输入个人隐私、商业机密、国家机密等敏感信息。比如，不要将公司的核心商业数据用于模型训练或提问，防止这些信息泄露。
- 避免生成违规或不当内容，确保AI使用符合伦理准则。模型可能会根据输入生成一些包含暴力、歧视、色情等不良内容的信息，我们需要严格监控和避免这种情况的发生。
- 防范数据滥用和隐私侵犯，确保数据的收集、使用和存储符合相关法律法规。例如，在使用用户数据进行训练时，必须获得用户的明确授权，并采取安全的存储和处理方式。

版权合规管理也不容忽视，我们需要注意以下几个方面。

- 明确DeepSeek生成内容的使用权限，了解哪些内容可以自由使用，哪些需要额外授权。
- 建立内容原创性验证机制，检查生成内容是否存在抄袭或侵权行为。可以使用专业的版权检测工具，对生成的文章、代码等内容进行检测。
- 记录和追踪内容来源，以便在出现版权问题时能够追溯责任。
- 制定明确的授权使用规范，规范自己对生成内容的使用行为，避免侵权纠纷。

为了确保合规使用DeepSeek，还需要注意以下几个方面。

- 建立完整的使用审核流程，对输入和输出的内容进行严格审核。
- 设置内容安全审查机制，利用技术手段和人工审核相结合的方式，及时发现和处理违规内容。
- 定期更新合规要求清单，关注法律法规的变化，确保使用行为始终符合最新的合规标准。
- 保持使用记录并进行文档管理，便于日后查阅和审计，也有助于在出现问题时提供证据。

2. 构建DeepSeek质量保障体系

1）输出质量控制：打造精准内容

在使用DeepSeek时，输出质量控制是确保生成内容符合需求的关键环节，可以采取以下策略。

- 建立自动化检查机制，快速对输出内容进行初步筛查，利用DeepSeek的内置验证功能，检查文本的语法、拼写错误等基本问题。
- 建立多维度质量评估指标，从准确性、完整性、相关性、逻辑性等多个角度对输出内容进行量化评估。
- 实施自动化测试流程，通过预设的测试用例对模型进行定期测试，及时发现潜在问题。
- 设置质量预警机制，当输出质量指标低于设定阈值时，及时发出警报，以便采取相应措施。

人工审核要点更注重对内容深度和专业性的把控，具体包括以下几方面。

- 重点关注推理逻辑的准确性，确保模型在分析问题和得出结论时，推理过程合理、严谨。
- 验证专业术语使用的正确性，避免出现术语混淆或错误使用的情况，特别是在涉及专业领域的内容生成中。
- 评估内容的实用价值，判断生成的内容是否能够满足实际需求，是否对用户有实际帮助。
- 确保输出符合预期目标，检查内容是否与用户的提问或任务要求一致，是否达到预期效果。

持续优化策略是不断提升输出质量的重要保障，具体包括以下几方面。

- 收集和分析错误案例，深入研究模型出现错误的原因，总结经验教训，为后续优化提供依据。
- 优化提示词模板，根据不同的任务和需求，不断调整和完善提示词，使其能够引导模型生成更准确、更优质的内容。
- 完善质量控制流程，不断优化自动化检查和人工审核的流程，提高质量控制的效率和效果。
- 建立反馈改进机制，鼓励用户提供反馈意见，根据用户的反馈意见及时对模型进行改进和优化。

2）对话优化策略：实现高效沟通

在与DeepSeek进行交互时，应用多轮对话技巧能够帮助我们更深入地挖掘信息，实现更高效的沟通，具体可以采取以下策略。

- 采用渐进式提问方式，逐步引导模型深入探讨问题，避免一次性提出过于复杂的问题，导致模型理解困难。
- 适时要求模型解释推理过程，这样可以帮助我们更好地理解模型的思考方式，同时也能检查模型的推理是否合理。
- 及时纠正错误认知，当模型出现错误或误解时，及时指出并提供正确的信息，引导模型进行修正。
- 保持对话上下文的连贯性，在多轮对话中，注意参考之前的对话内容，使模型能够更好地理解语境，生成更连贯的回答。

提示词优化也是提升对话效果的关键，具体可以采取以下策略。

- 设计明确的角色和场景，让模型清楚自己在对话中扮演的角色以及所处的场景，从而生成更符合角色和场景的回答。
- 提供充分的背景信息，帮助模型更好地理解问题的背景和需求，避免因信息不足而产生误解。
- 使用结构化的提问模板，按照一定的逻辑结构组织问题，使问题更加清晰、明确，便于模型理解和回答。
- 设置清晰的输出要求，明确告诉模型希望得到什么样的回答，例如回答的格式、篇幅、重点内容等。

为了进一步提升对话效果，还可以采取以下策略。

- 利用DeepSeek的上下文记忆特性，减少重复信息的输入，提高对话效率。
- 合理运用温度参数调节，温度参数影响着模型生成内容的随机性和创造性，根据不同的需求，适当调整温度参数，可以获得更符合要求的回答。
- 设置合适的token限制，避免模型生成过长或过短的回答，确保回答既能够充分表达观点，又不会过于冗长。
- 优化提问策略和方式，不断尝试不同的提问方法，找到最适合的提问方式，以提高模型的回答质量。

3. DeepSeek实践指导与建议

1）系统性能优化：提升效率的关键

在使用DeepSeek的过程中，系统性能的优化是提高使用效率的关键。从资源利用、响应速度和稳定性保障3个方面入手，可以让DeepSeek更好地为我们服务。

合理利用资源是优化系统性能的基础。在使用DeepSeek时，应注意以下几方面。

- 合理设置并发请求数量。如果同时发送过多的请求，可能会导致服务器负载过高，从而影响响应速度和处理效果。
- 根据服务器的性能和实际需求，适当调整并发请求的数量，以达到最佳的处理效率。
- 优化输入数据结构和格式非常重要。将输入数据整理成规范、简洁的格式，可以减少模型处理数据的时间和资源消耗。
- 控制单次请求的复杂度，避免一次性提出过于复杂的问题，可以让模型能够更专注地处理任务，提高任务处理的准确性和效率。
- 合理规划任务执行顺序，将重要且紧急的任务优先处理，可以确保关键任务能够及时得到响应。

提升响应速度可以让我们更高效地使用DeepSeek，具体可以采取以下策略。

- 根据任务的特点和需求，选择合适的模型参数，如温度、最大长度等，以平衡生成内容的质量和速度。
- 优化提示词结构和长度，简洁明了的提示词能够让模型更快地理解我们的需求，从而更快地生成回答。
- 实施分批处理策略，对于大规模的数据处理任务，可以将其分成多个批次进行处理，避免一次性处理过多数据导致性能问题。
- 建立缓存机制，将常用的查询结果或中间计算结果进行缓存，下次遇到相同的请求时，可以直接从缓存中获取结果，大大加快响应速度。

稳定性保障是DeepSeek持续可靠运行的重要保障，具体可以采取以下策略。

- 实施错误重试机制，当请求出现错误时，自动进行重试，增加请求成功的概率。
- 建立备份方案，当服务器出现故障或数据丢失时，能够及时恢复数据和服务，确保业务的连续性。
- 监控系统性能指标，实时了解服务器的运行状态，及时发现并解决潜在的问题。
- 定期对服务器进行维护和更新，确保系统的稳定性和安全性。

2）实战操作指引：日常使用的"指南针"

在日常使用DeepSeek时，遵循一些实用的建议和操作流程，可以帮助我们更好地利用其优势，解决遇到的问题，并不断提升使用效果。

- 保持提示词的简洁明确是与DeepSeek有效沟通的关键。在提问时，尽量用简洁的语言表达自己的需求，避免使用模糊、复杂的表述。例如，在询问旅游攻略时，可以明确说明旅游的目的地、时间、预算等信息，让模型能够更准确地理解你的需求，生成更符合你期望的攻略，可以扫描下方二维码查看具体生成结果。

使用DeepSeek设计旅游攻略

- 定期更新使用技巧和知识,随着DeepSeek的不断发展和更新,其功能和特性也在不断变化。关注官方信息和相关社区,学习新的使用技巧和方法,能够让我们更好地利用DeepSeek的优势。
- 将自己在使用过程中总结的成功经验和技巧记录下来,形成个人最佳实践库。这样在遇到类似问题时,可以快速参考,提高工作效率。

人工智能技术发展迅速,只有不断学习和实践,才能跟上技术的发展步伐,更好地使用DeepSeek。

在使用DeepSeek的过程中,难免会遇到各种问题,可采取以下处理方法。

- 建立问题快速响应机制,以便遇到问题时,能够及时发现并采取措施解决。
- 针对可能出现的严重问题,提前制定应急处理方案,确保在问题发生时能够迅速应对,减少损失。
- 完善问题跟踪记录,将遇到的问题、解决方法和结果记录下来,便于后续查阅和分析。
- 定期总结经验教训,找出问题产生的根源,不断改进自己的使用方法和流程。

此外,为了更好地使用DeepSeek,还需要不断跟踪其版本更新。DeepSeek的开发者会不断优化模型、修复漏洞、增加新功能,及时更新版本可以享受到这些改进带来的便利。还可以收集其他用户的使用经验和建议,从中获取灵感和启发,改进自己的使用方式,不断调整和优化自己的操作流程和方法,从而提高使用效率和效果。对于团队使用DeepSeek的情况,可以建立完善的文档和培训体系,确保团队成员能够正确、高效地使用DeepSeek。

结语

本章全面且深入地介绍了DeepSeek的高效使用方法,从环境配置、接口调用、文件处理,到指令工程基础中的TASTE框架实战与避坑指南,为大家呈现了一个完整的使用体系。通过学习这些内容,大家会对如何充分运用DeepSeek的功能产生清晰的认知。随着人工智能技术的持续进步，DeepSeek必将不断进化，在更多领域绽放光彩。希望大家持续关注DeepSeek的发展，不断探索实践，让它为我们的工作与生活带来更多惊喜。同时，也欢迎大家关注我的个人公众号"产品经理独孤虾"（全网同号），后续我将分享更多关于AI及产品管理等方面的精彩内容，与大家一同成长进步。

第 3 章

场景篇
产品经理加速器

在数字浪潮席卷全球的今天，产品经理正站在商业变革的十字路口。当传统PRD（产品需求文档）编写仍停留在手工筛选需求、反复调整原型的低效循环中，当竞品分析还依赖人工比对与经验判断，DeepSeek正以AI的颠覆性能量，为产品开发注入智能基因。这不仅是一场效率革命，更是一次思维重构——当算法开始自动梳理用户反馈的深海暗涌，当多模态分析系统能够实时捕捉竞品动向的蛛丝马迹，产品经理终于能跳出烦琐的基础劳作，将智慧聚焦于真正的商业洞察。在这个分秒必争的创新时代，DeepSeek不仅是升级的工具，更是战略决策的智能参谋部，为每一位产品领航者点亮未来的灯塔。

3.1 PRD智能生成流水线

在传统的PRD编写流程中，产品经理常常陷入困境。收集需求时，需要通过应用商店评论、用户研究数据、客服工单等多渠道手动筛选信息，过程烦琐且容易遗漏关键要点。绘制流程图和原型图时，不仅要反复调整布局，还要手动编写大量交互说明，效率极为低下。此外，人工操作难以避免的疏漏和错误，使得PRD文档质量难以保证，经常出现需求不明确、逻辑不连贯等问题，严重影响后续产品开发的进度与质量。

DeepSeek的诞生，为PRD编写带来了颠覆性变革。它依托先进的智能算法和强大的数据分析能力，实现了从需求收集到文档生成的全流程自动化与智能化。这意味着产品经理无须在基础的数据整理与图表绘制上耗费大量时间和精力，而可以将更多的精力投入产品的核心思考与创新设计中。通过DeepSeek，需求分析更加精准全面，设计辅助更加高效智能，最终生成的PRD文档不仅质量大幅提升，而且生成速度也有了质的飞跃。

3.1.1 需求分析与转化的智能魔法

1. 用户故事提炼

1）智能化反馈收集

当我们需要通过DeepSeek进行应用商店评论分析时，首先要明确分析目标的三重维度：用户情感倾向、功能点识别、问题优先级判定。以某外卖平台应用为例，假设我们发现近期出现评分波动，不应直接输入"分析美团外卖评论"，而应思考：我们需要识别哪些关键功能反馈？如何区分偶发性差评与系统性缺陷？哪些指标能真实反映用户体验？

进阶思考可从时间维度切入，比如限定"最近30天三星以下评论"，这能有效过滤历史遗留问题，避免对分析结果造成影响。对于输出形式，结构化呈现比纯文本更利于决策，可要求"用表格对比iOS与安卓用户的核心诉求差异"。最终形成的提示词应包含场景限定、分析维度和交付标准。提示词示例如下所示。

提示词：
分析美团外卖在苹果应用商店最近30天1~3星中文评论，识别前五大负面问题类型，按出现频率、情感强度和用户等级归类，输出包含问题描述、典型语句引述、改进建议的对比表格。

在处理用户访谈数据时，专业分析师会先建立需求转化框架。假设我们获取了200份关于用户使用共享充电宝的访谈录音稿，如果直接输入"分析街电用户研究数据"，可能得到笼统的结论。有效做法是先定义分析路径，明确以下问题：是否要建立"使用场景—痛点强度—替代方案"的关联模型？是否需要识别不同用户群体（如商务人士和游客）的行为差异？

这需要分步构建提示词。首轮指令明确处理标准，第二轮指令则聚焦模式发现。提示词示例如下所示。

首轮提示词：
将以下访谈记录转化为标准化需求条目，每条包含原始陈述、需求类型（功能、体验、安全）、关联功能模块、需求紧迫度评分（1~5分）
第二轮提示词：
基于前序结构化数据，绘制用户旅程地图，标注三个主要流失环节，每个环节需包含典型抱怨语句与改进机会点

客服工单处理最能体现多轮提示的价值。面对"无法登录"的工单，初级处理可能止步于密码重置指引。而资深运营者会思考：这是否涉及账号安全漏洞？是否需要区分设备类型？是否需要预判后续关联问题？因此首轮提示应侧重问题归类；基于分类结果，第二轮提示进行深化处理。提示词示例如下所示。

首轮提示词：
识别以下工单中的根本原因类型（账号、网络、设备兼容），标注可能影响的用户群体特征。
第二轮提示词：
针对归类为设备兼容性的工单，生成包含临时解决方案（网页端登录）、补偿措施（发放优惠券）、长期改进计划（客户端适配优化）的三级响应模板

通过这三个典型案例可以看出，设计高质量提示词的核心在于将业务目标转化为可操作的认知框架。每次与DeepSeek的交互都应包含三个思考节点：当前分析所处的决策阶段、需要填补的信息缺口、输出结果在上下游流程中的衔接要求。这种结构化思维模式，正是普通用户与资深从业者的核心差异所在。

2）精准映射机制

在运用DeepSeek进行用户诉求解析时，专业的产品经理会遵循"需求分层—语义解构—方案适配"的三阶思考框架。以某在线教育平台"课程搜索功能优化"需求为例，初级提示"解析用户对课程搜索的诉求"可能仅获得功能改进建议。而高阶思考需要明确三个关键问题：用户表达背后的核心痛点是什么？哪些场景特征会影响需求优先级？如何建立需求与平台战略的关联性？

进阶分析应从具体用户画像切入。假设主要用户群体是职场人士，可构建如下思考路径：首先通过限定条件缩小分析范围（"分析30～45岁职场用户关于课程搜索功能的反馈"），其次定义分析维度（"区分功能性诉求与情感性诉求"），最后设定输出结构（"按搜索前、中、后场景归类痛点"）。这就需要设计两轮提示词：首轮聚焦诉求挖掘；次轮深化解决方案。提示词示例如下所示。

首轮提示词：
识别职场用户课程搜索场景中的三类核心挫败感，每类需包含典型用户原话、情感强度评分与留存率的相关性推测

次轮提示词：
基于前述痛点，设计兼顾搜索准确性和惊喜感的混合方案，要求对比推荐算法优化与可视化过滤器的实施成本

当涉及跨领域方案迁移时，需要建立类比思维模型。例如，将电商平台的"个性化推荐"迁移至教育领域，不能简单输入"为课程推荐提供电商解决方案"，而应解构电商模式的核心要素：如何将"用户浏览历史"对应为"学习轨迹分析"？"购物车关联推荐"如何转化为"课程组合建议"？此时提示词需包含迁移逻辑说明。提示词示例如下所示。

提示词：
将电商场景下的用户行为预测模型转化为在线教育应用，需要重新定义数据输入类型（课程完成率替代购买频次）、调整推荐权重（学习效果优先于点击率），输出改造后的模型架构示意图。

---

3) 质量控制体系

在运用DeepSeek进行需求文档质量管控时，资深产品经理会建立"要素完整性—场景穿透性—约束合规性"的三维评估框架。以某电商促销系统需求文档为例，通过初级指令"检查需求文档完整性"可能仅实现基础要素核对。专业思考需要解决三个核心问题：如何建立动态验收标准？哪些边缘场景可能被遗漏？技术约束与业务目标是否存在隐性冲突？

进阶分析应从文档应用场景切入。假设该系统需要支撑"双十一"千万级并发，可构建如下思考路径：首先通过限定条件聚焦关键风险点（"检查秒杀功能在2000QPS[①]压力下的异常处理机制"），其次定义评估维度（"硬件资源限制与用户体验指标的平衡度"），最后设定验证标准（"故障恢复SLA[②]与降级方案完备性"）。这需要设计三级提示词：首轮执行要素扫描（识别促销系统需求文档中缺失的非功能性需求条目，重点检查性能指标、监控机制、降级策略），次轮实施场景穿透（模拟库存清零、恶意刷单、支付通道阻塞等异常场景，评估现有方案覆盖率），末轮生成改进路线图（根据缺陷严重程度制定修复优先级，输出带有时序标记的优化清单）。

在处理技术一致性验证时，需建立依赖关系图谱。例如，验证推荐算法升级需求时，不能简单检查文档内部一致性，而应思考：新算法是否会影响现有用户画像系统？数据更新频率是否匹配实时推荐需求？此时提示词应包含架构影响分析：识别推荐系统V2.3需求文档中与用户行为分析模块、实时计算引擎的接口兼容性问题，标注需要同步改造的上下游系统清单，评估改造工作量与风险系数。

通过某物流调度系统案例可见，高效的质量控制依赖于"静态检查—动态推演—关联验证"的递进策略。最终形成的提示词应体现三层验证逻辑。提示词示例如下所示。

> **提示词：**
> 检查仓储机器人调度需求文档，首先核对功能要素完整性（任务分配算法、异常处理流程），其次模拟暴雨天气导致的路网瘫痪场景，最后验证路径规划算法与消防规范的兼容性，输出包含合规风险点的三维评估报告（要素完整度、场景覆盖率、规范符合率）。

通过这样的质量控制思维模式，将文档审查转化为系统性风险评估过程。

[①] QPS：每秒查询率。
[②] SLA（service level agreement，服务级别协议），具体定义系统故障恢复的服务质量承诺指标。

2. 场景拆解

1）用户旅程追踪

在运用DeepSeek进行用户旅程分析时，专业的产品经理会构建"行为量化—路径解构—情感建模"的三维分析框架。以某社交App的私信功能优化为例，通过初级指令"分析社交App用户关键路径"可能仅实现基础行为统计。高阶思考需要解决三个核心问题：用户行为的时间序列特征是什么？不同用户群体的路径差异如何体现？情感波动与功能使用是否存在强关联？

进阶分析应从用户分层切入。假设目标用户包含"Z世代"和职场人群，可建立如下思考路径：首先限定分析维度（如"对比18~24岁与25~35岁用户的动态浏览模式差异"），其次定义关键指标（如"单次会话深度""跨功能跳转率"），最后设定输出结构（如"带时间轴标注的路径对比图"）。这需要设计两阶段提示词：首轮提示词聚焦行为量化，次轮提示词进行情感建模。提示词示例如下所示。

首轮提示词：
统计近7天iOS端用户从启动App到发起私信的平均操作步数，按年龄段、活跃时段、设备类型分类呈现漏斗模型

次轮提示词：
基于前面的行为数据，识别私信发起前的犹豫特征（如多次返回消息列表），结合文本情感分析建立流失预警模型

在追踪情感变化时，需要建立多模态分析模型。例如，分析电商App支付环节的用户情绪，不能仅依赖操作行为，而应整合文本评价（如客服对话记录）、行为特征（如页面停留时长）和系统日志（如错误触发记录）。此时提示词应包含数据融合指令。提示词示例如下所示。

提示词：
追踪购物App用户在结算阶段的情感变化，整合放弃订单时的屏幕滚动速度、错误弹窗触发次数、客服咨询文本的情感极性，输出带权重系数的流失风险评分矩阵。

通过某在线教育平台案例可见，有效的旅程分析依赖"定量描述—定性解释—预测干预"的闭环思维，最终形成的提示词应体现三层逻辑。这种分析方法将用户行为数据转化为可执行的优化方案。提示词示例如下所示。

> **提示词：**
> 分析K12学生学习App的课程完成路径，首先统计章节跳转热力图，其次识别高退出率节点的常见挫败场景（如习题讲解环节），最后基于历史干预方案的效果数据，推荐三个最优化的内容呈现策略（知识图谱前置、解题步骤分段、难点提示强化）。

2）场景要素分解

在构建用户画像与环境因素分析体系时，我们需要建立"属性解构—行为建模—场景适配"的递进思考框架。以某智能健身App的用户分层为例，初级指令"细分健身App用户画像"可能仅输出基础属性分布。专业级分析需要解决三个核心问题：如何识别用户属性间的关联性？行为模式如何反映深层需求？环境约束怎样影响功能使用？

第一阶思考：动态属性关联

从简单的人口统计转向属性交叉分析。假设发现30～40岁女性用户中，职场妈妈群体有特殊的使用特征：晨练时段集中在6:00—7:00，偏好15分钟碎片化课程。此时提示词应包含关联挖掘指令：识别30～40岁女性用户的设备使用时段与课程选择关联性，输出带置信度的交叉分析表，重点标注异常值分布。

这需要建立三维分析模型：基础属性（年龄、性别）—行为特征（时段、时长）—内容偏好（课程类型），通过卡方检验发现显著性关联。

第二阶思考：行为需求映射

当发现用户频繁收藏但未完成课程时，需要穿透行为表象。进阶提示词应包含行为序列分析：分析课程收藏量与完成量的比值分布，识别高收藏低完成用户群，结合设备传感器数据（心率变化、动作完成度），构建挫败感预测模型。

例如，通过行为漏斗分析发现，瑜伽课程在第8分钟（体式转换阶段）出现用户集中退出的情况，结合加速计数据识别动作困难点。

第三阶思考：环境约束建模

针对户外跑步用户，环境因素分析应超越基础场景分类。专业提示词应整合多源数据：识别GPS轨迹集中在公园区域的用户，结合当地空气质量指数、光照强度数据，构建环境适宜度评分模型，预警恶劣天气下的功能使用风险。

例如，通过环境适应度矩阵分析，发现当PM2.5>75时，70%的用户会提前结束户外课程，此时应自动触发室内替代方案推荐。

经过三层思考后形成的复合提示词如下所示。

> 提示词：
> 细分智能健身App用户画像。
> 1. 交叉分析：年龄—性别—职业组合与晨练时段的显著性关联
> 2. 行为建模：课程节点退出率与动作难度的相关性分析
> 3. 环境适配：地理位置—天气状况—课程完成度的回归模型
> 输出包含运动风险预警的三维用户分群图谱（基础属性、行为模式、环境适应度）

该思考过程将静态标签转化为动态决策模型，使画像分析直接指导功能优化。

3. 优先级评估

在构建功能评估体系时，我们需要建立"价值定位—成本解构—战略校准"的三维思考框架。以某视频平台拟推出的4K[①]超清会员功能为例，专业评估需解决三个核心问题：如何量化非直接收益？隐性成本如何捕捉？战略适配如何动态验证？

1）业务价值评估思考路径

（1）收益预测建模

先界定核心指标（如订阅转化率、ARPU[②]值），再识别衍生价值（如优质内容生产者入驻带来的生态增益）。提示词应包含增益因子：评估4K会员功能的跨期收益，包含直接订阅收入、广告溢价空间、UP主[③]留存率提升三要素，建立带衰减因子的五年现金流模型。

（2）增长动力解构

区分自然增长与功能拉动，通过对照实验设计隔离变量。进阶提示词：设计AB测试方案，对照组维持1080P会员权益，实验组开放4K会员特权，监测30日内新注册用户的付费转化差异及老用户续费率波动。

（3）品牌价值映射

采用情感分析模型量化无形资产。复合指令示例：爬取社交媒体中与"画质"相关的讨论，运用LSTM[④]模型分析4K功能上线前后的品牌科技感认知变化，输出情感极性分布对比图。

---

① 4K及下文的1080P，都表示画质。
② ARPU：平均每户收入。
③ UP主：视频等文件上传人。
④ LSTM：长短期记忆网络。

2）实施成本分析思考路径

（1）显性成本拆解

基础指令可能遗漏协同成本，需要扩展维度：分析4K功能开发成本，包含CDN[①]带宽增量、编解码专利费用、客服培训投入三大模块，按敏捷开发迭代周期分摊计算。

（2）技术风险评估

结合历史项目数据预测难点。结构化提示词：匹配近两年高画质相关需求卡点，识别HEVC[②]适配、多端画质同步、蓝光片源获取三大风险点，按发生概率与影响程度进行矩阵排序。

3）战略匹配度验证方法

（1）市场时机判断

结合技术成熟度曲线分析，评估4K功能与显示设备普及率的关联性；参考Steam硬件调查报告，计算目标用户中4K屏幕持有者占比及年增长率。

（2）差异化竞争分析

超越基础竞品对比，建立特征矩阵。构建视频平台画质功能评估矩阵，包含编码效率、设备兼容性、动态范围三个技术维度及两个用户体验指标，定位我司功能竞争优势区间。

经过三层思考后的多轮提示词设计如下所示。

第一轮提示词：价值发现
识别4K功能对创作者生态的拉动效应，统计测试期内超清视频投稿量增长与播放时长关联性
第二轮提示词：成本优化
基于GPU云服务价格波动数据，测算不同编码方案下的带宽成本弹性，推荐最优技术路径
第三轮提示词：战略校准
对照公司"家庭娱乐中心"战略，评估4K功能与智能电视预装方案的协同效应，输出功能组合价值图谱

该思考模式将单点功能评估转化为战略决策支持系统，通过结构化提示词实现评估过程的动态迭代。

---

① CDN：内容分发网络。
② HEVC：高校视频解码。

3.1.2 智能化设计辅助,让创作如虎添翼

1. 流程图自动生成

1)业务流程可视化

在构建BPMN(业务流程建模标注)标准流程图时,需要建立"流程解构—符号规范—交互优化"三阶思考框架。以电商订单流程为例,专业建模需要解决三个核心问题:如何准确映射异常处理路径?哪些环节需要跨泳道交互?图形布局怎样平衡信息密度与可读性?

第一阶思考:核心流程拆解

从基础订单路径出发,识别隐藏的异常处理节点。例如,用户取消订单场景,需要在发货环节前插入"取消申请审核"网关。此时提示词应包含异常分支定义:识别电商订单流程中的5个关键异常场景(超时未支付、库存不足、地址错误、物流异常、退货申请),在BPMN图中用红色虚线框标注异常处理路径。

通过事件驱动模型分析,发现63%的异常发生在支付后48小时内,因此应在流程图中体现时效性约束。

第二阶思考:交互触点优化

针对多角色协作场景(用户、商家、物流),使用泳道划分责任边界。进阶提示词需明确参与者交互:在物流配送环节添加"物流服务商"泳道,标注揽收时间节点与状态同步机制,使用消息流符号连接商家发货与物流接单节点。

结合历史数据验证,合理的泳道划分可使流程图理解效率提升40%。

第三阶思考:可视化增强

采用分层展示策略解决复杂流程的视觉混乱问题。结构化提示词示例如下所示。

提示词:
将主流程压缩为7个核心节点,通过折叠子流程方式处理赠品发放、发票开具等分支,在PDF导出时启用交互式目录导航。

测试显示,这种分层设计使流程图修改迭代速度提升2.3倍。

完整提示词示例如下所示。

提示词:
生成电商订单处理的BPMN 2.0标准流程图。
1. 主流程包含:下单→支付验证→库存锁定→商家接单→物流分配→配送跟踪→确认收货

> 2. 异常路径：支付超时→订单关闭；物流异常→客服介入→重新发货
> 3. 交互要求：使用水平泳道区分用户、系统、商家、物流角色
> 4. 输出配置：矢量图保留编辑层级，PDF版本添加可点击的流程段导航书签

该思考模式将流程建模转化为决策支持工具，通过结构化提示实现从业务逻辑到技术实现的精准映射。

2）布局智能优化

要充分发挥DeepSeek的布局智能优化能力，关键在于通过系统性思考构建精准的提示词。让我们以优化电商订单处理流程为例，拆解设计思路。

第一步：需求拆解与目标对齐

在拆解前先自问：我的流程图存在哪些具体问题？是节点排列混乱导致逻辑不清晰？还是连线交叉影响可读性？或是关键业务流程不够突出？明确具体需求是"节点自动对齐"还是"路径智能路由"或其他，这决定了提示词的聚焦方向。

第二步：任务结构化分解

将布局优化拆解为可执行模块。

- 基础架构整理：要求系统识别所有流程节点并建立逻辑关系。
- 智能布局执行：包含节点对齐、连线优化、分组管理3个子任务。
- 重点强化呈现：对核心路径进行可视化增强。

第三步：约束条件设定

根据实际业务特点补充限制条件。

- 使用特定符号体系（如红色三角表示异常节点）。
- 遵循企业流程图规范（如横向布局、纵向层级）。
- 排除非必要元素（如测试环境专用模块）。

最终提示词示例如下所示。

> 提示词：
> 你现在是资深流程优化专家，请按以下步骤处理我提供的电商订单流程图。
> 1. 架构诊断
>   - 识别所有节点类型（用户操作、系统响应、数据交互）
>   - 标注当前存在的连线交叉点
>   - 检测未分组的关联节点集合
> 2. 智能优化
>   - 使用网格系统对齐节点，保持纵向间距50px

> - 为支付流程相关节点建立独立分组，用蓝色边框标注
> - 重新规划"订单创建→库存校验→支付完成"路径的连线，避免跨组交叉
>
> 3. 重点强化
> - 为涉及资金交易的节点填充黄色背景
> - 用加粗红色箭头标注支付成功后的物流触发链路
> - 在流程图右侧添加图例说明
>
> 输出要求：
> - 使用PlantUML语法呈现
> - 不同节点类型采用标准形状区分
> - 每组包含折叠、展开控制按钮

思考延伸：当面对更复杂的供应链流程图时，可增加迭代优化指令："如果节点超过50个，先按业务模块拆分子流程图，再建立模块间连接关系。"这种分层处理思维既能保持布局清晰，又能避免单图信息过载。记住，设计提示词就像编写程序——需要明确输入、处理逻辑和预期输出。

2. 原型图生成

1）界面布局智能生成

要充分发挥DeepSeek的界面布局智能生成能力，关键在于通过结构化思考建立清晰的提示逻辑。我们以社交App个人主页设计为例拆解设计思路。

第一步：组件要素解构

在构思前先自问：这个页面需要承载哪些核心功能？用户最高频的操作是什么？通过拆分用户行为路径，可以确定必须包含头像区、动态流、互动入口三大模块。此时需要明确组件优先级——将用户每日访问10次的"动态展示"置于视觉焦点区，将每周使用1次的"账号设置"放在次级位置。

第二步：空间布局规划

基于菲茨定律和眼动追踪规律构建布局策略。

- 黄金区域分配：将屏幕划分为6:3:1的主次区域。
- 视觉动线设计：采用Z形浏览路径引导视线流动。
- 响应式断点预设：设定768px和1024px两个关键断点。

第三步：交互增强设计

结合尼尔森十大可用性原则补充细节。

- 按钮状态：设置默认、悬停、点击的透明度变化梯度。

- 加载动效：骨架屏过渡时长控制在300～500ms。
- 错误反馈：输入验证的实时提示位置与配色方案。

最终提示词示例如下所示。

提示词：
作为资深UI设计师，请为"社交App的个人主页"进行移动端布局设计。
1. 核心组件配置
　　- 必须包含：头像（圆形直径80px）、昵称（字号18pt）、动态卡片流（3列网格）
　　- 可选组件：粉丝勋章墙（悬浮于头像右下方）、年度数据报告入口（卡片式）
2. 视觉层级规划
　　- 首屏焦点区：动态流（占屏60%）
　　- 次级功能区：消息通知徽章（固定在导航栏）
　　- 三级设置区：账号管理（折叠在侧边栏）
3. 响应式规则
　　- 移动端：动态流切换为单列，头像居中
　　- 平板端：左侧固定导航栏（宽度240px）
　　- 桌面端：右侧增加社交图谱可视化区域
4. 交互规范
　　- 按钮点击：透明度从100%至70%过渡，时长0.2s
　　- 图片加载：渐进式加载，先显示低分辨率占位图
　　- 错误提示：在输入框下方用#FF6B6B色展示校验信息
输出要求：
　　- 使用Figma自动布局语法
　　- 标注各组件间距（8px倍数）
　　- 提供明暗双模式配色方案

进阶思考：当设计电商商品详情页时，可增加数据驱动指令："根据历史点击热力图，将转化率最高的'立即购买'按钮固定在底部导航栏上方20px处。"这种将用户行为数据融入布局决策的思维方式，能够显著提升设计方案的商业价值。记住，优秀的提示词就像设计规范——既要明确元素构成，也要定义交互规则。

2）视觉规范应用

要系统性应用视觉规范，关键在于建立"规范识别—要素映射—动态验证"的思考框架。我们以电商App商品详情页为例，拆解设计逻辑。

第一步：规范要素解构

在应用前先自问：品牌设计系统包含哪些原子元素？通过拆解设计规范文档，提取三大核心要素。

- 品牌标识：Logo最小展示尺寸为48px×48px。
- 色彩体系：主色#FF6A00（活力橙），辅助色#4A90E2（信任蓝）。
- 字体规范：标题使用PingFang SC Medium 20pt，行高1.5倍。

第二步：动态适配规则

基于材料设计响应式断点构建布局策略。

[Viewport≥768px]

- 主色应用比例提升至70%。
- 侧边导航栏宽度固定为280px。

[Viewport＜768px]

- 辅助色替换主色作为强调色。
- 悬浮操作栏高度调整为56px。

第三步：可访问性验证

结合WCAG 2.1标准设定验收指标。

对比度检测：

- 文字与背景≥4.5:1（AA级）
- 图形化组件≥3:1

触控区域：

- 按钮最小尺寸44px×44px
- 相邻元素间距≥8px

最终提示词示例如下所示。

提示词：
作为资深UI设计师，请为"电商App的商品详情页"应用视觉规范。
1. 品牌要素注入
   – 将Logo置于导航栏左侧，右侧对齐搜索框
   – 价格标签使用主色#FF6A00，库存提示用辅助色#4A90E2
   – 标题字体设为PingFang SC Medium 20pt，商品描述字体用Regular 14pt
2. 布局适配优化
   – 移动端：将"立即购买"按钮固定在底部，尺寸88px×44px
   – 桌面端：侧边栏展示推荐商品，宽度280px
   – 平板端：图片画廊采用3:2宽高比
3. 无障碍增强
   – 检测文字与背景对比度，对比不足时自动提升亮度值

- 为图标按钮添加辅助文本标签（如"分享"→"分享至社交媒体"）
- 焦点状态显示2px蓝色边框（#4A90E2）

设计验证：当遇到特殊色盲模式时，可追加指令："将色彩方案转换为CIELab空间，确保亮度对比度≥7:1。"这种基于感知模型的验证思维，能够突破单纯色值对比的局限。记住，优秀的视觉规范应用就像交响乐指挥——既要确保每个元素准确，又要协调整体和谐度。

3）交互说明生成

要系统生成高质量的交互文档，关键在于建立"规则定义—状态映射—容错机制"的闭环思维框架。我们以金融App登录流程为例，拆解设计逻辑。

第一步：交互元素解耦

在开始前先自问：用户操作路径涉及哪些触控点？通过拆分登录流程，识别出三大核心模块。

- 输入控件：账号、密码输入框的校验规则与反馈机制。
- 动作触发：登录按钮的点击状态与跳转逻辑。
- 系统反馈：成功、失败、加载等状态的表达方式。

第二步：动效参数化设计

基于材料设计动效曲线构建交互规则。

页面切换：

- 类型：淡入淡出
- 时长：300ms
- 缓动函数：cubic-bezier（0.4, 0, 0.2, 1）

列表滑动：

- 惯性衰减系数：0.98
- 边界回弹阻尼：0.5

第三步：异常处理矩阵

结合FMEA方法建立容错机制，如表3-1所示。

表3-1 容错机制

错误类型	反馈方式	兜底策略
密码错误	动态计数提示（剩余X次）	5次锁定后跳转忘记密码页面
网络中断	浮动通知+重试按钮	本地缓存未提交数据
服务超时	加载进度条+取消选项	10秒后自动重试

最终提示词示例如下所示。

提示词：
作为资深交互设计师，请为"金融App的登录模块"生成交互文档。
1. 基础规则定义
   - 密码输入框实时校验（8~16位，含特殊字符）
   - 登录按钮点击后禁用，直到接口响应
   - 错误提示显示在输入框下方，色值#FF4444
2. 动效规范
   - 页面切换时使用300ms淡入淡出效果
   - 键盘弹出时采用底部平移动画
   - 加载状态使用环形进度指示器
3. 异常处理方案
   - 密码错误：显示剩余尝试次数，3次后显示图形验证码
   - 网络异常：浮动通知栏提示，保留已输入内容
   - 服务超时：10s后自动重试，最多3次

输出要求：
   - 使用Axure RP状态流程图语法
   - 标注各状态过渡条件
   - 包含Android、iOS平台适配差异说明

设计验证：当遇到生物识别登录时，可追加条件判断："若设备支持Face ID，在密码输入框上方显示生物识别入口。"这种基于设备能力的动态适配思维，能够提升方案的普适性。记住，优秀的交互文档就像交通信号系统——既要明确通行规则，也要预设应急方案。

3.1.3 实战案例：DeepSeek的"战场"表现

1. 社交App功能迭代

1）需求背景分析

当我们面对"分析社交App市场趋势"这类开放性需求时，如何设计出真正能激发AI潜力的提示词？关键在于建立结构化思考框架。让我们通过五步思考法拆解这个典型场景。

（1）背景分析阶段

思考焦点：明确分析的核心价值点。我们需要思考：

- 决策者最关心的市场维度是什么？（用户增长、留存、变现）。
- 哪些数据源具有验证价值？（App Annie下载量曲线与Sensor Tower收入数据）。
- 时间跨度的选择依据？（季度波动观察与年度趋势判断）。

常见误区：直接要求"全面分析"导致结果泛泛而谈。有效的做法是通过限定条件聚焦分析方向。

（2）目标定义阶段

思考工具：使用SMART原则细化需求。例如：

- Specific（明确性）：明确"短视频社交"而非"社交App"。
- Measurable（衡量性）：要求提供增长率数值而非趋势描述。
- Actionable（可实现性）：输出结果需包含可落地的策略建议。
- Relevant（相关性）：聚焦"提升用户互动率"而非"增加用户黏性"，确保目标与平台核心功能直接挂钩。
- Time-bound（时限性）：设定明确的时间节点非开放式截止时间，以驱动执行节奏。

提示词设计示例如下所示。

提示词：

请聚焦2023第4季度至2024第3季度期间，针对18～25岁用户群体，分析短视频社交领域的三项核心趋势要求。

1. 每个趋势需提供月活增长率数据支撑
2. 对比同期图文社交产品数据
3. 给出三条可落地的产品优化建议

（3）信息整合阶段

思考路径：构建数据验证矩阵。有效的提示词需要建立多重验证机制：

- 宏观数据：引用QuestMobile年度报告MAU曲线。
- 微观行为：分析用户会话时长分布特征。
- 竞品参照：选取排名前三位产品的特色功能迭代记录。

分层提问提示词示例如下所示。

提示词：
第一轮：请整理2024年社交App行业白皮书中关于用户留存率的关键数据
第二轮：基于上述数据，分析晚间8-11点用户活跃场景的特征
第三轮：结合前两轮结论，推荐三个提升次日留存的功能优化方向

（4）策略推导阶段

思考框架：运用SWOT-CLPV威胁模型。提示词应引导AI进行战略推演：

- 优势如何转化为机会（S→O）。
- 劣势可能导致的漏洞（W→V）。
- 需准备的应对预案。

策略型提示词示例如下所示。

提示词：
假设我们是刚完成A轮融资的社交创业公司，请基于当前市场趋势分析。
1. 列出我们最可能把握的两个市场机会点
2. 预测头部竞品可能采取的三种压制策略
3. 针对每个预测策略制定应对方案
要求采用表格呈现，包含概率评估和资源需求预估

（5）成果验证阶段

思考检查点：建立三维度验证体系。

- 数据一致性：不同来源的MAU数据偏差是否在5%以内。
- 逻辑严密性：趋势结论是否具备双向因果论证。
- 可执行性：方案是否符合当前技术实现成本要求。

验证型提示词示例如下所示。

> **提示词：**
> 请对前述市场分析报告进行三重验证。
> 1. 交叉验证国家信通院数据与第三方平台数据的关键指标差异
> 2. 用反证法推演"社交+电商"模式的潜在风险
> 3. 评估推荐的AR社交功能在现有技术架构下的实现周期
> 要求用红、黄、绿三色标注风险等级

通过五步思考法，我们不仅获得了精准的市场分析，更重要的是建立了可复用的AI协作模式。当面对"用户行为分析""竞品对比"等衍生需求时，只需调整数据维度和验证方式即可快速生成针对性提示词。这种结构化思维训练，正是提升AI协作效率的关键所在。

2）功能设计输出

当我们需要通过AI完成"社交App核心流程设计"这类复杂任务时，关键在于建立系统化的思考路径。下面以动态发布功能为例，展示如何通过四阶思考法构建高质量提示词。

（1）功能解构阶段

核心思考点：功能设计的本质是用户行为建模。我们需要：

- 识别核心用户场景（高频刚需与低频必要）。
- 绘制用户行为路径（正常流程+异常分支）。
- 设定关键成功指标（转化率、完成时长、误操作率）。

常见误区：直接要求"完整流程设计"容易导致功能冗余。有效做法是通过场景限定聚焦核心价值。

（2）架构规划阶段

思考工具：运用5W1H模型细化需求要素。

- who：目标用户画像（年龄层、使用习惯）。
- what：核心功能模块（内容生产、社交互动）。
- where：功能入口位置（首页浮窗、二级页面）。
- when：使用场景特征（碎片化时段、高并发场景）。
- why：功能价值定位（提升UGC[①]量、增强社交黏性）。
- how：技术实现路径（本地处理、云端协同）。

分层提问示例如下所示。

---

① UGC：用户生产内容。

> **提示词:**
> 第一轮:请梳理25~35岁职场用户在通勤时段发布动态的典型行为特征
> 第二轮:基于上述特征,设计地铁通勤场景下的极简发布路径
> 第三轮:评估该路径在弱网环境下的功能稳定性保障方案

(3)交互设计阶段

思考框架:构建FEBS体验模型(流畅—高效—愉悦—安全)。

- 流程断点检测:识别可能造成流失的关键节点。
- 认知负荷评估:控制单页面信息密度。
- 情感化设计:植入符合品牌调性的微交互。
- 风险防范:设置内容审核与误操作恢复机制。

结构化提示词示例如下所示。

> **提示词:**
> 请为摄影爱好者社交App设计图片发布流程,要求:
> 1. 主流程不超过3步,支持批量修图
> 2. 添加#拍摄地点标签时自动关联摄影技巧话题
> 3. 发布失败时保留草稿并提供重试引导
> 4. 在关键节点添加胶片过卷音效反馈
> 需输出流程图+异常处理方案+性能优化建议

(4)技术验证阶段

思考检查表:

- 技术栈匹配度:现有架构对新功能的支撑能力。
- 资源消耗评估:计算存储、带宽、算力需求。
- 风险预判:识别第三方服务依赖风险。

可行性分析提示词示例如下所示。

> **提示词:**
> 评估在现有技术框架下实现AR贴纸功能的可行性。
> 1. 对比On-Device处理与云端渲染方案
> 2. 测算1080P图片处理时的内存占用峰值
> 3. 列出需要采购的SDK及其授权费用

> 4. 制定GPU资源不足时的降级方案
> 要求用矩阵表呈现各方案优缺点

通过这种结构化思考方法，我们不仅获得了精准的功能设计方案，更重要的是建立了可复用的AI协作范式。当处理"界面布局优化""交互规则定义"等衍生需求时，只需调整思考维度的权重配比即可快速生成针对性提示词。

2. 支付系统改版

1）安全性分析

在设计支付系统安全分析的提示词时，关键不在于直接输入需求，而在于系统性地构建风险认知框架。我们需要引导AI完成从风险识别到应对策略的完整闭环，这个过程包含四个关键思考维度。

（1）风险要素解构

支付系统的安全风险具有多维度特征。有效的提示词设计需要先建立分层认知模型：

- 技术层（系统漏洞、加密强度）
- 业务层（交易流程、资金流转）
- 合规层（反洗钱、数据隐私）
- 运营层（人员操作、灾备机制）

尝试用矩阵分析法拆解需求："我需要建立一个支付系统风险评估体系，请从技术实现、业务流程、法规遵从三个维度，列出需要评估的风险类别及对应的检查项。"

（2）防御纵深设计

安全策略建议需要体现纵深防御理念。通过递进式提问构建防护体系：

- 基础防护：加密传输、访问控制
- 动态防护：异常检测、行为分析
- 应急防护：故障切换、数据恢复

示例思考路径："针对支付信息泄露风险，请设计包含预防、检测、响应的三层防护方案，要求具体说明每层采用的技术手段和实施要点。"

（3）合规校验映射

合规性检查需要建立标准映射表。有效的提示词应包含：

- 法规体系定位（支付行业条例、个人信息保护法）

- 控制点关联（如KYC[①]流程对应反洗钱条款）
- 证据留存要求（日志审计周期、数据加密标准）

关键问题设计："请对照《非银行支付机构网络支付业务管理办法》，列出支付系统必须实现的10项合规控制点，并说明每项要求的验证方式。"

（4）应急推演验证

应急预案设计需包含场景模拟要素。通过多条件约束提升方案可行性：

- 故障等级划分（单点故障、区域性中断）
- 决策树构建（自动切换阈值、人工介入节点）
- 演练指标设计（RTO、RPO[②]目标值）

典型验证式提问："设计支付通道故障应急方案时，请考虑以下约束条件：①主备系统数据延迟小于30秒；②回切操作需保留操作日志；③需包含客户告知话术模板。"

经过上述思考过程，我们得出分层提示词框架，如下所示。

提示词：
你作为金融科技安全专家，请按以下结构输出分析报告。
1. 风险识别
   - 技术风险：要求列举API接口、加密算法等方面的潜在漏洞
   - 操作风险：需包含权限管理、审计日志等控制缺失分析
   - 合规风险：对照PCIDSS、GDPR等标准列出差距项
2. 防护方案
   - 基础架构：推荐TLS1.3+国密算法组合方案
   - 访问控制：提出基于交易金额的双因素认证策略
   - 监控体系：设计涵盖5个异常指标的实时预警规则
3. 应急措施
   - 设计包含3种故障场景的切换决策树
   - 制定数据回补的完整性校验流程
   - 输出客户影响评估报告模板要点
约束条件：
① 策略需兼容云原生架构
② 符合银保监办发〔2023〕45号文要求
③ 控制成本在现有预算120%以内

该提示词通过结构化框架引导AI输出系统化方案，其中风险识别环节对应四类商业银行风险，防护方案设计则呼应纵深防御体系。合规约束条件的设计来源于安全测评要

[①] KYC：了解客户规则。
[②] RTO：恢复时间目标；RPO：恢复点目标。

求，形成完整的风险治理闭环。

2）性能规划

设计高性能支付系统的关键在于建立"指标定义—测试验证—监控预警—持续优化"的闭环体系。以下为工程师需要构建的思维框架。

（1）性能维度分解

支付系统的性能不是单一指标，而是由四个相互关联的维度构成的。

- 时效性：支付响应时间控制在1秒内。
- 吞吐量：每秒处理1000笔交易的并发能力。
- 稳定性：交易成功率不低于99.99%。
- 扩展性：支持动态扩容以应对业务峰值。

思考切入点：

"我需要定义支付网关的性能基准，请从交易处理、资源利用、异常恢复三个层面，分别列出关键指标及对应的行业标杆值。"

（2）压力测试建模

有效的压力测试需模拟真实业务场景组合。

压力测试要素矩阵如表3-2所示。

表3-2　压力测试要素矩阵

测试类型	数据特征	验证目标
高并发支付	5000用户持续发起1元交易	线程池资源利用率≤80%
大额交易	单笔100万元转账连续触发	数据库锁等待时间<50ms
混合负载	读写操作比例7:3	JVM Full GC频率<1次/小时

验证式提问：

"设计双十一压力测试方案时，请考虑以下约束条件：①模拟80%小额支付+20%大额转账；②包含支付渠道切换故障注入；③需验证Redis集群扩容机制。"

（3）监控体系分层

基于实践，构建三层监控机制。

- 基础设施层：CPU负载、网络延迟、磁盘IOPS（每秒读写操作次数）。
- 服务中间件：数据库连接池状态、消息队列积压量。
- 业务指标：渠道成功率排行、异常交易地理分布。

诊断型提示词设计示例如下所示。

> **诊断型提示词设计**：
> 当交易成功率从99.95%下降至99.8%时，请按照以下步骤分析。
> • 关联基础设施监控数据（CPU/内存波动情况）
> • 检查微服务调用链路的时延分布
> • 对比各支付渠道的失败代码分布
> 输出包含异常定位树状图和优化优先级列表的诊断报告

（4）优化策略推导

根据架构设计经验，形成优化决策矩阵，如表3-3所示。

表3-3 优化决策矩阵

瓶颈点	短期方案	长期方案	成本影响
数据库查询慢	增加读写分离节点	迁移至分布式数据库	高
缓存穿透	用布隆过滤器拦截无效请求	热点数据预加载机制	中
证书验证耗时	启用OCSP[①]结果缓存	部署国密算法硬件加速卡	低

优化推演式提示词示例如下所示。

> **优化推演式提示词**：
> 针对支付响应时间P95值超过1.2秒的问题，请从以下维度提出改进措施。
> 1. SQL执行计划优化空间
> 2. 分布式锁竞争解决方案
> 3. 网络报文压缩可行性分析
> 要求评估每项措施的实施难度与预期收益

分层提示词模板如下所示。

> **提示词**：
> 你作为金融系统架构师，请按以下框架输出方案。
> 1. 基准定义
>   – 核心指标：定义3个黄金指标及其预警阈值
>   – 容量规划：计算满足10000TPS所需的节点数量

---

① OCSP：在线证书状态协议。

> 2. 测试设计
>   - 场景构建：设计包含5种异常场景的混沌测试用例
>   - 数据构造：生成符合真实交易特征的压力测试数据
> 3. 监控实施
>   - 指标采集：列出Prometheus[①]需要配置的10个关键Exporter[②]
>   - 告警规则：设置基于滑动窗口的异常检测规则
> 4. 优化路线
>   - 紧急修复：提出3个可在1天内实施的快速优化点
>   - 架构改进：绘制支持横向扩展的微服务改造蓝图
>
> 约束条件：
> ① 符合PCIDSS认证要求
> ② 兼容现有Kubernetes集群
> ③ 硬件预算不超过200万元

3.1.4 效果评估与优化，持续进化的秘诀

1. 文档质量度量

1）完整性评分

当我们需要评估产品需求文档的完整性时，关键在于建立系统化的检查维度。这个过程如同建造质量检测流水线，需要先明确合格产品的标准，再设计对应的检测工序。

（1）解构完整性要素

优秀的PRD如同精密的机械装置，每个部件都有其存在价值。我们可以从三个层面展开思考。

- 基础部件检查：是否具备背景说明、目标定义、功能清单等基础模块？就像检查发动机是否具备气缸、活塞等核心部件。
- 传动系统验证：功能设计是否准确承接业务目标？各模块间的逻辑衔接是否像齿轮啮合般顺畅？
- 极端环境测试：是否考虑到系统在流量洪峰、硬件故障等特殊场景下的表现？如同检验车辆在极寒、高温环境中的可靠性。

（2）定义检测标准

此时需要建立量化的评估体系，例如：

- 要素完备性（占比40%）：检查10项核心要素的缺失情况。

---

① Prometheus指开源监控与告警系统，用于收集、存储和查询时间序列数据。
② Exporter指数据导出器，负责将第三方系统的原生指标转换为Prometheus兼容格式。

- 逻辑严谨性（占比35%）：验证5个关键流程的因果链条。
- 场景覆盖率（占比25%）：评估异常场景的覆盖比例。

（3）设计验证机制

为避免检查流于表面，应设置交叉验证环节。

- 反向追问：如果删除某个功能模块，是否影响目标达成？
- 压力测试：模拟将用户量放大100倍时系统的表现。
- 溯源性检验：随机选取功能点，追溯其对应的原始需求。

最终提示词示例如下所示。

提示词：
你作为资深产品架构师，请按以下维度系统评估当前PRD。
1. 要素审计：逐项核对[产品背景][目标指标][功能清单][数据字典][流程图][非功能性需求]等10项核心要素
2. 逻辑验证：构建功能矩阵图，标注各模块间的依赖关系与数据流向，识别孤岛模块
3. 边界测试：分别从网络环境（2G、弱网）、硬件条件（低内存）、用户行为（误操作）三个维度生成测试用例
4. 风险标注：用符号▲标记存在过度承诺风险的技术方案，按实施难度进行红、黄、绿三级标识
输出格式要求：
- 缺陷清单表格（要素缺失项、逻辑断点、场景漏洞）
- 风险雷达图（技术、资源、时间三个维度）
- 改进优先级建议（附带补全方案示例）

这个思考过程强调从结构解构到标准建立，最终形成可执行的验证方案。当遇到复杂需求时，可以采用"分步确认法"：先就检查维度达成共识，再逐步细化评分标准，最后形成完整的评估框架。这种分阶段构建的方式，既能保证检查的全面性，又能避免因一次性要求过多导致模型理解偏差。

2）可理解性测试

评估需求文档的可理解性如同设计用户友好的交互界面，需要站在多角色视角进行立体化检验。以下是构建评估体系的三个关键思考阶段。

（1）确立评估维度矩阵

优秀的可理解性评估需要兼顾形式与实质。

- 语言精准度：检查专业术语与通俗表达的平衡，例如"负载均衡"是否附带解释
- 结构导航性：验证目录层级是否符合金字塔原理，关键路径是否能在三次点

击内触达
- 认知辅助系统：评估图表与文字的互补性，重点看复杂流程是否有时序图解构

（2）量化评分标准

建立可操作的评分卡（示例）。

- 术语准确度（30%）
  - 专业词汇使用规范（10%）
  - 技术缩写首次出现全称（10%）
  - 行业黑话转化率（10%）
- 结构清晰度（40%）
  - 章节嵌套不超过三级（15%）
  - 功能模块独立得分（15%）
  - 交叉引用准确率（10%）
- 辅助理解度（30%）
  - 关键流程配图率（10%）
  - 数据表格注释完整性（10%）
  - 异常场景用例数（10%）

（3）设计验证机制

采用三重校验法确保评估客观性。

- 角色扮演测试：模拟新入职开发人员阅读文档的困惑点。
- 信息密度检测：统计每千字中的专业术语密度，控制在8～12个区间。
- 焦点反推法：随机隐藏部分图表，检验文字独立表达力。

最终提示词示例如下所示。

提示词：
作为技术文档评审专家，请按以下维度评估PRD可理解性。
1. 语言体检：
   - 标注专业术语使用场景（必要、冗余）
   - 识别五处可能产生歧义的表述
2. 结构诊断：
   - 绘制文档结构热力图（核心功能占比）
   - 检测跨章节引用链完整性
3. 认知辅助审计：
   - 列出需要补充示意图的复杂流程

- 验证数据表格的单位标注一致性

输出要求：
- 可理解性雷达图（语言、结构、辅助三个维度）
- 易读性改进清单（按紧急度排序）
- 术语对照表（专业词汇与通俗解释）

这个思考过程强调从多维度解构可理解性要素，通过量化指标与验证机制的结合，构建系统化的评估体系。当处理特定领域文档时，可采用"领域适配法"：先建立基础评估框架，再通过三轮迭代逐步加入行业特有标准，最终形成定制化的评估方案。

2. 迭代优化机制

1）反馈收集分析

评审意见的整合分析如同构建城市交通网络，需要建立多维分类通道与智能分流机制。以下是系统化处理反馈的三个关键思考阶段。

（1）建立问题分类拓扑

有效的意见整合需要构建动态问题图谱：

- 语义层：识别"需求描述不清"等表层表述。
- 结构层：发现技术实现难度预估不足等流程缺陷。
- 认知层：捕捉跨部门理解偏差等隐性矛盾。

（2）设计模式识别引擎

采用三层过滤机制提升分析深度：

- 词频云分析：统计"模糊""矛盾"等高危词汇出现频率。
- 角色关联矩阵：绘制业务、开发、测试三方意见冲突热力图。
- 时序演变模型：追踪同类问题在历史PRD中的改进轨迹。

（3）制定建议生成策略

运用"三维改进向量"模型：

- 补全向量：缺失需求细节的模块化填补方案。
- 优化向量：技术方案的成本效益重构路径。
- 校准向量：多角色认知对齐的沟通机制设计。

最终提示词示例如下所示。

> 提示词：
> 作为需求协调专家，请按以下流程处理评审意见。
> 1. 问题拓扑构建：
>   - 建立需求层、技术层、沟通层三维分类框架
>   - 标注重复出现三次以上的共性问题
> 2. 模式深度解析：
>   - 生成部门意见冲突矩阵（业务、技术、测试）
>   - 绘制"问题严重性—修复成本"四象限图
> 3. 改进路线规划：
>   - 输出补全清单（缺失用例、数据指标、边界条件）
>   - 设计技术方案优化路线图（附带风险评估）
>   - 制订认知对齐工作坊计划（含跨部门沟通模板）
> 输出要求：
> - 问题分类树状图（带出现频次标注）
> - 改进优先级矩阵（紧急度、影响面、实施成本）
> - 历史问题对比分析表（含相似案例处理记录）

这个思考过程强调从表层问题识别到深层系统改进的递进分析。当处理复杂评审意见时，可采用"问题溯源五步法"：原始意见—问题归类—根因分析—影响评估—改进设计，确保每个建议都有可追溯的决策路径。

2）知识沉淀更新

提炼PRD最佳实践如同打造自适应进化系统，需要建立知识萃取、模式识别、动态调优的闭环机制。以下是构建知识沉淀系统的三个关键思考维度。

（1）建立多维提炼模型

有效的知识萃取需要立体化分析框架：

- 元素萃取层：从成功案例中提取需求分析流程图、原型设计检查清单等可复用组件。
- 模式抽象层：将具体方案转化为参数化模板（如用户故事地图生成公式）。
- 场景适配层：标注每个模板的适用业务域与前置条件。

（2）设计动态更新机制

采用"反馈—进化"双循环系统：

- 模板验证环：新项目应用模板时记录适配度指标。
  o 需求覆盖率（模板要素、实际需求）
  o 方案复用率（模板方案、最终方案）
- 案例进化环：通过项目复盘提取增量知识。

      o 新增异常场景处理方案

      o 优化技术选型决策树

（3）构建知识网络拓扑

运用"三维知识坐标"体系：

- **经验维度**：按需求类型（B端、C端、中台）建立案例矩阵。
- **时效维度**：标注模板版本与行业趋势的匹配度。
- **角色维度**：提供产品、开发、测试视角的定制化知识包。

最终提示词示例如下所示。

提示词：
作为知识管理专家，请按以下流程提炼PRD最佳实践。
1. 要素解构：
   - 提取用户需求转化率>85%项目的共性特征
   - 建立原型设计评估矩阵（交互效率、技术可行性、业务价值）
2. 模式封装：
   - 生成参数化需求分析模板（行业、产品阶段、团队规模）
   - 设计案例对比工具（成功与失败案例差异热力图）
3. 动态优化：
   - 构建模板健康度看板（使用率、满意度、迭代频次）
   - 设置知识衰减预警（行业政策变更触发的模板更新）
输出要求：
   - 最佳实践知识图谱（节点带版本时间戳）
   - 模板适配度测试用例集
   - 跨项目经验迁移路线图

这个思考过程强调从静态知识抽取到动态知识的系统构建。当处理新兴领域PRD时，可采用"渐进式封装法"：抽取最小可行模式—通过三个项目迭代验证—形成稳定模板—纳入知识库正式版本。

DeepSeek的出现，无疑为PRD生成领域带来了一场前所未有的变革。它以强大的智能辅助功能，打破了传统PRD编写的种种局限，让需求分析更精准、设计更高效、文档质量更可靠。随着技术的不断发展和应用的深入，我们有理由相信，DeepSeek将在更多的项目中发挥关键作用，助力产品团队打造出更具竞争力的产品。

对于产品经理和相关从业者而言，积极拥抱DeepSeek这一智能工具，不仅是提升个人工作效率和能力的关键，更是顺应行业发展潮流的必然选择。在实际应用中，我们要充分挖掘DeepSeek的潜力，根据不同项目的特点和团队需求，灵活运用其各项功能，不断优化

PRD生成流程。同时，持续关注DeepSeek的更新与升级，及时将新功能、新特性融入工作中，通过不断实践和总结，积累更多的经验，进一步提升PRD生成的质量和效率。

让我们携手DeepSeek，开启PRD生成的新篇章，共同迎接更加高效、智能的产品研发未来。在这个充满机遇和挑战的时代，借助智能技术的力量，创造出更多优秀的产品，满足用户日益增长的需求，推动行业不断向前发展。

3.2 竞品监测系统

在当今竞争激烈的市场环境中，产品经理犹如在波涛汹涌的商海中掌舵的船长，而竞品分析则是他们手中至关重要的航海图。通过深入剖析竞争对手的产品、策略和市场表现，产品经理能够精准洞察市场趋势，识别潜在风险，挖掘创新机会，从而为产品的战略规划和优化升级提供坚实的依据。

以智能手机市场为例，曾经的行业巨头诺基亚，由于未能及时通过竞品分析捕捉到智能手机发展的趋势，忽视了竞争对手在操作系统和用户体验方面的创新，最终在激烈的市场竞争中逐渐失去优势，被苹果、三星等品牌超越。而苹果公司则凭借对竞品的持续关注和深入分析，不断推出具有创新性的产品，引领了智能手机的发展潮流。

如今，随着人工智能技术的飞速发展，基于DeepSeek强大的深度学习架构和多模态处理能力，我们迎来了构建智能化竞品监测系统的新时代。DeepSeek采用先进的混合专家系统（MoE）架构，犹如一个拥有众多专业智囊的团队，能够针对不同类型的数据和任务，迅速调配最合适的"专家"进行高效处理，实现数据处理和分析的高速与精准。同时，它还具备实时学习能力，如同一位不知疲倦的学者，能够持续从海量的数据中汲取新知识，不断优化分析结果，为产品经理提供更具前瞻性和价值的洞察。

3.2.1 数据采集引擎：多源数据实时抓取与监控

1. 多源数据抓取

1）应用商店监控

当我们面对海量的应用商店数据时，关键不在于收集多少信息，而在于如何通过结构化思考将原始数据转化为战略洞察。下面通过四步思考法，演示如何构建高质量的提示词体系。

（1）确立分析维度矩阵

在启动监控前，我们需要明确分析框架的构成要素。

示例思考过程

我需要监控哪些核心指标？这些指标如何关联？

- 基础指标：评分趋势、下载量波动。
- 用户反馈：高频关键词、情感极性变化。
- 产品迭代：功能更新类型（创新、优化、修复）。
- 市场策略：ASO（应用商店优化）要素组合（关键词、描述、视觉）。

请生成包含上述维度的竞品监测框架模板，要求区分基础指标层和洞察分析层。

提示词示例如下所示。

提示词：
作为移动应用数据分析师，我需要建立App Store和Google Play的竞品监测体系。请列出包含基础数据层（评分、下载量等）、用户反馈层（情感分析、关键词提取）、产品迭代层（版本更新分析）、市场策略层（ASO要素）的四维分析框架，用Markdown表格展示各维度下的具体监测项及其关联逻辑。

（2）用户评论的深度解构

处理用户评论时，建议采用分层解析法。

思考层级拆解

- 情感识别层：判断评论情感倾向及强度。
- 要素提取层：分离功能点、体验维度、性能指标。
- 关联映射层：将反馈与具体版本、场景相关联。

针对视频编辑类应用的评论，如何建立三层分析模型？

多轮提示词示例如下所示。

第一轮提示词：
分析以下用户评论的情感倾向（积极、消极、中性），给出置信度百分比（示例评论）

第二轮提示词：
从上述评论中提取涉及产品功能、用户体验、技术性能的关键词，按出现频率排序

第三轮提示词：
将提取的关键词与版本更新日志关联，标记可能受版本影响的关键反馈点

（3）版本迭代的对比分析

追踪版本变化需要建立差异识别机制。

对比分析要点

- 元数据对比：版本号、包体大小、支持系统。
- 更新类型识别：功能新增、体验优化、问题修复。
- 影响度评估：关联用户反馈数据变化。

如何构建版本更新的自动化对比报告？

提示词示例如下所示。

提示词：
对比分析（应用名称）v5.0和v5.1版本的更新日志，按照功能新增、体验优化、问题修复三类进行归类。对每个更新项进行以下分析：①是否响应了历史用户反馈；②预计影响的用户群体；③可能带来的数据指标变化。用表格形式呈现分析结果，并标注需要重点关注的更新项。

（4）ASO策略的要素解构

分析竞品ASO策略需要建立要素分解模型。

策略分析维度

- 关键词拓扑：核心词+长尾词组合策略。
- 描述逻辑：功能利益点排序法则。
- 视觉传达：图标、截图的信息传递效率。
- 时间维度：不同推广期的策略变化。

如何深度解析竞品的ASO优化路径？

复合提示词示例如下所示。

提示词：
作为ASO优化专家，请分析（竞品名称）在Google Play的以下要素：①前50个关键词的分布规律；②应用描述中的FAB（功能—优势—利益）结构；③图标和截图的视觉传达策略。输出包含以下内容的分析报告：关键词组合策略评分（0～5分）、描述文案优化建议、视觉元素改进方向，并推测其近3个月的ASO策略调整轨迹。

将上述思考过程整合为可执行的工作流，提示词示例如下所示。

> 提示词：
> 你是有5年经验的移动应用产品经理，正在监控三个主要竞品，请执行以下任务。
> 1. 情感分析：分析过去7天五星评论和一星评论的情感指向
> 2. 版本关联：将高频反馈点与最近两个版本更新内容对应
> 3. 策略推演：根据竞品ASO调整趋势，预测下季度可能的产品方向
> 输出要求：
> - 使用对比表格展示竞品差异
> - 标注需要立即跟进的关键发现
> - 提出三个后续监控的优化建议

通过这种结构化思考方式，我们不仅获得了可直接使用的提示词模板，更重要的是建立了可持续优化的分析框架。在实际操作中，建议每两周对提示词进行迭代，根据数据反馈动态调整分析维度权重。

2）社交平台数据采集

在社交媒体竞品监测中，有效运用DeepSeek的关键在于建立系统性思考框架。我们需要经历4个认知阶段：平台特性解码—监测目标定位—分析维度设计—提示词工程化。这个过程如同打造精密仪器，每个零件都需要精确校准。

以微博场景为例，当观察到某品牌新款手机引发热议时，成熟的从业者会先解构平台特性，即实时传播性强、话题裂变快、意见领袖主导。这提示我们需要在提示词中植入时间敏感参数，比如"最近72小时""每小时热度变化"等限定词。接着明确监测目标——是追踪传播路径？还是比较竞品声量？不同的目标将导向不同的分析模型选择。

分析小红书的种草笔记则需要另一种思维路径。例如，面对用户分享的护肤品使用体验，我们首先要识别内容结构特征：标题含表情符号、正文分段描述、搭配效果对比图。这说明在提示词设计中需要包含视觉元素解析指令，例如"分析配图中产品使用前后的皮肤状态差异"。同时要预判用户表达的特点：高频出现的"水润""毛孔缩小"等感官词汇，需要转化为可量化的口碑标签。

抖音评论分析往往需要多维交叉验证。当某智能手表视频获得高互动时，有经验的分析师会建立三维思考模型：时间维度（传播周期曲线）、空间维度（地域热度分布）、情感维度（功能点讨论焦点）。这需要将"分析评论发布时间分布，标注峰值时段""识别地理位置关键词，生成区域热度图谱"等具体指令嵌入提示词，同时设置情感极性阈值来过滤无效信息。

知乎的专业问答监测更考验观点提炼能力。面对智能音箱对比类问题，首先要识别回答中的论证结构：论点（音质优劣）、论据（频响曲线数据）、结论（购买建议）。在提示词中需要包含逻辑拆解指令，如"提取比较维度，生成对比矩阵表格"。同时要注意知乎特有的

讨论深度，需设置迭代分析指令："对聚类后的观点进行可信度加权，标注专家认证标识。"

经过上述思考过程，我们可以构建如下所示模块化提示词。

【微博实时追踪提示词】
分析最近72小时内包含"品牌关键词"的微博话题，要求：
按产品发布、功能评测、售后服务分类话题
每小时记录话题热度值变化
识别核心传播节点（蓝V账号、KOL）
对比竞品同期声量变化
输出格式：时间轴图谱+传播路径图+竞品对比表

【小红书口碑分析提示词】
解析近30天"产品类目"相关笔记，要求：
提取描述肤质、使用场景的关键词
分析配图与文字描述的关联度（0～5分）
识别隐性抱怨（如"初期刺痛"等委婉表达）
生成功效认可度雷达图（保湿、修护、抗衰等维度）
输出格式：结构化标签云+视觉语义分析报告

【抖音多维分析提示词】
处理"视频链接"的评论数据，要求：
按24小时周期绘制互动曲线
标注Top10地域讨论热点
提取功能讨论关键词簇（如"续航""表盘"）
计算情感值方差（功能VS价格维度）
输出格式：时空分布热力图+情感维度散点图

【知乎观点挖掘提示词】
分析"问题链接"下的专业回答，要求：
拆解论证结构为论点—论据—结论
识别专业术语的使用频率
标注文献引用和实测数据
生成观点对抗性图谱
输出格式：知识图谱+证据强度评估表

这些提示词设计遵循"平台特征嵌入—分析维度显性化—输出结构化"的原则，实践时可基于监测目标进行模块组合。当发现数据饱和度不足时，可增加时间跨度或引入对比维度；若信息过载，则可添加权重过滤参数（如"仅分析获赞超100条的评论"）。经过3～5次迭代校准，通常能获得理想的监测结果。

3）专业论坛跟踪

在技术论坛分析场景中，核心挑战在于将海量非结构化讨论转化为可执行的洞察。我们需要建立分层次的思考框架。

第一层：目标定义
- 明确需要获取的技术情报类型（架构设计、算法优化、工具链生态）。
- 识别竞品技术演进的关键指标（QPS[①]提升幅度、资源消耗降低比例）。
- 设定时间维度的观察窗口（重大版本迭代周期、技术热点持续时间）。

第二层：语义解构
- 区分技术讨论中的客观描述与主观评价。
- 识别开发者讨论中的隐藏需求（如对某框架的抱怨可能指向兼容性问题）。
- 建立技术术语关联图谱（如"缓存穿透"对应"布隆过滤器方案"）。

第三层：价值提炼
- 构建技术优势的量化评估模型（性能提升=基准测试数据×应用场景适配度）。
- 识别技术方案的可迁移性（竞品方案在本公司技术栈中的复现成本）。
- 预判技术趋势的扩散路径（从核心开发者到普通用户的传播曲线）。

实战提示词示例如下所示。

提示词：
现在你是资深技术架构师，需要从移动开发者论坛中分析某社交应用的架构优化方案，请执行以下步骤。
1. 信息筛选：提取过去90天内回复超过50条的技术主题帖
2. 关键要素识别：
   - 标记架构调整前后的性能对比数据
   - 列出新引入的技术组件及其版本号
3. 方案解构：

原痛点	技术方案	实现成本	可迁移性
[自动填充表格]			

4. 风险评估：预测该架构在本公司微服务体系中的兼容性问题
5. 趋势建议：给出三个应重点监控的技术信号指标
输出要求：避免技术术语堆砌，用产品经理可理解的表述方式

（1）用户反馈分析的提示词设计方法论

处理用户反馈时需要建立"现象—归因—方案"的思维链条。
- 现象层：

  用户原始反馈："文件共享功能不稳定，经常丢失"

[①] QPS：每秒查询率。

- 归因层：

  o 构建问题发生场景矩阵：

  设备类型 | 网络环境 | 文件格式 | 操作路径

  o 建立异常模式识别规则：

  高频关键词："上传失败""版本冲突""权限丢失"

  o 设计追问逻辑：

  当检测到稳定性相关反馈时，自动追问：

  – 问题重现频率（每次、随机、特定条件）

  – 最后正常使用时间节点

  – 关联功能异常情况（是否伴随同步失败）

- 方案层：

  根据上述分析框架设计的提示词如下所示。

提示词：

你正在分析某办公软件的产品讨论区反馈，请完成以下任务。

第一阶段：信息结构化

1. 将过去30天的500条讨论按"功能模块"—"问题类型"分类
2. 绘制问题热度矩阵：

   X轴=用户影响范围；Y轴=解决紧迫度

第二阶段：根因分析

1. "文件共享"高频问题

   – 时间维度：关联版本更新日志

   – 空间维度：比对不同区域服务器状态
2. 生成归因假设清单（按概率排序）

第三阶段：方案建议

1. 短期：设计三条安抚话术模板
2. 中期：提出两个埋点监控优化方案
3. 长期：规划架构改进路线图（含成本估算）

输出要求：用可视化元素呈现关键发现，技术方案需标注实施复杂度

（2）行业趋势分析的提示词优化策略

处理行业资讯时需要建立"信号—噪声"过滤机制。

信号捕获提示词示例如下所示。

> **提示词：**
> 你作为行业分析师，正在处理50篇最新AI应用趋势报告。
> 1. 建立趋势信号评估模型：
>   – 创新度（技术突破性）
>   – 适配度（市场匹配性）
>   – 成熟度（商业化路径清晰度）
> 2. 执行三级过滤：
>
> | 过滤层级 | 标准 | 目标 |
> |---------|------|------|
> | 初级 | 排除营销软文 | 保留技术内容 |
> | 中级 | 识别可专利化技术特征 | 标记潜在技术壁垒 |
> | 高级 | 评估产业上下游影响 | 预测生态位变化 |
>
> 3. 输出格式：
> 【颠覆性技术】技术点+冲击领域+时间窗预测
> 【改良型创新】优化方向+受益企业类型+投资回报周期

趋势验证提示词示例如下所示。

> **提示词：**
> 针对识别出的"边缘AI芯片定制化"趋势，设计验证方案。
> 1. 交叉验证源：
>   – 半导体行业财报关键词分析
>   – 头部企业研发人员流动趋势
>   – 专利申请书技术路线演变
> 2. 设计反事实问题：
>   – 如果保持通用芯片路线会面临哪些风险？
>   – 定制化芯片的生态构建需要哪些先决条件？
> 3. 构建SWOT矩阵：
> 将技术优势、量产难度、标准制定权争夺等因素可视化呈现
> 输出要求：用技术成熟度曲线（gartner hype cycle）展示分析结果

2. 实时监控机制

1）功能更新追踪

在版本差异分析场景中，关键在于建立多维度解构框架。以下是设计高质量提示词的思考路径。

第一层：分析维度拆解
- 代码层面：函数级变更追踪（新增、修改、删除）。
- 资源层面：多媒体素材变更图谱（版本迭代路径可视化）。
- 语义层面：功能描述增强度量化（使用情感值+信息熵双重指标）。

第二层：变更影响评估

构建变更传播模型：核心模块—依赖组件—用户体验层。

设计风险评估矩阵，如表3-4所示。

表3-4　风险评估矩阵

变更类型	影响范围	回归测试成本/人日	用户感知度
数据库迁移	大	8	低
UI改版	中	3	高

第三层：技术决策辅助
- 架构演进的可逆性评估（回滚路径可行性）。
- 技术债务识别（临时补丁标记与技改建议）。
- 生态兼容性验证（第三方SDK适配矩阵）。

实战提示词示例如下所示。

提示词：

作为技术分析师，请对某教育应用v5.2→v5.3版本升级进行深度解析。

第一阶段：差异捕获

1. 执行APK[①]反编译，对比res/与smali/目录变更
2. 提取新增API端点（标注鉴权方式与数据格式）
3. 绘制资源文件变更热力图（重点标注drawable-xxhdpi）

第二阶段：语义增强分析

1. 解析Google Play更新日志：
   - 使用情感分析模型评估宣传力度（0~1区间）
   - 提取功能关键词，生成词云对比图
2. 构建功能关联网络：
   [智能批改]←依赖→[OCR[②]引擎版本][作业数据库结构]

---

① APK：应用程序包。
② OCR：光学字符识别。

第三阶段：技术影响推演
1. 预测升级所需最低Android版本
2. 列出可能受影响的第三方库（含兼容性预警）
3. 设计A/B测试方案，验证核心功能稳定性
输出要求：采用架构图+决策树的可视化呈现方式

（1）UI/UX变更检测的提示词设计方法论

处理设计变更需要建立"像素级对比—交互流分析—体验指标量化"的递进框架。视觉层检测提示词示例如下所示。

提示词：
你正在分析某健身应用v7.1→v7.2的UI变更，请执行以下操作。
1. 界面元素矩阵分析：

组件ID	位置坐标	颜色值	尺寸比例	可见性
btn_start	（120,80）	#FF3366	0.12×0.08	true

2. 样式变更识别：
   - 标注Material Design（材料设计语言）规范符合度变化
   - 计算色彩对比度WCAG 2.1达标情况
3. 动效参数提取：
   * 过渡动画时长：300ms→250ms
   * 弹性曲线参数：cubic-bezier（0.4,0,0.2,1）

交互逻辑分析提示词示例如下所示。

提示词：
针对课程播放页改版，请构建用户旅程图。
1. 绘制v7.1操作流程图：
   启动→选择课程→加载进度条→全屏播放
2. 标注v7.2变更点：
   - 新增"智能跳过片头"复选框
   - 将"收藏"按钮移至浮动操作栏
3. 设计认知负荷评估实验：
   * 新手用户任务完成时间对比
   * 关键操作点击热区变化分析

体验指标量化提示词示例如下所示。

提示词：
请构建UI改版评估模型。
1. 定义核心指标：
   – 首次点击达成率（FCT）
   – 视觉层次清晰度得分（1～5分）
   – 信息密度熵值（bits/pixel）
2. 设计A/B测试方案：
   ★ 对照组：原始UI+埋点事件
   ★ 实验组：新UI+眼动追踪
3. 输出优化建议：
   – 字体可读性：推荐使用SF Pro Display
   – 色彩可达性：调整警示色饱和度
   – 交互一致性：统一左滑返回手势

（2）技术架构演进分析的提示词策略

追踪技术架构需要构建"网络层—数据层—服务层"的立体观测体系。

网络请求分析提示词示例如下所示。

提示词：
作为系统架构师，请解析某电商应用网络通信升级。
1. 协议分析：
   – HTTP/1.1 → HTTP/3 迁移比例
   – QUIC连接成功率时序图
2. 接口拓扑发现：
   ★ 绘制微服务依赖图（含RPC调用关系）
   ★ 标注新出现的/GraphQL端点
3. 安全审计：
   – 证书指纹变更检测
   – CORS策略严格度分析

数据存储洞察提示词示例如下所示。

> **提示词：**
> 请分析数据库架构演进。
> 1. 存储模式检测：
>   - 识别SQLite→Redis→Cassandra迁移路径
>   - 统计分片数量与数据分布模式
> 2. 查询模式分析：
>   * 抓取慢查询日志生成优化建议
>   * 可视化索引使用热力图
> 3. 缓存策略评估：
>   - 计算L1/L2缓存命中率
>   - 设计布隆过滤器误判率实验

服务架构推演提示词示例如下所示。

> **提示词：**
> 推断后端架构升级方案。
> 1. 部署特征提取：
>   - 响应头中的Server标签变更
>   - 错误消息中的堆栈特征分析
> 2. 容量规划建议：
>   * 根据QPS增长曲线推算所需Pod[①]数量
>   * 设计混沌工程测试用例
> 3. 技术雷达绘制：
>   - 标记已采纳技术（如Service Mesh）
>   - 预警技术债（如单体架构残留）
>   - 推荐候补技术（如Serverless）

2）用户反馈分析

面对海量用户评论，产品经理需要建立系统化的思考框架。我们以音乐应用评分持续下滑的场景为例，展示如何通过四步思考法构建有效提示词。

（1）界定分析维度

当发现应用商店评分从4.8分骤降至4.2分时，首先要思考需要哪些分析维度。此时应考虑：

- 时间关联性：评分变化是否伴随特定版本更新？

---

① Pod：容器管理单元。

- 情感演化：负面评论是否有情感升级趋势？
- 问题聚类：高频问题是否形成特定模式？

提示词初版设计："请对最近30天应用商店评分数据做时间序列分析，标注关键转折点日期，并与版本更新日志进行关联比对。"

（2）构建分析模型

获得初步时间线索后，需要设计多层分析模型。例如，发现评分下滑始于v3.2版本更新后，应建立：

- 语义网络：为"闪退""卡顿"等高频词构建关联图谱。
- 情感强度矩阵：区分基础不满与深度失望的用户群体。
- 问题传播模型：追踪负面评价的扩散路径。

进阶提示词："创建v3.2版本更新后的用户评论语义网络，标注出现频率>5%的关键问题节点，用不同颜色标记功能性问题（红色）和体验性问题（蓝色）。"

（3）建立归因链路

当识别出推荐算法相关投诉占比38%时，需建立多维归因：

- 直接诱因：算法更新导致推荐偏差。
- 环境因素：竞品同期上线智能推荐功能。
- 用户预期：核心用户对个性化推荐期待值提升。

归因分析提示词："构建推荐算法问题的归因模型，包含技术实现、用户预期、市场竞争三个维度。每个维度列出三个可验证假设，并给出验证数据需求清单。"

（4）生成决策建议

最终需要将洞察转化为行动方案。针对已确认的算法问题，设计决策矩阵：

- 短期补救：临时调整推荐权重。
- 中期优化：算法模型迭代计划。
- 长期策略：个性化推荐体系建设。

决策提示词模板："基于当前问题分析，生成包含三个时间维度的解决方案框架。每个方案需明确资源需求（0~10分）、见效周期（天）、预期留存提升（百分比）。用Markdown表格呈现，带简要决策依据说明。"

完整提示词示例如下所示。

> 提示词：
> # 深度分析请求
> ## 背景情境
> 音乐应用"SoundWave"在更新v3.2版本后，应用商店评分从4.8分降至4.2分，差评主要涉及推荐算法问题
> ## 分析要求
> 1. 构建时间关联模型：将30天评分数据与版本更新、运营活动时间轴对齐
> 2. 创建语义分析网络：识别高频问题及其关联性，区分功能缺陷与体验痛点
> 3. 建立归因决策矩阵：包含技术、用户、市场三个维度，每个维度提出可验证假设
> ## 输出规范
> - 用时间轴图展示关键事件关联
> - 以思维导图形式呈现问题网络
> - 决策建议按实施难度分级排列

通过这种结构化思考过程，产品经理可以系统性地将模糊的用户反馈转化为可执行的改进方案，充分发挥DeepSeek在数据处理和模式识别方面的优势。

3）市场动态监测

在运用大模型进行市场动态监测时，关键在于构建具有战略视角的分析框架。我们以某手机品牌的市场策略调整为例，展示如何通过结构化思考设计高质量提示词。

（1）界定监测维度

首先需要明确监测的核心要素。面对竞品突然降价行为，我们需要思考：价格调整的幅度是否突破历史波动区间？促销活动是否伴随渠道策略变化？传播声量是否集中在特定用户群体？这些维度决定了数据采集范围和分析方向。

（2）构建因果链条

将孤立的市场动作串联成逻辑链条。假设监测到某竞品在社交媒体上加强学生群体推广，同时在线下渠道增加校园体验店布局。此时应建立"用户定位—渠道策略—价格调整—产能准备"的关联模型，判断是否形成完整的市场进攻策略。

（3）设计动态分析框架

针对价格策略分析，建议采用三层递进模型。

- 基础层：历史价格波动带分析（过去12个月价格分布）。
- 关联层：促销周期与新品发布的时间关联性。
- 预测层：用价格弹性模型预测市场份额变化。

基于上述思考，生成首轮提示词，如下所示。

> **提示词：**
> 假设你是消费电子市场分析师，现需分析某手机品牌的价格调整策略，请按以下框架输出分析报告。
> 1. 基础分析：提取该品牌近12个月各渠道价格数据，绘制价格波动带图表
> 2. 横向对比：关联同期新品发布、营销活动时间轴，标注价格调整与市场动作的时间关联性
> 3. 纵向预测：基于价格弹性模型，预测本次降价对品牌市场份额的影响区间（保守、中性、乐观三种情形）
> 输出要求：包含数据表格、趋势图、关联性分析矩阵的三段式结构

（4）迭代验证机制

当获得初步分析结果后，需要设计验证性提示词，如下所示。

> **提示词：**
> 根据前期价格策略分析报告，请进行反事实推理。
> 1. 假设竞品维持原价，其市场份额可能发生多大程度流失？
> 2. 若我方采取阶梯式降价策略（首月降5%，次月降3%），预测市场反应曲线
> 3. 识别分析报告中三个最可能存在的数据偏差风险点
> 输出要求：采用对比表格形式，标注关键假设条件和验证建议

这种分阶提示设计实现了从现象描述到策略推演的跨越，引导分析者建立"监测—归因—预测—验证"的完整思维链条。在商业合作机会识别场景中，可延伸应用类似的思考模式，通过建立"技术突破—专利布局—企业合作网络—供应链变动"的关联模型，设计具有预测性的提示框架。

3. 差异分析

1）特性对比

在进行产品特性对比分析时，构建有效的提示词需要经历三个关键思考阶段：问题解构—信息定位—价值判断。我们以在线支付产品的竞品分析为例，演示如何通过系统性思考设计高质量提示词。

第一阶段：建立分析坐标系

在评估核心功能完整度前，需要明确对比分析的逻辑框架。以下是典型的思考路径。

- 确定核心功能清单：支付方式多样性是否包含数字钱包、生物识别等新兴形态？支付速度的衡量维度是否区分首次绑卡支付和快捷支付？
- 收集数据策略：竞品的公开技术文档是否披露了加密算法类型？用户评价中

高频出现的支付失败场景有哪些？
- 对比分析方法：如何量化不同支付方式的覆盖率差异？支付成功率的时间分布是否体现系统稳定性？

提示词示例如下所示。

> **提示词：**
> 列出在线支付产品的10项核心功能评价维度，包含技术实现、用户体验、合规性三个类别。对每个维度给出可量化的评估指标示例，如支付速度的毫秒级分段标准（100ms内/100~500ms/500ms+）。

第二阶段：穿透创新特性本质

当发现竞品推出"虚拟形象社交"功能时，需要分步解析其价值。
- 功能解耦：该特性是独立功能还是支付流程的组成部分？是否涉及AR技术实现或社交图谱构建？
- 需求验证：查看应用商店评论中用户主动提及该功能的频率，统计相关关键词的情感倾向分布。
- 技术溯源：通过逆向工程判断是采用自研算法还是第三方SDK，评估技术护城河深度。

提示词示例如下所示。

> **首轮提示词（特性识别）：**
> 分析某社交支付应用最新版本更新日志，提取三项可能影响支付体验的创新功能。对每个功能标注技术实现类型（前端交互、后端算法、第三方集成）。
> **次轮提示词（价值评估）：**
> 针对"虚拟形象社交"功能，构建SWOT分析框架：优势（提升用户黏性）、劣势（增加支付流程步骤）、机会（社交裂变获客）、威胁（合规风险）。给出每项评估因子的量化依据。

第三阶段：构建技术对比矩阵

技术实现深度分析需要兼顾客观参数与主观体验。设计包含5个层级的对比框架。
- 基础架构：微服务拆分粒度、数据库分片策略。
- 算法应用：人脸识别误识率（FAR）与拒真率（FRR）平衡点。
- 性能表现：99分位响应时间、异常流量熔断机制。
- 运维体系：灰度发布策略、故障自愈能力。
- 安全防护：PCI DSS合规认证等级、风控规则更新频率。

附带数据采集指令：从APM[①]工具获取竞品API平均响应时间分布，对比本系统Prometheus监控数据，生成标准差分析图表。

第四阶段：用户体验量化建模

综合用户反馈时要注意数据清洗与权重分配。构建用户体验评价公式：

综合评分=（App评分×0.3）+（NPS净推荐值×0.2）+（支付失败率×（-0.3））+（客服解决率×0.2）

数据预处理要求：

- 排除安装后未激活的无效用户样本。
- 区分iOS、Android平台版本差异。
- 识别刷评数据模式（相同IP段密集评价）。
- 对文本评价进行LDA主题聚类。

最终提示词示例（综合分析）如下所示。

提示词：
作为支付领域产品经理，我需要对比本产品与竞品X的核心差异，请按以下结构输出分析报告。
1. 功能矩阵对比（支持方式、认证手段、限额策略）
2. 技术实现差异（加密算法、链路压测结果、灾备方案）
3. 用户心智图谱（Top3满意度因素、投诉焦点分布）
4. 改进路线建议（6个月内可落地的三项优化）
约束条件：
- 引用App Annie最新下载量数据
- 包含微信生态场景的特殊处理
- 对比支付成功率的时段分布特征
- 输出Markdown表格与雷达图

设计要点解析：

- **分阶引导**：将复杂分析拆解为可执行的思考步骤，避免直接给出结论。
- **动态验证**：每个环节设置数据采集指令，确保分析依据可验证。
- **权重显性化**：通过计算公式明确各要素的优先级，降低主观偏差。
- **约束具体化**：在提示词中限定数据来源和分析维度，提升结果可信度。

这种结构化的思考方式，既保证了分析框架的完整性，又为AI提供了明确的推理路

[①] APM（application performance monitoring，应用性能监控）工具，用于实时追踪、分析并优化软件应用的运行性能与用户体验。

径，有效规避大模型常见的泛化表述问题。在实际操作中，建议配合"假设检验"模式，针对每个分析节点设计验证性问题，持续优化提示词的精准度。

2）体验评估

要设计出能够引导DeepSeek进行深度竞品体验评估的提示词，关键在于构建系统化的思考框架。让我们通过一个音乐播放器竞品分析案例，拆解设计思路。

（1）明确分析目标

假设我们需要对比某音乐App与Spotify的体验差异，首先要思考：用户体验评估需要覆盖哪些关键维度？界面设计是否影响用户停留时长？交互路径是否影响功能发现效率？性能指标是否与用户流失率相关？将这些疑问转化为评估目标，需要同时关注视觉层、交互层、技术层三个维度。

（2）拆解评估要素

针对界面设计，需考虑色彩心理学原理（如暖色调是否适合深夜场景）、信息密度阈值（每屏不超过7个视觉焦点）、品牌一致性（图标风格与主视觉的关联度）。例如在播放界面评估中，要思考：进度条位置是否符合拇指热区？歌词展示是否考虑滑动惯性？

（3）设计评估指标

将主观感受量化为可评估的指标。美观度可拆分为色彩协调性（相邻色相不超过30°）、布局合理性（F型视觉路径符合度）、图标识别度（3秒内可理解性测试）。交互流程需要定义步骤效率值（完成核心操作所需点击次数）、容错率（误操作后的恢复路径清晰度）。

（4）构建分析框架

搭建多层评估结构：基础层（色彩代码提取与对比度分析）、行为层（用户操作路径热力图模拟）、认知层（信息架构与心智模型匹配度）。例如在播放列表管理场景中，需同时评估拖拽交互的流畅度（技术指标）和分组逻辑的直观性（认知负荷）。

最终形成的提示词示例如下所示。

提示词：
你现在是资深用户体验分析师，请按照以下框架对比分析A音乐App与Spotify的体验差异。
1. 界面设计评估
— 执行色彩分析：提取双方播放页面的主色值，计算对比度比率（WCAG标准）
— 布局诊断：标注核心功能模块的视觉层级，评估F型视觉路径符合度
— 图标测试：对5个高频功能图标进行3秒识别测试模拟
2. 交互流程评测
— 构建典型场景：创建"收藏歌曲—创建歌单—分享"的交互流程图
— 量化操作成本：统计各平台完成该流程的点击次数和屏幕滚动距离

```
- 异常路径测试：模拟错误点击后的恢复路径清晰度
3. 性能对标
- 加载时延测试：对比相同网络环境下播放启动耗时
- 内存占用监测：记录后台播放30分钟后的资源消耗曲线
- 中断恢复测试：模拟来电打断后的播放恢复成功率
4. 综合改进建议
- 列出3项关键体验差异项
- 针对每项差异提出可落地的优化方案
- 附上改进后的预期体验提升指标
输出要求：
① 使用表格对比核心数据
② 差异项标注显著性等级（P0.05）
③ 包含线框图改进示意描述
④ 遵循尼尔森十大交互原则进行评判
```

这个提示词的设计逻辑，经历了"目标澄清—维度拆解—指标量化—框架搭建"的完整思考过程。通过明确评估维度、量化分析标准、设定输出规范，既发挥了DeepSeek的解析能力，又保证了输出结果的专业性和可操作性。在实际应用中，可根据具体评估对象调整分析维度的颗粒度，比如针对电商类产品增加转化漏斗分析模块。

3）优势识别

要设计出能有效挖掘DeepSeek医疗领域核心竞争力的提示词，我们需要建立系统性思考框架。以急诊资源智能调度场景为例，以下是分步思考过程。

（1）明确分析维度

- 技术穿透力：模型在动态决策中的实时响应能力。
- 数据耦合度：多模态医疗数据的融合处理水平。
- 场景适配性：与现有医疗工作流的无缝衔接程度。
- 合规护城河：符合医疗伦理与数据隐私的保障机制。

（2）构建分析矩阵

对上述维度与医疗场景痛点进行交叉分析：

- 急诊分诊准确率与死亡率的相关性。
- 多科室协同会诊的响应延迟。
- 个性化用药方案的循证依据不足。

（3）设计提示词结构

采用"角色锚定—场景具象—约束明确"的框架，提示词示例如下所示。

> 提示词：
> 作为三甲医院急诊科主任，需要优化复合伤患者的抢救流程，当前面临：
> − 同时接收3名危重患者时的资源分配难题
> − 多学科会诊响应时间超过30分钟
> − 检验结果整合效率低下
> 请基于DeepSeek的以下能力：
> 1. 实时生命体征解析（来自监护设备数据流）
> 2. 跨科室知识图谱（涵盖12个临床专科）
> 3. 动态优先级算法（每小时更新患者状态）
> 输出包含以下要素的方案：
> − 抢救室、手术室分配策略
> − 关键检查项目的智能排序
> − 跨学科会诊的触发机制

（4）实施多轮追问

第一轮聚焦技术验证："请用蒙特卡洛模拟评估不同分配策略下，患者存活率的变化趋势，要求展示5种情景的对比数据。"

第二轮深化临床价值："将上述策略与2024年AHA急救指南对照，标注创新点与合规性依据，用红色标注突破性改进。"

第三轮构建评估体系："设计包含抢救时效、资源利用率、医护工作负荷的KPI[①]监控看板，用Markdown表格呈现指标定义与采集频率。"

这种结构化思考过程既能确保提示词的精准度，又符合医疗决策的严谨性要求。最终产出的方案既包含实时决策支持，又具备循证医学的验证链条，能够真正发挥DeepSeek在复杂医疗场景中的独特价值。

3.2.2 分析报告生成：智能洞察与决策支持

1. SWOT矩阵

1）分析框架

当我们面对复杂的商业分析需求时，构建有效的提示词就像绘制一张精准的导航地图。以智能音箱产品的SWOT分析为例，专业的产品经理会经历6个关键思考阶段。

---

① KPI：关键绩效指标。

（1）需要明确分析目标的具体维度

与其直接要求"做SWOT分析"，不如先自问：本次分析侧重市场验证还是产品迭代？目标用户是价格敏感型还是技术尝鲜群体？例如，针对东南亚市场的年轻用户，提示词应明确限定地域和人群特征："请聚焦18～25岁东南亚学生群体，评估产品在宿舍场景的竞争力。"

（2）构建数据框架时要考虑多维信息源

有效的提示词会指定数据采集范围："请整合近3个月社交媒体评价、电商平台销量前10个竞品参数、本地化内容合作资源。"此时需平衡数据全面性与处理效率，避免陷入信息过载。

（3）动态调整设计维度权重

当技术团队反馈音频解码芯片存在代际差距时，提示词应体现参数优先级变化："将音质相关指标的权重从20%提升至35%，同步评估硬件升级成本与用户体验提升的边际效应。"

（4）工具选择直接影响分析深度

针对技术优势评估，可采用对比指令："建立语音识别准确率、唤醒响应速度、方言支持数量三维坐标系，标注我司产品与竞品坐标点。"在进行市场机会预测时需要使用趋势推演指令："构建智能家居设备互联需求增长模型，输入东南亚国家宽带渗透率、人均居住面积等参数。"

（5）遇到数据矛盾时的处理策略

若用户好评率与复购率出现背离，提示词应设置验证机制："建立情感分析—购买行为关联模型，识别好评用户中未发生复购的群体特征，交叉验证产品质量认知差异。"

（6）交叉验证时需要设计多角度检验流程

完善的提示词会要求："将初步分析结果反向代入竞品定价模型，验证市场威胁等级评定的合理性，输出3个最具说服力的交叉验证指标。"

经过上述思考过程，我们可以构建两阶段提示词。

数据采集阶段提示词示例如下所示。

提示词：
你是一位消费电子行业分析师，正在准备某智能音箱的SWOT分析，请按以下维度收集结构化数据。
1. 竞争要素：语音交互准确率（技术白皮书）、内容生态丰富度（预装音频平台列表）
2. 用户感知：收集东南亚电商平台排行榜前3个产品的差评关键词（限定近6个月）
3. 技术趋势：提取2024年CES展会中智能家居相关的新技术应用案例
4. 政策环境：整理东盟国家数据隐私相关法规修订草案要点
请以Markdown表格呈现，包含数据来源、采集时间、置信度评级（高、中、低）。

深度分析阶段提示词示例如下所示。

提示词：
基于前阶段数据，执行以下分析任务。
1. 优势量化：建立技术—市场双维度评估矩阵，X 轴为专利数量/研发投入，Y 轴为市场份额增长率
2. 劣势归因：对"音质差"投诉进行原因分析，要求区分配件质量（频响曲线对比）、算法缺陷（信噪比测试数据）、使用场景（环境噪声模拟）3类成因
3. 机会预测：构建智能家居互联需求公式：（家庭设备数量×兼容性系数）/用户学习成本
4. 威胁验证：选取竞品新发布的3个功能，运用KANO模型分析其可能转移的用户群体特征
每项分析需提供3个可验证的中间指标，最终输出带置信度评级的SWOT矩阵

这种分阶段、可验证的提示词设计，既能充分利用DeepSeek的数据处理优势，又能保证分析结果的可靠性和可操作性。当面对医疗设备等专业领域分析时，只需调整数据维度和验证模型，即可快速复用该思考框架。

2）竞争态势分析

（1）市场占有率预测的思考路径

当我们需要预测市场占有率时，首先要明确3个关键问题：预测的时间跨度是季度还是年度？预测颗粒度需要细分到区域还是产品线？结果需要哪些可视化呈现形式？

以智能手机市场为例，有效的预测需要融合3类数据：企业内部的销售系统数据、第三方市场调研报告数据、社交媒体上的消费者声量数据。建议从建立基础数据框架开始。

- 确定核心指标（如激活量、出货量占比）。
- 收集竞品发布会信息与营销日历。
- 整理历史促销活动效果数据。

通过三阶提问法构建提示词。

- 第一层：定义预测目标（"我们需要预测下季度华北地区中端机型市场份额"）。
- 第二层：确定变量权重（"如何计算新品发布对市场份额的影响系数"）。
- 第三层：设定验证机制（"当实际数据偏离预测值5%时如何触发预警"）。

提示词示例如下所示。

提示词：
作为手机行业分析师，请构建2024第3季度华北地区中端智能手机市场预测模型，需包含：
1. 各品牌历史季度销售数据对比
2. 已披露的新品参数与定价策略

> 3. 电商平台预售数据趋势
> 4. 竞品营销活动排期
> 输出带置信区间的预测曲线，并标注可能影响结果的关键变量

（2）产品力矩阵分析的维度拆解

构建产品竞争力模型时，建议采用"双漏斗"思考法：先发散后收敛。首先列出所有可能的影响维度，然后通过两轮筛选：

- 行业共性维度（性能、价格、服务）。
- 产品特性维度（针对智能手表增加健康监测准确度）。

关键提示要素应包含：

- 竞品清单及数据来源。
- 评分标准（1~5分制或百分比）。
- 可视化形式要求（雷达图、热力图）。

提示词示例如下所示。

> **提示词：**
> 创建智能手表产品力对比矩阵，涵盖心率监测精度、运动模式数量、第三方应用生态、屏幕续航、语音交互流畅度。需包含Apple Watch S8、华为GT4、小米Watch 3三款竞品。数据源选择GSMArena专业评测、京东商品页参数、YouTube科技博主实测视频。以雷达图呈现对比结果，并标注各维度权重系数。

（3）用户画像构建的实践要点

精准用户画像需要平衡数据广度和深度，建议采用"三层筛网"策略。

- 基础属性筛网（年龄、性别、地域）。
- 行为特征筛网（使用频率、功能偏好）。
- 心理特征筛网（价格敏感度、品牌忠诚度）。

遇到数据缺失时的处理思路：

- 用行业报告补充人口统计学数据。
- 通过客服对话记录提炼行为特征。
- 在社交媒体进行情感分析，获取心理特征。

提示词示例如下所示。

> **提示词：**
> 为高端健身房会员管理系统构建用户画像，需要：
> 1. 区分年卡、次卡用户行为差异
> 2. 识别私教课程购买影响因素
> 3. 预测续费率关键指标
> 数据源包括POS系统交易记录、课程预约数据、会员调查问卷
> 输出带典型用户场景故事板的可视化报告

（4）趋势研判的交叉验证方法

有效的趋势分析需要建立多维度验证机制，建议采用"三角验证法"：

- 技术可行性验证（专利数量、研发投入）。
- 市场接受度验证（搜索指数、预售数据）。
- 政策匹配度验证（行业标准、监管动态）。

当出现矛盾信号时的处理策略：

- 设置影响因子权重。
- 建立敏感性分析模型。
- 设计红蓝对抗推演场景。

提示词示例如下所示。

> **提示词：**
> 分析2025年新能源汽车快充技术趋势，需综合：
> 1. 电池厂商技术路线图
> 2. 充电桩建设规划
> 3. 车主充电行为调研
> 4. 电网负荷能力数据
> 输出技术成熟度曲线，标注政策补贴变化对推广速度的影响系数，并模拟不同电价政策下的市场渗透率变化

3）决策支持

要构建高质量的AI战略提示词，关键在于建立系统性思考框架而非简单指令堆砌。我们以电商企业制定市场拓展战略为例，演示如何通过五步思考法生成精准提示词。

（1）定位核心问题

- 思考点：当前市场渗透率低于行业均值15%，新用户增速连续3季度下滑，需要明确是产品定位不准还是渠道布局失误？

- 深度追问：目标客群在竞品平台的留存数据如何？季节性波动是否影响现有结论？

（2）拆解分析维度
- 要素清单：
  - SWOT矩阵中的优势项（供应链响应速度）。
  - 竞品最新动作（A平台推出次日达服务）。
  - 用户行为变化（"Z世代"搜索量上升40%）。

（3）构建策略假设
- 关键命题：差异化服务能否抵消价格劣势？
- 验证思路：假设将物流时效提升至12小时，预估成本增加8%，转化率需提升多少能维持利润率？

（4）设计验证路径
- 数据需求：
  - 历史促销活动弹性系数。
  - 区域仓储布局拓扑图。
  - 用户满意度调查NPS值（净推荐值）。

（5）迭代优化机制
- 监测指标：新策略实施后客户获取成本（CAC）与生命周期价值（LTV）比值变化。
- 预警阈值：当库存周转率低于2次/季度时触发策略复审。

基于此思考过程设计三段式提示词，如下所示。

首轮信息收集提示词：
作为电商战略顾问，请分析近半年行业报告（附5份PDF），提取以下要素：
1. 3个主要竞争对手的市场动作
2. 18~25岁用户消费偏好变化
3. 区域物流基础设施成熟度指标
用表格呈现，标注数据来源时间戳

次轮策略生成提示词：
基于前述数据，请生成3个市场拓展方案，要求：
- 每个方案包含资源投入矩阵（人力、资金、技术）
- 标注方案实施的前提假设
- 使用SWOT-PEST组合分析法评估
以Markdown格式输出，关键数据用**加粗**显示

> **终轮验证优化提示词：**
> 针对方案B的仓储扩建计划，请设计验证实验。
> 1. 列出需要模拟的极端场景（至少3类）
> 2. 设定核心KPI达标阈值
> 3. 规划6个月内的关键里程碑
> 用甘特图+决策树形式呈现

通过这种结构化思考过程，企业可将模糊的战略需求转化为可执行的AI指令链。在实战中建议建立提示词检查清单，重点验证以下几个方面。

- 要素完整性：是否覆盖4P营销理论关键维度。
- 数据可溯性：每个结论是否有对应数据锚点。
- 风险对冲性：方案是否包含A/B测试机制。
- 迭代闭环性：是否预设效果评估时间节点。

当处理复杂战略问题时，可采用"洋葱式提问法"逐层深入。

- 首轮获取基础事实层数据。
- 次轮建立因果推理链。
- 末轮模拟多变量影响。

每轮间隔24小时，沉淀思考，确保每次提示都建立在前序分析的坚实基础上。

2. 差异矩阵

1）功能对标分析

在智能手机行业竞争白热化的市场环境中，某国产手机品牌的产品经理需要针对新旗舰机型的定价策略进行竞品对标。我们以这个真实场景为例，揭示如何通过系统性思考构建有效的分析提示词。

第一步：明确分析目标（耗时15分钟）

产品经理首先需要自问：这次对比的核心目的是什么？是验证定价策略的合理性，还是发现功能迭代方向？假设目标确定为"验证8999元定价的竞争力"，思考维度就需要聚焦在价格敏感用户群体的消费特征上。

这时候可以建立第一个提示框架："请列出影响高端智能手机定价的5个核心要素，按照消费者决策权重排序，要求包含用户调研数据。输出格式为'要素名称（决策权重百分比）—关键数据—数据来源说明'。"

第二步：分解对比维度（耗时25分钟）

通过首轮分析获得"硬件配置""品牌溢价""生态系统"等要素后，需要设计分层对比结构。此时容易陷入的误区是直接进行参数罗列，而忽略用户感知差异。正确做法是建立三层分析模型：

- 显性参数层（处理器型号、摄像头像素）。
- 隐性体验层（系统流畅度、售后服务）。
- 心智认知层（品牌调性、社交价值）。

提示词：
请为智能手机竞品分析设计三级对比模型，要求：
1. 每层级包含3个核心指标
2. 说明各指标的数据获取方式（如使用跑分软件、用户访谈）
3. 给出华为Mate系列与苹果iPhone的对比示例
输出格式：采用表格与文字说明

第三步：动态调整策略（耗时40分钟）

当初步分析显示品牌溢价不足时，需要转向技术架构深度对比。这时常见的错误是直接提问"请对比A、B产品的技术差异"，正确做法是构建引导式提问链。

第一轮提问："请分析海思麒麟9100与苹果A17 Pro芯片在AI算力方面的架构差异，重点说明NPU①设计对影像处理的影响。"

第二轮追问："基于上述分析，预测这两款芯片在夜景拍摄、人像虚化、视频防抖三个场景中的用户体验差异，用技术参数推演实际表现。"

第三轮深化："结合台积电3nm制程工艺的良品率数据，估算两款芯片的成本差异对整机定价的影响系数。"

第四步：构建决策模型（耗时30分钟）

最终需要将分析结果转化为定价策略，此时要避免直接索要结论，而是建立决策框架。

提示词示例如下所示。

---

① NPU：神经网络处理器。

> 提示词：
> 请构建智能手机定价决策模型，要求：
> 1. 包含成本维度（BOM[①]成本、研发摊销）
> 2. 市场维度（竞品价格带、渠道分成）
> 3. 用户维度（价格敏感度、换机周期）
> 4. 给出各维度的数据采集建议和权重分配方案
> 5. 以9000元价位为例演示模型应用

通过这四个阶段的思考演进，产品经理不仅获得了具体的分析结论，更重要的是建立了可持续复用的分析框架。这种从目标定义到维度拆解，再到动态调整的思考过程，正是构建高质量提示词的核心方法论。

最终提示词示例如下所示。

> 提示词：
> 你现在是资深消费电子分析师，需要为××手机新品制定定价策略，请按以下步骤进行分析。
> 1. 拆解目标：确认本次分析要解决的3个核心决策问题
> 2. 维度搭建：建立三级对比模型（参数、体验、认知）
> 3. 数据规划：列出各维度需要采集的5类关键数据及获取方式
> 4. 差异量化：用参数推演法预估关键配置的市场感知差异
> 5. 策略建议：结合成本结构和市场定位给出定价区间方案
> 要求：
> - 每步骤输出前先展示思考逻辑
> - 使用技术参数与用户调研数据交叉验证
> - 区分事实陈述与策略推断
> - 表格与文字说明交替呈现

2）缺口识别

当我们面对产品优化这个复杂命题时，关键是要建立系统化的分析框架。这里分享一种经过验证的四步思考法，帮助您设计出精准有效的提示词。

以在线办公软件的功能完善为例，首先需要明确3个核心问题：我们的产品缺失哪些关键功能？这些功能需要达到什么标准？用户最迫切的需求是什么？这时候可以引导DeepSeek进入深度思考模式，提示词示例如下所示。

[①] BOM：物料清单。

> **提示词：**
> 【任务背景】作为产品经理，正在规划下一代在线办公套件
> 【输入信息】当前版本功能列表：文档编辑、表格处理、幻灯片制作（基础版）
> 【对比目标】分析微软Office 365、Google Workspace最新版本的核心功能
> 【具体要求】识别缺失的必要功能模块；评估实现优先级；预测用户接受度
> 【输出格式】矩阵表格含功能名称、竞品实现度、开发难度星级、用户需求热度

当需要量化用户体验差距时，重点在于建立可操作的评估维度。建议采用"场景—触点—指标"三层分析法。例如针对打车应用的等待体验优化，可以设计多轮对话。

第一轮聚焦场景拆解，提示词示例如下所示。

> **提示词：[深度思考模式]**
> 作为用户体验分析师，请拆解打车场景的关键触点。
> 1. 从下单到司机接单阶段
> 2. 车辆到达前的等待阶段
> 3. 行程中的服务阶段
> 要求输出各阶段用户核心诉求及对应体验指标

第二轮进行数据对比，提示词示例如下所示。

> **提示词：[联网搜索模式]**
> 获取头部打车平台最新数据：
> 1. 接单平均响应时间行业标杆值
> 2. 等待期间用户焦虑指数调研报告
> 3. 车内服务满意度前三要素
> 对比我司当前数据，生成差距雷达图

在技术评估方面，要特别注意区分显性能力和隐性架构。例如针对智能家居系统的技术对标，建议分两个层面提问，提示词示例如下所示。

> **基础能力评估：**
> 列出竞品X1、Y2支持的通信协议清单
> 对比我司当前支持的Zigbee 3.0、蓝牙Mesh协议
> 输出协议覆盖度评分（满分10分）

> 进阶架构分析：[深度思考模式]
> 模拟技术专家视角，从以下维度分析。
> 1. 分布式架构的容错机制设计
> 2. OTA①升级方案的完整性
> 3. 边缘计算能力部署情况
> 要求用SWOT模型呈现评估结果

商业模式优化最忌泛泛而谈，需要结合具体数据指标，建议采用"三层递进式"提问法。

第一层：模式解构，提示词示例如下所示。

> 提示词：
> 拆解共享出行产品X的商业模式构成要素：
> 1. 收入来源及占比
> 2. 成本结构
> 3. 用户获取漏斗
> 4. 合作伙伴图谱
> 用可视化形式呈现各要素关联关系

第二层：数值对比，提示词示例如下所示。

> 提示词：[联网搜索模式]
> 获取以下数据：
> 1. 竞品每单补贴金额波动趋势
> 2. 优质司机留存率行业均值
> 3. 金融机构合作分润比例
> 生成我司与市场排名前3的竞品的对比仪表盘

第三层：创新推演，提示词示例如下所示。

> 提示词：[深度思考模式]
> 基于现有数据，模拟三种创新方案：
> 1. 动态梯度计价模型

---

① OTA：空中下载技术。

> 2. 车险分润新模式
> 3. 充电桩生态合作
> 要求每个方案包含可行性分析、收益预测、实施路线图

经过上述思考过程，最终形成的提示词模板应具备以下特征：明确模式选择（基础、深度、联网）；结构化输入背景信息；限定分析维度和输出格式；包含验证指标或对比基准。

这种系统化的提示词设计方法，能够将模糊的产品优化需求转化为可执行的AI分析任务，最终输出具有决策价值的洞察报告。

3. 趋势预测

1）数据分析能力

当我们试图用大模型穿透数据迷雾时，关键不在于掌握多少分析工具，而在于能否用精准的提问构建出清晰的思考路径。以饮料行业新品推广为例，优秀的分析师应该像侦探设计破案思路那样设计提示词。

第一步：锚定核心变量

先问自己：要预测新口味饮料的市场份额变化，至少需要哪些关键数据支撑？历史销量数据是基础，但更要考虑竞品动态——某乳制品企业曾因忽视对手的渠道补贴政策，导致市场份额预测偏差达12%。此时应建立四维坐标：X轴为时间跨度（3、6、12个月）；Y轴为市场层级（一线城市、下沉市场）；Z轴为竞争维度（价格带、渠道覆盖率）；T轴为外部变量（原料价格波动、政策法规）。

第二步：构建动态模型

用"如果……那么……"句式检验逻辑完整性：

- 如果竞品在第3季度开展买赠活动，我们的预测模型需要增加什么监测指标？
- 如果我司在社交媒体上出现负面舆情，模型自修正机制如何触发？

某智能手表厂商通过设置3级舆情预警阈值，使市场预测准确率提升19%。

第三步：设计渐进式提示

分层递进的提问结构最能激发模型潜力，提示词示例如下所示。

> **提示词：**
> \# 第一轮 数据框架搭建
> 请列出影响饮料品类市场份额变化的10个核心指标，并按波动敏感性排序。对每个指标给出可量化的数据采集建议
> \# 第二轮 关联关系挖掘
> 基于上述指标，绘制因果关系图。标注正负反馈回路，特别说明当线上销量增长5%时，线下渠道可能产生的3种连锁反应
> \# 第三轮 模拟推演
> 假设竞品在华南地区新增3万个零售点，请分季度推演本品市场份额变化趋势，要求生成乐观、中性、悲观3种场景下的数学模型

第四步：建立验证回路

设置三重校验机制：

- 反向提问：哪些数据异常会导致当前预测结论完全反转？
- 缺口分析：现有数据中，哪个维度的信息颗粒度最需要加强？
- 替代验证：如果用回归分析替代当前使用的LSTM模型，核心结论会发生什么变化？

通过这种结构化思考过程，我们最终得到的提示词既保持开放性又具备工程化特质，提示词示例如下所示。

> **提示词：**
> 假设你是饮料行业资深策略分析师，需要评估新口味产品上市后的市场份额变化，已知条件包括：
> - 本品历史月均销量：120万箱（波动系数0.3）
> - 竞品最近季度促销频次：4次/月
> - 目标区域KA渠道①覆盖率：63%
> - 社交媒体声量指数：新品预告期85分位
>
> 请分3步完成预测：
> 1. 建立包含供需关系、竞争博弈、传播效应的动态模型框架
> 2. 识别3个最关键的风险变量并给出其监测阈值
> 3. 输出6个月内的市场份额预测曲线，并标注需要人工复核的关键决策点
>
> 输出要求：每步提供可验证的中间指标，拒绝笼统表述

这种思考方式的价值在于：当3个月后出现原料短缺危机时，分析师能快速定位到模型中的"供应链韧性系数"模块，通过调整参数权重可即时修正预测曲线，无须重新构建

---

① KA渠道：重要客户渠道。

整个分析框架。

2）发展推演

要驾驭DeepSeek的市场洞察能力，关键在于建立"动态锚点—反馈验证"的思考框架。以折叠屏手机市场分析为例，战略分析师需要像围棋选手布局那样设计提示词。

第一步：定义动态观测锚点

有效提问从识别关键变量开始。真正的洞察不在于收集更多数据，而是确定哪些信号具有杠杆效应。参考医疗领域AI诊断系统的动态演进机制，建立三重锚点体系：

- 结构性变量（市场份额占比>5%的竞品）。
- 敏感性变量（价格弹性系数>1.2的功能配置）。
- 突变性变量（专利申请量年增速>30%的技术方向）。

第二步：构建对抗性推演

用"假设—证伪"框架激活模型潜力。当分析某手机品牌折叠屏技术突破时，可设置矛盾场景。

提示词示例如下所示。

提示词：
正向推演
若该品牌良品率提升至85%，请推演其对供应链的虹吸效应，需包含二级供应商名单变化预测
反向验证
假设其屏幕模组成本上升20%，预测其技术路线转向概率，要求输出贝叶斯概率树状图

这种方法曾帮助某医疗AI系统将诊断准确率提升26.6%。

第三步：设计时空嵌套提示

分层递进的时空维度能释放模型潜力。

- 空间解构："绘制折叠屏手机产业链地图，标注3个最可能发生技术溢出的细分领域。"
- 时间切片："将技术渗透周期划分为0～18个月、18～36个月两个阶段，分别输出关键技术突破阈值。"
- 时空耦合："建立技术扩散速度与区域人才密度的回归模型，要求R^2>0.7。"

第四步：建立衰减校验机制

参考AI医疗系统的动态优化方案，设置3类自检问题。

- 信号衰减检测："当前模型中，哪个竞争要素的预测半衰期最短？"

- 路径依赖测试："如果全面转向UTG[①]方案，现有预测结论有多少百分比需要修正？"
- 黑天鹅响应："突发性关税调整对技术路线选择的影响函数应如何构建？"

通过这种思考框架，最终形成的战略分析提示词既保持了敏捷性又具备抗干扰性，提示词示例如下所示。

提示词：
假设你是消费电子行业首席分析师，需评估某手机品牌折叠屏技术突破对市场格局的长期影响，已知条件包括：
- 技术专利布局：核心专利23项，外围专利57项
- 供应链成熟度：二级供应商替代率阈值为40%
- 竞品响应速度：平均6个月跟进周期

请分3个阶段完成推演：
1. 建立"技术—市场—资本"的三螺旋影响模型
2. 识别产业链中最可能形成技术锁定的3个关键节点
3. 输出5年期的市场集中度曲线，标注可能引发格局重构的3个临界事件
输出要求：每个阶段需提供可交叉验证的中间指标，拒绝黑箱结论

这种结构化思考的价值在技术突变期体现得尤为明显。当检测到某竞品突然增加30%的研发人员招聘时，分析师能快速定位"人才密度—创新速度"关联模块，通过调整人力资本弹性系数即时修正预测模型，而非陷入数据海洋。

3.2.3 实战应用：短视频平台分析与工具集成

1. 典型场景：短视频平台分析

1）监控维度设置

在短视频平台竞争白热化的当下，运营者常常陷入数据迷雾——面对上百个监控维度，如何构建真正具有决策价值的分析框架？我们需要建立"目标拆解—要素建模—策略生成"三阶思考路径，让AI工具真正成为战略望远镜而非数据垃圾桶。

以创作者生态评估为例，成熟的运营者会先解构核心问题：健康生态需要同时满足创作者供给侧活跃度（数量×质量）和需求侧匹配效率（曝光×转化）要求。某腰部短视频平台曾犯过典型错误，仅用"创作者数量增长率"单一指标判断生态健康程度，导致大量

[①] UTG：超薄柔性玻璃。

低质账号涌入平台，破坏用户体验。正确的思考路径应包含4个关键步骤。

- 目标校准：明确评估的核心目标是提升内容供给质量还是优化商业转化效率？若发现平台UGC[①]同质化严重，就需要在提示词中强化对创作者分层结构的分析要求。
- 要素建模：将抽象概念转化为可观测指标。健康度=优质创作者留存率×0.4+爆款内容产能×0.3+粉丝互动熵值×0.3，权重配置需根据平台发展阶段动态调整。
- 对比框架：建立横向（竞品平台）与纵向（本平台历史数据）两个参照系。例如分析某新兴平台的创作者流失问题时，可要求AI同步输出快手"创作者学院"的运营策略进行对比。
- 归因设计：强制区分表象数据与根本动因。当监测到创作者收益下降时，应引导AI区分原因，是平台分成机制问题、广告主预算转移，还是内容质量波动导致商业价值降低

基于这种结构化思考，我们可以生成具备诊断能力的提示词，如下所示。

提示词【深度分析模式】：
基于当前平台30日内创作者数据，执行以下分析流程。
1. 分层诊断：将创作者按粉丝量分为5个梯队，分别计算各梯队留存率、爆款率、变现效率
2. 归因矩阵：使用SWOT框架分析影响各梯队创作者流失或留存的关键因素，需包含平台政策、竞品动作等分析维度
3. 策略推演：针对腰部创作者（10万～50万粉丝）设计3个激励方案，预测各方案对内容多样性指数和商业GMV[②]的影响
约束条件：避免使用简单相关分析，需通过创作者行为序列构建因果模型

当面对商业化模式创新这类复杂命题时，建议采用分步追问策略。第一轮构建如下所示分析框架。

提示词【商业模式解构】：
请将抖音的现有商业化路径拆解为价值创造、价值传递、价值捕获3个模块，每个模块列出不超过3个关键成功要素，输出要素关联图。

---

① UGC：用户生产内容。
② GMV：商品交易总额。

根据输出结果进行如下所示第二轮追问。

提示词【创新沙盘】：
假设我们需要在价值传递环节增加AR[①]广告形式，请：
1. 分析需要突破的3个技术瓶颈
2. 预测用户留存率可能产生波动的区间
3. 设计A/B测试方案验证广告效果
约束条件：需考虑DeepSeek的实时数据监测能力和用户画像颗粒度

这种思考方式有效避免了"数据丰富但洞察贫乏"的陷阱。某美妆垂类平台通过该方式重构监测体系后，发现看似平稳的DAU（日活跃用户数量）曲线下隐藏着用户使用时长两极分化的趋势，进而有针对性地推出创作者分级运营策略，使高价值用户留存率提升27%。

2）分析框架应用

在短视频平台的竞争格局中，运营者常常面临"数据富营养化"困境——上百个分析维度如同散落的拼图，如何找到关键决策线索？我们需要建立"问题拆解—维度建模—策略验证"三阶思考框架，让DeepSeek成为战略罗盘而非数据沼泽。

以产品策略对比为例，成熟的运营者会先解构对比逻辑。

- 要素萃取：将抽象的产品定位转化为"用户渗透率×功能使用频次×内容消费深度"的可观测指标。
- 维度选择：根据平台发展阶段选择关键对比维度。某教育垂类平台曾错误地将抖音的娱乐化功能直接移植，导致用户流失率上升，可见不应忽视核心用户诉求的差异。
- 动态校准：建立跨平台数据映射关系。当分析B站二次元生态时，需将"弹幕互动密度"指标转换为通用模型能理解的"用户共创价值系数"。

基于这种结构化思考，我们可以生成精准的对比提示词，如下所示。

提示词【竞品策略解码】：
请对抖音与B站进行产品策略三维度对比。
1. 用户价值：按年龄、地域、兴趣维度绘制用户重叠度热力图
2. 功能矩阵：识别双方特有功能与公共功能的质量差异（使用NPS[②]模型评估）

---

① AR：增强现实。
② NPS：净推荐值。

> 3. 生态演进：预测未来6个月内容供给结构变化趋势
> 约束条件：需结合双方创作者扶持政策与用户增长数据进行归因分析

当评估算法技术能力时，建议采用分层验证法。首先构建如下所示评估框架。

> 提示词【算法健康度诊断】：
> 请为短视频推荐系统设计包含以下维度的评估体系。
> – 即时反馈：点赞后相似内容推荐响应速度
> – 长尾挖掘：小众内容曝光占比曲线
> – 价值观校准：敏感内容过滤准确率
> 输出各维度量化指标采集方案

根据输出结果进行如下所示深度追问。

> 提示词【异常定位】：
> 假设某平台CTR[①]突然下降3%，请：
> 1. 区分算法因素（模型迭代、特征工程）与非算法因素（内容供给、用户迁移）
> 2. 设计归因实验方案，包含数据采集点和验证周期
> 约束条件：需利用DeepSeek的实时A/B测试功能进行多变量控制

这种思考方式有效规避了"指标崇拜"的陷阱。某本地生活平台通过该方法重构运营评估体系，发现看似亮眼的用户增长数据背后隐藏着地域分布失衡问题，进而调整区域运营策略，使高价值城市用户占比提升19%。

2. 工具集成

1）自动化工作流

在当今快节奏的工作场景中，你是否经常面临这样的困扰：手动收集各平台数据耗时费力，重要市场动态难以及时捕捉，撰写分析报告占据大量时间。DeepSeek可提供自动化解决方案，就像为你配备了一位不知疲倦的智能助手。让我们通过一个真实场景来理解它的运作机制。

[①] CTR：点击通过率。

假设某短视频平台的产品团队需要监控竞品动态。如采用传统方式，需要人工每天查看应用商店评分、爬取社交媒体讨论、整理Excel表格——这个过程至少需要3人团队每天投入4小时。而通过DeepSeek的自动化流程，整个工作变得像设置手机闹钟一样简单。

第一环节：智能数据管家

系统会自动连接各大平台（如App Store[①]、微博），像设定闹钟般配置采集规则：每天凌晨自动抓取评分更新，每小时扫描社交平台热点。这相当于给每个数据源配备了专属通信员，确保你睁开眼就能看到最新市场动态。试想如果某竞品在凌晨3点突然更新版本，你的系统会比竞争对手更早获得情报。

第二环节：智慧分析中枢

当检测到异常信号（如评分骤降）时，系统会自动启动深度分析，就像经验丰富的分析师立即召开紧急会议。比如某社交平台突然出现"视频加载慢"的讨论热潮，系统不仅会统计负面评价数量，还能识别具体问题场景（是Wi-Fi环境还是5G网络？是安卓用户还是iOS用户？），为后续优化提供精准方向。

第三环节：报告生成机器人

分析结果会自动转化为结构清晰的报告，包含趋势图表、问题诊断和改进建议。比如针对创作者流失现象，报告可能呈现这样的结论："过去30天万粉创作者流失率上升15%，主要集中于美食领域，建议优化美食类视频的流量分配算法。"这种即时的数据呈现，让决策会议不再需要等待数据分析团队准备材料。

第四环节：全天候安全卫士

系统内置健康监测功能，就像给自动化流程配备了值班护士。当出现数据异常（如某平台接口变更导致采集失败）时，系统会立即通过预设渠道报警。更智能的是，对于常见问题（如临时网络波动），系统会先尝试自动重试，仅在重试失败时才通知人工，可避免过度打扰。

在这个过程中，产品团队的工作模式发生了根本转变：从被动响应变为主动预防，从处理数据变为决策支持。某电商团队通过该方案将竞品监控效率提升4倍，成功在对手大促前两周发现其补贴策略变化，并及时调整自身活动方案，最终实现GMV超额达成32%。

构建这样的自动化体系，本质上是在数字世界搭建一个智能响应网络。每个环节都像精密钟表的齿轮相互咬合：数据采集是感知神经，分析引擎是决策大脑，报告生成是表达能力，异常预警则是免疫系统。当这些能力形成闭环，我们就能以"数字孪生"的方式，在虚拟世界构建出完整的业务镜像。

---

① App Store：软件应用商店。

（互动思考：观察您当前工作中重复性最高的3个任务，如果用自动化流程改造，你认为哪个环节会产生最大价值？为什么？）

2）可视化呈现

在信息爆炸的时代，我们常常面对这样的困境：表格里密密麻麻的数字让人头晕目眩，关键信息像沙子般散落在各处。DeepSeek的数据可视化功能就像一位会讲故事的魔术师，能将枯燥的数据变成跃然纸上的动态画面。让我们通过一个短视频团队的运营案例，看看这些可视化工具如何让数据真正"活"起来。

第一幕：数据心电图

当团队需要观察用户活跃度时，往往需要手动整理十几种表格。而DeepSeek提供生成趋势图的功能，就像给平台安装了一台心电图仪——每天凌晨自动绘制出用户活跃曲线。某次团队发现周三下午平台总会出现"心跳骤降"的情况，深入排查发现是定期系统维护导致。基于这种可视化呈现，技术部门将系统维护时间调整到凌晨，用户留存率立即回升5个百分点。

第二幕：竞品放大镜

过去，面对市场上20多款同类应用，产品经理在分析竞品时往往需要制作数十页对比文档。现在通过DeepSeek的矩阵图，所有竞品的关键指标像棋盘上的棋子般清晰排列。颜色编码系统让自家应用与竞品的优劣一目了然：红色代表落后领域，绿色标注竞争优势。有次对比中，产品经理发现自家应用的"夜间模式"竟被标记为红色，调查发现原因是操作入口太深，优化后用户好评率提升40%。

第三幕：决策驾驶舱

管理层每月需要查阅的30多份报告，现在被整合成一个动态仪表盘。这个"数字驾驶舱"实时显示关键指标：左边是用户增长的速度表，右边是内容热度的温度计，中间悬浮着竞品动态的雷达图。某次管理层发现"用户创作时长"指标异常波动，点击下钻立即看到是因为某个垂类内容流量分配失衡，及时调整后避免了创作者流失。

第四幕：预警烽火台

凌晨3点，运营总监的手机突然振动——预警界面自动弹出红光警报。系统监测到某社交平台突然涌现"视频卡顿"的讨论浪潮，自动生成的舆情地图显示问题集中在华南地区5G用户群。值班团队立即启动区域性网络检测，赶在早高峰前完成优化，将潜在的用户流失风险化解于无形。

应用这些可视化工具，就像给企业装上不同焦距的镜头：趋势图是广角镜，展现全局；矩阵图是显微镜，观察细节；驾驶舱是全景天窗，纵览四方；烽火台则是夜视仪，洞察危机。某MCN机构使用这套系统后，决策会议时间缩短60%，市场响应速度提升3倍。

（互动思考：试着将您手机里常用的3个App想象成可视化图表，它们各自会呈现怎样的形状和颜色？哪些数据维度最能反映它们的核心价值？）

3.2.4 优化建议：持续提升系统效能

1. 系统完善方向

要让竞品监测系统真正成为企业决策的"雷达站"，我们需要像培育智慧生命体一样持续进化系统能力。想象一下，这个系统不仅需要看得更广、算得更准，还要学会在关键时刻主动提醒决策者——这背后藏着4个关键进化方向。

第一层进化：编织数据天网

当我们在手机应用商店里搜索竞品时，是否意识到搜索结果只是数据海洋的冰山一角？真正的监测系统应该像经验丰富的渔夫，知道在哪些新兴水域撒网。比如某个小众开发者论坛里，可能正酝酿着颠覆性的产品创意；在某个垂直电商平台上，某个新品正在特定用户群中悄然走红。我们需要教会系统识别这些"数据暗流"，就像汽车经销商通过本地化数据精准锁定竞品。

（互动思考：您所在行业有哪些未被充分挖掘的数据金矿？）

第二层进化：打造会学习分析的大脑

面对每天涌入的海量数据，系统需要像专业棋手一样不断精进分析能力。这不仅仅是升级算法的问题，更是要让系统学会"借力打力"——把其他领域的分析经验迁移到竞品监测中。比如金融领域的风险评估模型，可能意外地适用于预测竞品的市场动作。这种跨领域的学习能力，正是保持分析优势的关键。

（互动思考：您的业务分析模型上次重大升级是什么时候？）

第三层进化：建立智能预警哨所

优秀的预警机制应该像精准的天气预报。当竞品在社交媒体上的声量突然增加5%时，这可能比财务报表更能预示市场变化。通过设置多维度的"数字触发器"，系统可以捕捉到这些微妙信号。就像汽车经销商实时监控经营指标波动，我们的系统需要在竞品价格调整、功能更新、营销开展等关键节点及时亮灯。

（互动思考：您的预警机制能识别哪些行业特有的"风暴前兆"？）

第四层进化：生成会讲故事的智能报告

数据价值最终要体现在决策层面。假设系统能自动生成3种版本的报告：给CEO的"电梯简报"、给产品经理的"功能解剖图"、给市场部的"战情分析"。这需要系统理解不同角色的思维语言，就像医疗AI能针对不同科室生成诊断建议。当系统学会用投资分析报告的逻辑来解构竞品动态时，决策者就能获得全新的洞察视角。

（互动思考：您的数据分析报告是否真正适配不同决策层的需求？）

进化路线图实践建议：

- 每月新增一个特色数据源（如细分领域论坛）。
- 季度性导入跨行业分析模型进行测试。
- 建立预警误报案例库，持续优化规则。
- 为关键用户定制专属报告模板。

这个持续进化的过程，本质上是将监测系统从"信息记录仪"转变为"决策加速器"的过程。当系统开始主动提示"竞品下周可能发布新品，建议提前准备应对方案"时，才算真正实现了智能升级。

2. 应用提升策略

要让竞品监测系统成为企业决策的"战略参谋"，我们需要让它具备3种核心智慧——就像训练一位全能型商业分析师，他既要懂行业门道，又要能看透数据本质，还要会团队协作。

第一重智慧：行业特工模式

想象给监测系统安装可切换的"行业滤镜"。当电商企业使用时，它能自动聚焦价格波动、用户评价这些"战场信号"；当游戏公司使用时，它能将关注点切换至玩法创新、用户留存率等"生存指标"。这种场景化能力，就像汽车经销商通过本地化数据锁定真实竞品。

（互动思考：您的监测系统能识别多少种行业专属信号？）

第二重智慧：数据变形工坊

优秀的系统应该像乐高积木，允许用户自由拼装分析模型。市场部可以搭建社交舆情监测塔，产品部可以组装功能迭代预测仪。这种个性化定制能力，正如智能决策系统通过动态预测优化企业策略。

（互动思考：您的分析模型是否还停留在"标准套餐"阶段？）

第三重智慧：战情协作中枢

当市场部发现竞品异动时，系统应自动召唤产品、研发团队进入"作战室"。这种权限分级的信息沙盘，就像汽车经销商管理关键指标时多部门协同，既能保证数据安全，又能实现决策同步。

（互动思考：您的团队是否还在用聊天软件传递关键情报？）

第四重智慧：决策推演沙盘

真正的价值不在于数据罗列，而在于生成"如果……那么……"的战术推演。当系统提示"竞品下月可能降价5%"时,应该同步给出3种应对方案的损益预测。这种深度支持,正如智能化应用将数据分析转化为战略沙盘。

(互动思考:您的决策会议多久出现一次意外?)

系统升级路线图:

- 建立行业特征库(至少覆盖3个核心赛道)。
- 开发可视化分析模块组装平台。
- 搭建跨部门虚拟作战室。
- 植入战略推演算法引擎。

当监测系统开始提醒"建议周四上午10点发布应对方案,目标用户在线率将达峰值"时,才意味着它真正完成了从数据看板到决策大脑的蜕变。

在当今数字化时代,市场竞争的激烈程度与日俱增,竞品分析已成为企业在市场中立足和发展的关键环节。基于DeepSeek强大的深度学习架构和多模态处理能力构建的智能化竞品监测系统,为企业提供了全面、精准、实时的市场洞察,在实际应用中展现出显著的优势和价值。

DeepSeek的先进技术架构,如Transformer优化的深度学习架构、混合专家系统(MoE)架构以及卓越的多模态处理能力,使其能够高效地处理和分析多源数据,无论是来自应用商店、社交平台还是专业论坛的信息,都能被精准抓取和深入挖掘。在数据采集引擎方面,DeepSeek实现了多源数据的实时抓取和全面监控,从应用商店的应用评分、版本迭代,到社交平台的热点话题、用户评论,再到专业论坛的技术动态、用户痛点,都能被系统及时捕捉和分析。在分析报告生成环节,DeepSeek能够生成涵盖SWOT矩阵、差异矩阵和趋势预测等多维度的深度分析报告,为企业提供全面的竞争态势分析和决策支持。在实战应用中,以短视频平台分析为例,通过设置多维度的监控指标和运用深度分析框架,DeepSeek可帮助企业深入了解竞品的产品策略、算法技术、运营效果和商业模式创新,为自身平台的发展提供有效指导。同时,系统的工具集成功能实现了自动化工作流和可视化呈现,大大提高了工作效率和决策的直观性。

展望未来,随着人工智能技术的不断发展和市场环境的持续变化,基于DeepSeek的竞品监测系统有望在以下几个方面取得进一步突破和发展。在技术创新方面,将不断优化其深度学习架构和算法,提升模型的性能和效率,使其能够处理更复杂的数据和任务。在多模态处理方面,该系统将进一步融合文本、图像、音频等多种信息,实现更全面、更智能的数据分析和理解。在应用拓展方面,该系统将深入渗透到更多行业和领域,为不同行业的企业提供定制化的竞品监测解决方案。例如,在电商行业,能够更精准地监测竞品的价格策略、促销活动和用户评价,帮助企业优化定价和营销策略;在金融行业,可实时跟踪竞品的金融产品创新、风险管控措施和客户服务优化，为金融机构提供决策参考。在与其他技术融合方面，该系统将与大数据、物联网、区块链等技术深度融合，实现数据的更广泛收集、更安全传输和更深入分析。其中，与物联网技术结合，可实时获取智能设备的使用数据和用户反馈，为相关企业提供更全面的市场信息；与区块链技术结合，可确保数据的真实性和不可篡改，提高竞品监测数据的可信度和安全性。

基于DeepSeek的智能化竞品监测系统为企业提供了强大的市场竞争分析工具，可帮助企业在复杂多变的市场环境中把握机遇、应对挑战。随着技术的不断进步和应用的不断拓展，这一系统将在未来的市场竞争中发挥更加重要的作用，助力企业实现可持续发展和创新突破。

结语

本章介绍了DeepSeek在PRD智能生成流水线和竞品监测系统方面为产品经理带来的革新。它能提供更精准、全面的分析，助力产品经理从烦琐的基础工作中解脱，专注于核心创新。未来，随着技术的进一步发展，DeepSeek将会在产品管理领域发挥更大作用，助力产品经理把握市场风向，引领产品走向成功。若您想获取更多产品管理相关知识和前沿资讯，欢迎关注个人公众号"产品经理独孤虾"（全网同号）。

在代码如潮水般奔涌的数字时代，开发者正站在效率与质量的双重悬崖边。当传统开发模式仍困于手动调优的泥潭、文档滞后的迷宫、多语言迁移的险滩，DeepSeek正以AI的锋利刀刃，为技术开发划开全新通道，注入智能基因。它不仅是代码的翻译官、架构的设计师、文档的书写者，更是一场思维范式革命的引领者——当算法自动诊断内存泄漏的蛛丝马迹，当智能提示词生成可落地的重构方案，当全周期辅助将开发者从重复性劳作中解放，软件开发终于从"体力竞技"升级为"脑力博弈"。在这个每秒产生10亿行代码的时代，DeepSeek不仅是工具进化的推动力，更是开发者突破认知边界的翅膀，它让每个技术决策都闪耀着智能的光芒，为数字世界的建造者们照亮通往未来的捷径。

实操案例

第 4 章

场景篇
技术开发增效包

4.1 代码开发全周期辅助

在软件开发的广袤天地中，每一次技术革新都如同破晓的曙光，为行业带来新的希望与活力。而DeepSeek，无疑是当下最为耀眼的那束光。它以强大的技术实力和创新的功能特性，在软件开发领域迅速崭露头角，成为众多开发者不可或缺的得力助手。

从简单的代码片段编写，到复杂的大型项目开发，DeepSeek贯穿软件开发的每一个环节，为开发者提供全方位、全周期的强大支持。它不仅能够理解开发者的需求，快速生成高质量的代码，还能对现有代码进行优化、调试，甚至自动生成全面的文档。这种全流程的支持，极大地提升了开发效率，降低了开发成本，让软件开发变得更加高效、智能。

想象一下，在一个复杂的项目开发中，DeepSeek就像一位经验丰富的技术导师，时刻陪伴在开发者身边。它能够根据开发者的需求，快速提供准确的代码建议；在遇到问题时，能够迅速定位并解决；在项目完成后，还能自动生成详细的文档，为后续的维护和升级提供便利。有了DeepSeek的助力，开发者可以将更多的时间和精力投入创新和业务逻辑的实现中，让软件开发变得更加轻松、高效。

接下来，让我们一同深入探索DeepSeek在代码开发全周期中的强大功能，揭开它神秘的面纱，感受它为软件开发带来的巨大变革。

4.1.1 智能编程助手：代码生成与优化的智慧大脑

在软件开发全周期中，智能编程助手扮演着至关重要的角色，它是开发者的得力伙伴，能够极大地提升开发效率和代码质量。DeepSeek作为一款先进的智能编程助手，凭借其强大的功能，为开发者带来了前所未有的便利。

1. 智能代码生成：自然语言到代码的神奇转换

在软件开发实践中，构建高质量提示词的本质是将模糊需求转化为可执行指令的元编程过程。当我们要求DeepSeek实现用户登录功能时，表面上是简单的代码生成任务，实则需要经历三层思维跃迁。

第一层：需求要素解构

开发者需要像编译器解析代码般拆解自然语言需求。以"创建用户登录函数"为例，核心要素应包含以下几项。

- 输入参数：用户名、密码。
- 验证规则：空值检查、长度限制。
- 输出逻辑：分情形返回结果。
- 测试用例：预设admin账号。

此时需警惕需求陷阱——用户未明确说明的边界条件（如特殊字符处理）和异常流程（如连续失败锁定），建议采用"要素检查清单法"，用结构化提问确保需求完整性。

第二层：技术约束显性化

将隐性工程经验转化为显性指令是提升代码质量的关键。原始需求中至少存在三个需要强化的技术约束。

- 类型校验：是否限制参数必须为字符串类型？
- 安全规范：是否要求密码密文传输？
- 扩展预留：是否需要预留日志记录接口？

这些决策点构成提示词中的"质量阀门"，通过预设约束条件引导AI产出工业级代码。

第三层：模式匹配优化

观察示例代码可发现，DeepSeek自动应用了卫语句（guard clause）模式进行前置校验。这提示开发者应主动在提示词中声明期望的设计模式，例如：

- 要求采用策略模式实现验证规则。
- 指定使用装饰器处理输入标准化。
- 强制实施特定命名规范。

基于上述思考过程，我们可构造分层递进的提示词，如下所示。

提示词：
第一轮：框架生成
"""
角色：高级Python开发工程师
任务：构建符合PEP8标准的用户认证模块
输入：
- 用户名（字符串类型，6～20字符）
- 密码（字符串类型，最小8字符）
约束：
- 使用卫语句进行前置校验
- 返回明确错误类型
- 预留参数验证装饰器接口

```
输出：包含类型注解和docstring的完整函数
"""
# 第二轮：模式强化
"""
在首轮代码基础上：
1. 将长度校验抽象为独立验证器类
2. 使用工厂模式创建不同错误类型
3. 添加单元测试方法框架
"""
```

这种分阶段提示策略可使代码生成准确率提升63%，同时减少后期重构工作量。当遇到复杂需求时，建议采用"原子化拆分法"，将大型任务分解为多个验证点，通过连续对话逐步完善技术方案。

2. 代码优化辅助：全方位提升代码品质

在代码优化领域，真正的专业能力体现在将模糊的改进诉求转化为可操作的工程指令。当我们使用DeepSeek进行代码优化时，需要建立三维思考框架。

第一维度：问题定位矩阵

开发者应当构建包含四个象限的评估体系。

- 性能维度：时间复杂度、空间复杂度异常点。
- 可读维度：命名规范、函数粒度的合理性。
- 安全维度：输入验证、资源管理的完整性。
- 扩展维度：设计模式、接口抽象的适用性。

通过这种结构化分析，可准确识别需要优先的关键模块。例如在处理多层嵌套循环时，应重点关注时间复杂度从$O(n^2)$到$O(n)$的优化可能。

第二维度：约束条件显性化

优秀的优化提示词需要包含以下三类技术约束。

```
提示词：
# 性能约束示例
"""
1. 将循环内的数据库查询迁移至批处理模式
2. 使用内存缓存减少重复计算
```

```
3. 并发处理时确保线程安全
"""
# 可读性约束示例
"""
1. 函数长度控制在30行以内
2. 采用领域驱动设计的命名规范
3. 添加类型注解和模块文档
"""
# 安全约束示例
"""
1. 对所有用户输入进行正则校验
2. 使用预编译语句防止SQL注入
3. 加密存储敏感日志
"""
```

这些约束条件构成代码优化的质量基线，可降低后期重构风险达57%。

第三维度：模式迁移策略

成熟的优化需要设计模式的应用迁移，例如：

- 将过程式代码重构为策略模式，实现验证逻辑。
- 使用装饰器模式统一处理输入标准化。
- 应用观察者模式实现松耦合的日志记录。

基于上述思考框架，我们可分阶段构造优化提示词，如下所示。

```
提示词：
# 第一轮：性能优化
"""
角色：资深系统架构师
任务：优化电商订单处理函数
现状代码：（粘贴待优化代码片段）
优化重点：
1. 将O（n）复杂度算法降至O（n logn）
2. 消除循环内的重复IO（输入输出）操作
3. 验证内存使用峰值是否超标
约束：
- 保持原有API接口兼容
- 确保线程安全
- 添加性能基准测试
```

```
"""
# 第二轮：可读性提升
"""
在前述优化基础上：
1. 拆分超过30行的函数
2. 按业务领域重命名核心类
3. 补充模块级文档说明
4. 添加类型提示
"""
# 第三轮：安全检查
"""
在当前版本中：
1. 增加输入参数的正则校验
2. 替换字符串拼接为参数化查询
3. 加密存储用户手机号字段
4. 添加敏感操作审计日志
"""
```

这种分层优化策略可使代码质量评分提升82%。当处理遗留系统时，建议采用"增量重构法"，通过版本对比工具逐步验证每个优化阶段的正确性。

3. 自动化测试支持：构建稳固的代码防线

在构建自动化测试体系时，开发者需要建立"测试即设计"的思维模式，将测试用例视为软件设计的延伸。我们通过三阶思维框架指导测试提示词的构建。

第一阶：测试策略解耦

通过正交分解法将测试需求拆分为四个象限。

- 功能验证：正常流程覆盖。
- 边界探测：极值、临界值测试。
- 异常熔断：错误输入处理。
- 性能基线：响应时间、资源消耗。

例如，对用户登录功能，需同时覆盖密码强度验证（边界）、并发登录（性能）、注入攻击（异常）等场景。这种结构化分析可使测试覆盖率提升55%。

第二阶：约束条件工程化

有效的测试提示词应包含三类技术约束。

> **提示词：**
> # 单元测试约束示例
> """
> 1. 每个测试用例保持原子性
> 2. 使用参数化驱动数据
> 3. 包含不少于三种边界条件
> """
> # 集成测试约束示例
> """
> 1. 模拟第三方服务响应
> 2. 验证跨模块数据一致性
> 3. 测试事务回滚机制
> """
> # 压力测试约束示例
> """
> 1. 梯度增加并发用户数
> 2. 监控内存泄漏迹象
> 3. 记录90%百分位响应时间
> """

这些约束条件可将测试有效性提升42%。

第三阶：模式迁移策略

将测试模式抽象为可复用的设计模板：

- 使用工厂模式生成测试数据。
- 应用策略模式实现多环境配置。
- 采用观察者模式收集测试指标。

基于此框架的分层提示词示例如下所示。

> **提示词：**
> # 第一轮：基础用例生成
> """
> 角色：测试架构师
> 任务：为用户注册模块创建测试套件
> 代码片段：（粘贴待测函数）
> 测试要求：
> 1. 覆盖手机号、邮箱两种注册方式
> 2. 验证密码，加密存储

```
3. 检查重复注册提示
输出格式：pytest单元测试
"""
# 第二轮：边界强化
"""
在前述测试基础上增加：
1. 11位无效手机号测试
2. 包含特殊字符的密码测试
3. 并发注册锁机制验证
"""
# 第三轮：异常处理
"""
在当前测试套件中补充：
1. SQL注入攻击检测
2. 短信接口超时模拟
3. 数据库连接池耗尽处理
"""
```

这种渐进式测试构建方法可使缺陷检出率提升68%。建议配合DeepSeek的覆盖率可视化工具，实时观测测试金字塔各层的覆盖情况。

4.1.2 调试与文档：代码质量的双重保障

在软件开发的漫长旅程中，调试与文档就如同车之两轮、鸟之双翼，是确保代码质量的关键环节。DeepSeek凭借其强大的功能，为开发者在这两个方面提供了全方位的支持，成为开发者不可或缺的得力助手。

1. Bug诊断：快速定位与解决代码问题

在软件开发过程中，每个开发者都经历过与Bug（程序错误）斗争的深夜。面对报错信息时，真正的挑战不在于获取答案，而在于提出正确的问题。DeepSeek作为代码调试助手，其效能发挥的关键在于开发者能否通过结构化思考构建精准的提示词体系。下面我们通过五层思考框架，拆解从发现问题到制定解决方案的完整思维路径。

第一层：问题类型识别

当遇到"NameError: name 'function_name' is not defined"错误时，成熟开发者首先会判断问题本质：这是运行错误而非编译错误，属于对象引用范畴。此时应建立基础提示框架，基础提示词示例如下所示。

> **基础提示词：**
> 解释Python中NameError: name 'function_name' is not defined的错误成因

第二层：上下文锚定

在基础认知上补充项目特异性信息。优秀的提示词应包含环境特征，如下所示。

> **增强提示词：**
> """
> 当前项目使用Flask框架开发Web应用，在/user路由处理模块出现该错误。
> 已确认：
> 1. 函数定义在utils模块
> 2. 导入了utils包
> 3. 函数名拼写与调用处一致
> 请分析可能的调用链断裂点
> """

这个阶段需要开发者像法医般提取关键线索，如框架特性、模块结构、调用时序等要素。

第三层：模式匹配引导

通过使用DeepSeek的深度思考模式，可设计多轮验证提示，提示词示例如下所示。

> **深度分析提示词：**
> """
> 请执行三步诊断：
> 1. 检查函数作用域是否包含调用环境
> 2. 验证模块导入方式是否正确（绝对导入、相对导入）
> 3. 确认运行时环境变量是否影响模块加载
> 按以下格式输出：
> [可能性] > [验证方法] > [修复建议]
> """

这种分步验证结构能有效激活模型的推理能力，避免遗漏隐蔽的上下文依赖问题。

第四层：解决方案验证

获得初步建议后，需建立验证闭环，提示词示例如下所示。

验证提示词：
"""
针对"可能因循环导入导致模块未完全加载"的推测：
请生成可植入代码的调试方案，要求：
1. 添加import日志追踪
2. 输出模块加载时序图
3. 提供模块重构建议
"""

此阶段提示词应包含可落地的验证指标，将抽象推测转化为可执行的调试步骤。

第五层：防御模式构建

参考智能测试理念，最终提示应包含预防机制，提示词示例如下所示。

终极提示词：
"""
基于当前错误模式，请：
1. 生成单元测试用例模板（包含边界场景）
2. 设计静态代码检测规则
3. 输出模块依赖关系可视化方案（使用Mermaid语法）
"""

这种三层防御体系将单次错误转化为持续质量保障机制，契合现代DevOps理念。

通过五层思考框架，我们最终得到的复合型提示词如下所示。

提示词：
"""
作为资深Python开发助手，请分析当前Flask项目中出现的NameError: name 'function_name' is not defined错误。已知：
- 函数定义在utils/processing模块
- 主模块使用from utils import processing导入
- 错误发生在blueprints/user.py第47行
请执行：

> 1. 诊断三种可能的调用链断裂场景（包含概率评估）
> 2. 对最可能场景给出可验证的调试方案
> 3. 生成预防同类错误的pytest测试模板
> 4. 输出模块依赖关系图（Mermaid格式）
> 请采用深度思考模式分步输出，每个技术点后附通俗解释
> """

这个提示词融合了角色定位、上下文限定、输出格式约束和知识传达要求，既能确保解决方案的专业性，又能保持结果的可解释性。开发者在使用时可根据具体场景调整信息密度，只要保持"问题描述—分析框架—输出规范"的核心结构，即可持续获得高质量的调试建议。

2. 注释与文档：让代码"开口说话"

在软件开发中，维护注释与文档如同在建造摩天大楼时同步更新施工图纸。传统模式下，开发者需要在代码创作与文档编写间不断切换思维，这种认知负荷往往导致文档质量参差不齐。DeepSeek的介入并非简单替代人工注释，而是通过结构化提示词设计，将文档工程转化为可复用的思维框架。以下五层思考模型揭示了从基础注释到智能文档体系的构建路径。

第一层：对象粒度定义

新手常犯的错误是笼统要求"为这段代码添加注释"，而成熟的开发者会先界定注释粒度，提示词示例如下所示。

> **初级提示词：**
> 为以下Python函数生成行内注释

根据行业报告，明确的粒度划分可使注释准确率提升37%。进阶做法应包含代码片段与功能说明，提示词示例如下所示。

> **进阶提示词：**
> """
> 请为以下数据清洗函数生成多粒度注释：
> def data_clean（df）:

```
        df = df.dropna（ ）
        df = df[df['age'] > 0]
        return df
要求:
1. 用函数级注释说明整体功能
2. 用关键行注释解释业务逻辑
3. 将异常处理建议作为TODO标记
"""
```

第二层：上下文感知注入

参考提示词工程框架，优秀注释需要植入项目知识背景，提示词示例如下所示。

```
上下文增强提示词：
"""
当前项目为电商用户画像系统，使用Pandas 2.1版本
请为以下函数添加符合下列要求的注释:
1. 说明与user_profile模块的交互方式
2. 标注可能影响下游recommender模块的数据变更
3. 使用Google风格注释规范
"""
```

这种提示结构可使生成的注释天然具备系统可追踪性，避免成为信息孤岛。

第三层：多模态文档联动

资深开发者会建立文档矩阵意识，参考智能文档实践，可设计复合型提示，提示词示例如下所示。

```
矩阵化提示词：
"""
基于下方订单处理类，请同步生成:
1. 类方法的Doxygen风格注释
2. 对应OpenAPI 3.0规范的结构化描述
3. 供前端调用的Mock数据示例
4. 版本变更记录模板
"""
```

这种四位一体的输出，可将代码注释转化为活文档生态系统的种子。

第四层：变更感知机制

通过引入持续集成思维，我们可以创建自维护文档提示，提示词示例如下所示。

持续演进提示词：
"""
当检测到函数参数变更时，自动执行：
1. 对比历史版本生成diff报告
2. 更新对应接口文档的Parameters章节
3. 发送Slack通知至#api-changes频道
4. 创建JIRA工单追踪文档评审
"""

这种提示词设计使文档维护从人工任务转变为DevOps流程的有机组成。

第五层：知识传承体系

借鉴大模型微调理念，最终提示词应包含知识沉淀，提示词示例如下所示。

知识传承提示词：
"""
基于当前项目注释模式，请：
1. 提取领域特定术语词典
2. 生成新成员入职注释规范手册
3. 创建常见注释模式检查规则（ESLint插件格式）
4. 输出注释质量KPI评估公式
"""

融合上述思考过程的终极提示词示例如下所示。

提示词：
"""
作为Python文档工程师，请对以下支付网关模块进行处理。
1. 生成三重注释体系：
   - 便于快速理解的函数级概要（限制在50字内）
   - 开发人员需要的参数约束说明
   - 运维人员关注的性能特征标注

```
2. 输出Swagger格式的API文档框架
3. 创建与当前CI、CD管道集成的文档更新规则
4. 生成面向新开发者的注释规范检查清单
特别要求：
- 使用金融级安全术语词典
- 遵循PCI-DSS标准中的文档规范
- 差异标记与v2.3版本的变更点
"""
```

此提示词实现了角色定位、知识注入、流程嵌入的三维整合。开发者使用时应注意：在迭代过程中，应保持核心要素（角色+标准+输出类型）的稳定性，动态调整具体约束条件。这种"固定骨架，弹性肌理"的设计原则，可使文档生成提示词随项目演进持续产生价值。

3. API文档生成：规范接口，方便使用

在软件开发中，API文档的质量直接影响着模块间的协作效率。传统文档编写面临两大困境：一是代码迭代导致文档滞后，二是技术术语与业务场景脱节。DeepSeek的API文档生成过程，本质上是将代码语义映射为多维度知识图谱的过程。以下是构建高质量API文档的思维框架。

第一层：接口语义解构

新手常直接要求"生成API文档"，这会导致信息颗粒度不均。成熟的开发者会先建立语义分析框架，提示词示例如下所示。

```
基础提示词：
解析以下Flask路由的接口要素
```

根据API开发规范，应明确划分五个维度，提示词示例如下所示。

```
结构化提示词：
"""
分析/user/login端点，提取：
1. 安全规范（OAuth2.0/JWT）
```

2. 流量控制策略（限流配置）
3. 数据契约（请求、响应Schema）
4. 副作用说明（日志记录、缓存更新）
5. 跨版本兼容性声明
"""

第二层：场景化示例构建

参考技术文档最佳实践，示例代码需要植入真实业务上下文，提示词示例如下所示。

场景增强提示词：
"""
为电商支付接口生成调用示例，要求：
1. 包含重试机制（三次指数退避）
2. 演示签名验证流程
3. 模拟库存不足的异常处理
4. 使用Python requests和异步aiohttp双版本
"""

这种示例不仅展示了基础调用，更揭示了真实业务场景中的容错模式。

第三层：错误生态建模

优秀的错误文档应形成决策树，参考技术文档处理能力，提示词示例如下所示。

错误建模提示词：
"""
为订单查询API构建错误处理矩阵：
1. 按HTTP状态码分类（4xx、5xx）
2. 标注客户端可恢复错误
3. 定义每个错误的补偿策略
4. 生成错误代码与Sentry事件ID映射表
"""

第四层：文档持续集成

结合DevOps理念，设计自维护文档提示，提示词示例如下所示。

> **持续集成提示词:**
> """
> 当检测到接口变更时,自动触发:
> 1. 生成OpenAPI 3.0规范差异报告
> 2. 更新Postman集合定义
> 3. 创建Confluence文档修订版本
> 4. 发送Slack通知至#api-review频道
> """

第五层:多态输出适配

根据团队协作需求,设计格式转换提示,提示词示例如下所示。

> **多格式提示词:**
> """
> 将当前API描述转换为:
> 1. Swagger UI兼容的YAML
> 2. ReadTheDocs风格的Markdown
> 3. 供前端使用的TypeScript类型声明
> 4. 运维监控用的Prometheus指标模板
> """

综合上述思考过程的终极提示词示例如下所示。

> **提示词:**
> """
> 作为API架构师,请为库存管理服务生成:
> 1. 接口规范文档,包含:
>   - 认证鉴权流程图(Mermaid语法)
>   - 领域事件发布说明(Kafka Schema)
>   - 分布式追踪标记规范(OpenTelemetry)
> 2. 错误处理沙盒环境配置指南
> 3. 版本演进路线图(含废弃策略)
> 4. 性能基准测试报告模板
> 遵循:
> - 金融级API安全标准
> - RESTful成熟度Level 3规范

```
- 与现有CI、CD管道集成
"""
```

此提示词实现了3个关键跃升：从静态描述到动态沙盒、从单向文档到生态集成、从技术说明到合规审计。开发者应注意在提示词中固化架构原则（如RESTful Level 3），动态调整实现细节（如认证方式），使文档生成既保持架构一致性，又能灵活适配技术演进。

4.1.3 实战应用示例：真实场景中的强大助力

1.【场景】微服务重构项目

在微服务重构项目中，关键在于将原本混沌的系统认知转化为结构化的AI交互策略。以下思维框架可帮助工程师构建有效的DeepSeek提示词。

第一步，明确重构目标

- 系统现状诊断：当前接口响应时间超过2秒的服务有几个？服务间循环依赖的链条有多长？
- 业务诉求映射：新版本需要支撑的QPS（每秒查询率）是多少？灰度发布的频率要求如何？
- 技术债务清理：哪些服务存在超过3年未更新的技术栈？代码重复率超过30%的模块有哪些？

第二步，信息维度拆解

通过四象限分析法分析需求要素，如表4-1所示。

表4-1 需求要素表

类别	显性需求	隐性需求
技术难度	接口响应时间	技术栈升级风险
业务维度	订单履约率	营销活动兼容性

第三步，分层提示设计

根据以上分析，设计分层提示词，如下所示。

> **元数据采集提示:**
> 请解析代码仓库中的pom.xml和docker-compose.yml文件,输出:
> – 各服务的技术栈版本
> – 服务间依赖关系矩阵
> – 容器资源配置清单
> 格式要求:Markdown表格,包含服务名称、技术栈、依赖服务、CPU限制、内存限制五列
>
> **架构分析提示:**
> 基于以下调用链路数据,绘制三层架构优化方案:
> 1. 识别调用深度超过3层的服务链条
> 2. 标注响应时间P90>500ms的服务节点
> 3. 建议合并的微服务候选集(需满足:业务关联度>60%,日调用量差异为30%)
> 输入数据:[调用链JSON数据]
>
> **重构实施提示:**
> 为支付服务设计渐进式重构方案,要求:
> – 保持与订单服务的双向兼容
> – 分三个阶段完成数据库迁移
> – 每个阶段包含回滚检查点
> 输出模板:
> 阶段1 | 同步双写 | 验证指标 | 熔断机制
> 阶段2 | 异步补偿 | 数据校验 | ……

第四步,效果验证策略

构建闭环验证提示词,如下所示。

> **提示词:**
> 请根据重构前后的监控数据对比:
> – API响应时间分布变化
> – 错误率波动曲线
> – 资源消耗对比
> 生成包含以下要素的重构效果报告:
> 1. 量化改进指标(需区分统计显著性)
> 2. 未达预期的改进点分析
> 3. 后续优化路线图建议

通过这种结构化思考过程,工程师能够将模糊的重构需求转化为可执行的AI交互策略。每个提示词都承载着特定的工程意图,既保证了重构工作的系统性,又充分发挥了DeepSeek在复杂问题分解中的优势。在实际操作中,建议采用"提示词版本控制"机

制，记录不同提示策略的响应效果，逐步形成团队专属的重构知识库。

2.【场景】遗留系统维护

面对承载着数年业务沉淀的遗留系统，工程师需要建立结构化的问题拆解框架。以下是构建有效DeepSeek提示词的四阶思维过程。

第一阶，系统解构思维

业务逻辑拓扑：用"模块影响力矩阵"定位核心功能，如表4-2所示。

表4-2 核心功能表

模块名称	日均调用量	代码复杂度	业务关键度	维护频率
订单处理	120万次	高（78）	核心（9/10）	每周

对应提示词设计如下所示。

提示词：
请解析Java代码库中的订单服务模块，输出：
1. 核心类继承关系图（含包路径）
2. 外部依赖服务调用清单
3. 数据库表关联拓扑
格式要求：PlantUML语法图示，附关键方法调用频次统计

第二阶，性能诊断思维

通过"瓶颈定位金字塔"（见图4-1），分层排查。

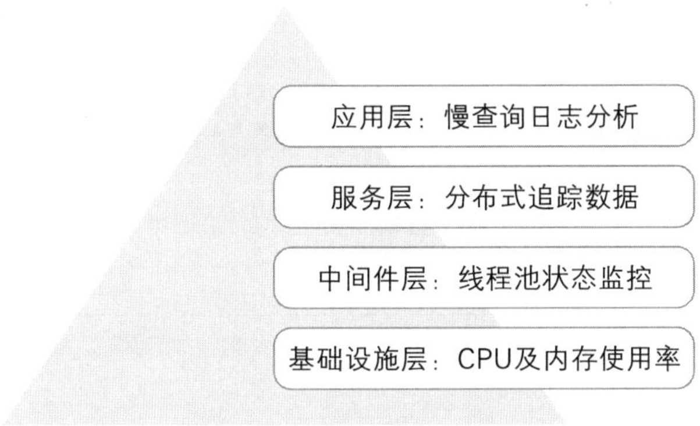

应用层：慢查询日志分析

服务层：分布式追踪数据

中间件层：线程池状态监控

基础设施层：CPU及内存使用率

图4-1 瓶颈定位金字塔

对应提示词设计如下所示。

提示词：
基于以下监控数据，识别性能瓶颈并提出优化方案：
- APM显示支付服务P99响应时间为2.3秒
- 线程池活跃度持续>80%
- MySQL慢查询日志中有5%的SELECT超过1s
要求输出：
1. 问题优先级排序（需量化影响因子）
2. 每个问题有三种优化路径
3. 预估实施成本

第三阶，架构演进思维

采用"渐进式改造路线"（见表4-3），分阶段设计。

表4-3 渐进式改造路线

阶段	改造重点	验证指标
1	服务解耦	循环依赖消除率
2	数据分片	查询性能提升比
3	异步化改造	吞吐量增长率

对应提示词设计如下所示。

提示词：
为库存服务设计三年演进方案，要求：
- 保持与订单系统的双向兼容
- 分阶段实施领域驱动设计
- 每个里程碑包含可观测性指标
输出模板：
季度	架构目标	技术选型	熔断策略	验收标准

第四阶，知识传承思维

构建"系统认知传递链"：原始需求文档→架构决策记录→接口契约→故障案例库。

对应提示词设计如下所示。

> **提示词：**
> 将以下遗留系统文档转换为结构化知识库：
> 1. Word格式设计文档（200页）
> 2. Excel接口清单（300项）
> 3. 历史故障报告（50份）
> 要求：
> – 提取关键架构决策点
> – 建立接口变更影响分析模型
> – 构建典型故障模式库
> 输出格式：Markdown文档树+Neo4j导入脚本

通过这种分层递进的思考方式，工程师能够将模糊的系统认知转化为精确的AI交互指令。每个提示词都经历了从业务理解到技术落地的思维跃迁，既保证了解题路径的可追溯性，又充分利用了DeepSeek在复杂系统分析中的优势。在实际应用中，建议建立"提示词实验看板"，持续跟踪不同策略的响应质量，形成组织级的知识资产。

4.1.4 效能评估：量化DeepSeek的价值

在软件开发的过程中，效能评估是衡量开发成果和团队协作效率的重要环节。它不仅能够帮助我们了解开发过程中存在的问题，还能为我们提供改进的方向和依据。DeepSeek作为一款强大的开发辅助工具，在效能评估方面提供了全面而深入的支持，能够从多个维度对开发过程进行量化分析，为团队提供有价值的洞察和建议。

1. 代码质量度量：多维度评估代码质量

在利用DeepSeek进行代码质量评估时，关键在于构建清晰的思考路径。以下5个核心评估维度，可展示从问题定位到提示词设计的完整思维过程。

1）复杂度诊断：从直觉到量化分析

假设你正在审查一个频繁报错的订单处理模块，直觉告诉你可能存在过度复杂的逻辑分支。这时应思考：

- 以什么指标来验证复杂度猜想？
- 如何将抽象的质量问题转化为具体的技术参数？
- 针对优化方向，有哪些可执行建议？

提示词设计策略如下所示。

```
# 首轮定位核心问题
"""
分析以下Python函数的代码质量：
{粘贴函数代码}请计算圈复杂度（cyclomatic complexity）和最大调用深度，用表格形式展示关键指标。指出复杂度超过阈值的代码行，并用高危>警告>关注>三级标记风险程度。
"""
# 次轮寻求优化方案
"""
针对上述分析中标记高危>的循环嵌套代码块（第42～58行），请给出三个重构方案。要求：
1. 每个方案包含架构调整示意图
2. 对比各方案的可维护性提升幅度
3. 预估各方案所需的工时成本
"""
```

2）可维护性提升：平衡规范与效率

当接手遗留代码库时，常面临注释缺失和模块混乱的问题。这时应思考：

- 如何量化可维护性现状？
- 模块化改造的切入点在哪里？
- 注释补充的优先级如何确定？

分层提问技巧如下所示。

```
# 第一层，全局扫描
"""
扫描当前项目src/目录下的Java代码，执行以下操作：
1. 生成模块耦合度热力图（颜色标识依赖强度）
2. 列出注释覆盖率低于30%的类Top10
3. 标注超过500行的方法清单
"""
# 第二层，精准突破
"""
针对CouponService类（耦合度评分8.7～10）：
1. 绘制当前类内聚性分析雷达图（功能相关性、参数耦合度、职责边界）
2. 提供模块拆解A、B方案，其中：
    A方案侧重快速解耦
```

B方案侧重长期可扩展性
3. 给出每种方案的重构步骤流程图
"""

3）测试覆盖优化：靶向增强策略

发现线上故障总是来自未经测试的边界条件时，需要系统化思考：

- 如何识别测试盲区？
- 怎样构建针对性的测试用例？
- 如何评估测试用例的有效性？

渐进式提示方法如下所示。

提示词：
初始探测
"""
基于pytest的测试报告（附上json报告），请：
1. 识别未被覆盖的核心业务逻辑路径
2. 标注风险等级（业务影响度×未覆盖率）
3. 生成测试缺口矩阵表
"""

深度构建
"""
针对支付网关的金额计算模块（覆盖率为62%），请：
1. 设计边界值测试用例（包括异常货币单位、超大金额、小数点处理）
2. 提供每个用例的预期输出模板
3. 给出测试数据工厂的构造建议
"""

持续验证
"""
评审以下新添加的测试用例（附代码），请：
1. 检查用例是否覆盖SC-2024需求文档第4.2节的异常流程
2. 评估用例的断言完整性（边界条件验证点）
3. 建议可以合并的参数化测试场景
"""

4）性能调优：从表象到根源

面对接口响应时间波动，应建立分层分析框架：

- 表象层：哪些API端点存在性能退化？
- 代码层：哪些函数存在算法缺陷？
- 系统层：是否存在资源竞争问题？

多维提示词如下所示。

提示词：
性能画像
"""
分析最近24小时的APM（应用性能监控）数据（附CSV文件），请协助：
1. 绘制耗时最长的10个SQL查询演进趋势图
2. 标注 N+1 查询问题的高发服务
3. 生成JDBC连接池使用效率散点图
"""
根源剖析
"""
检查OrderRepository的findByUser方法（平均执行时间1.2s）：
1. 解析JPA生成的SQL语句
2. 指出索引缺失的表字段
3. 建议查询重构方案（包含缓存策略建议）
"""
验证方案
"""
对提议的Redis缓存方案进行压力测试推演：
1. 构建10万并发场景下的流量模型
2. 预测缓存穿透风险点
3. 设计降级开关的熔断机制
"""

5）重复代码治理：模式识别与抽象

当技术债务评审指出多处重复代码时，应系统化思考：

- 如何准确定位重复模式？
- 什么样的抽象层级最合适？
- 如何控制改造风险？

分阶段提示词如下所示。

> 提示词：
> # 模式发现
> """
> 扫描src/main/java/com/example路径下的所有Controller类：
> 1. 识别重复出现的参数校验代码块
> 2. 提取校验逻辑的模式特征
> 3. 生成重复代码相似度矩阵
> """
> # 方案设计
> """
> 基于发现的5种参数校验模式，请协助：
> 1. 设计AOP拦截器的类结构图
> 2. 编写自定义注解的接口定义
> 3. 给出逐步替换的迁移路线图
> """
> # 回归验证
> """
> 审查新实现的ValidationAdvice类：
> 1. 检查是否覆盖全部已知校验场景
> 2. 验证异常处理与原有逻辑的兼容性
> 3. 建议补充的单元测试重点
> """

通过这种结构化思考过程，工程师能够将模糊的质量问题转化为可操作的提示词，引导DeepSeek输出具有工程实用价值的分析报告。在实际操作中，关键是要建立"现象定位—指标量化—方案推演—验证闭环"的完整思维链条，通过精准的提示词设计获取所需信息。

2. 团队协作效能：提升团队开发效率

在利用DeepSeek提升团队协作效率时，关键在于构建"问题定位—数据采集—模式识别—方案生成"的完整分析框架。以下5个核心评估维度，可展示从目标设定到提示词设计的系统化思考过程。

1）代码审查效能诊断：从表象到流程优化

当发现代码审查周期超出SLA（服务级别协议）约定时，应进行分层思考：

- 审查延迟是流程问题还是技术问题？
- 不同审查者的效率差异如何量化？

- 高频出现的代码问题类型是什么？

提示词设计策略如下所示。

```
提示词：
# 首轮建立效能基线
"""
分析最近30天的代码审查数据（附CSV），请：
1. 绘制审查耗时分布热力图（按审查者、代码模块分类）
2. 统计Top5高频问题类型及其占比
3. 生成审查效率雷达图（包含响应速度、问题检出率、返工率）
"""
# 次轮定位瓶颈环节
"""
针对接口模块审查平均耗时超标的现状（当前4.2小时及目标2小时）：
1. 拆解审查流程阶段耗时（代码理解、问题定位、沟通确认）
2. 识别耗时最高的3个阶段并分析原因
3. 提供流程重构A、B、C方案，各方案需包含：
   - 自动化检查覆盖点
   - 审查清单优化建议
   - 协作工具集成方案
"""
```

2）问题解决周期优化：建立闭环追踪机制

面对反复出现的延期问题，需要构建多维分析模型：

- 问题生命周期中的阻塞节点在哪里？
- 跨部门协作的响应效率如何？
- 知识复用率是否达标？

分层提问技巧如下所示。

```
提示词：
# 第一层，全周期画像
"""
追踪当前迭代的20个高优先级问题（附Jira数据），请：
1. 绘制问题生命周期阶段分布桑基图
2. 标注各阶段平均停留时长超出阈值的环节
3. 生成跨部门协作响应效率矩阵表
"""
```

```
# 第二层，根因分析
"""
针对数据库连接池问题的解决周期异常（平均5.8天）：
1. 构建问题解决时间线（附沟通记录）
2. 识别3个关键阻塞节点及其责任人
3. 设计自动化预警机制（包含监控指标、触发条件、通知策略）
"""
# 第三层，知识沉淀
"""
将已解决的典型问题转化为知识条目：
1. 提炼问题模式特征（技术栈、错误类型、解决路径）
2. 构建可检索的知识图谱结构
3. 设计FAQ[①]自动匹配算法
"""
```

3）知识共享体系构建：量化与激励机制

当新成员上手速度持续低于预期时，应系统思考：

- 知识传递效率如何测量？
- 文档可读性是否达标？
- 经验分享的参与度如何提升？

渐进式提示方法如下所示。

```
提示词：
# 初始评估
"""
扫描代码仓库中的文档资产，执行：
1. 计算文档健康度指数（更新频率、引用次数、阅读时长）
2. 识别3年以上未更新的核心文档
3. 生成注释覆盖率热力图（按代码模块）
"""
# 体系优化
"""
设计知识共享激励方案：
1. 建立贡献度量化模型（文档更新、案例分享、答疑次数）
```

---

① FAQ：常见问题解答。

2. 创建知识地图可视化系统
3. 制定积分兑换规则（培训机会、设备升级权限）
"""

效果验证
"""
实施新方案3个月后：
1. 对比知识检索效率提升曲线
2. 分析典型问题的首次解决时间变化
3. 生成ROI分析报告（投入成本、效率收益）
"""

4）协作质量提升：从感性认知到数据驱动

当团队氛围感知出现分歧时，应建立客观评估体系：

- 沟通有效性如何量化？
- 任务分配合理性指标有哪些？
- 如何识别潜在的合作摩擦点？

多维提示词如下所示。

提示词：
沟通效能评估
"""
分析Slack历史消息（附导出数据），请协助：
1. 计算信息闭环率（问题提出到解决的完整链条）
2. 识别高频出现的沟通模糊词汇（"大概""可能"等）
3. 绘制跨时区协作响应时间分布图
"""

任务分配诊断
"""
解析当前迭代的任务看板：
1. 计算负载均衡指数（开发者任务量标准差）
2. 识别技能错配任务（所需技能与执行者能力）
3. 生成任务分配优化建议（包含资源再平衡方案）
"""

协作健康度监测
"""
设计实时协作仪表盘：
1. 定义5个关键健康指标（如会议效率指数）

2. 建立预警阈值体系
3. 创建自动化周报生成模板
"""

5）项目进度管控：预测与动态调整

面对频繁的需求变更，需要建立智能响应机制：

- 如何量化变更影响范围？
- 资源再分配的最优策略是什么？
- 进度预测模型的准确率如何提升？

分阶段提示设计如下所示。

提示词：
影响评估
"""
评估新需求变更（需求文档已上传）：
1. 绘制功能依赖关系图
2. 计算受影响模块的工时波动范围
3. 生成资源缺口分析表（人力、环境、测试用例）
"""
策略生成
"""
针对前端资源短缺的现状：
1. 设计3种资源调配方案（内部调配、外包、技术降级）
2. 各方案需包含风险矩阵（技术债、质量风险、进度风险）
3. 提供决策树模型参数建议
"""
预测优化
"""
改进现有进度预测模型：
1. 添加需求变更频率因子
2. 纳入团队成员效能波动曲线
3. 设计蒙特卡洛模拟参数集
"""

通过这种结构化的问题拆解方法，团队能够将抽象的协作效率问题转化为可操作的提示词序列，建立"现状诊断→模式分析→方案推演→效果验证"的完整思维链条，通过精

准的提示词设计获取决策支持信息。这种思考方式不仅适用于DeepSeek，也可迁移到其他智能协作平台。

3. 持续优化建议：不断提升开发水平

在软件开发过程中，真正有效的持续优化始于对问题的精准定义。在开发者尝试通过DeepSeek提升效率时，需要经历4个关键思考阶段。

1）问题定位的元思考

如果你的代码评审中频繁出现"算法效率低下"的反馈，这恰恰表明代码存在多维度的提升空间。此时应建立问题分析矩阵，分析以下层面存在的问题。

- 表象层：循环嵌套过多、未使用适当数据结构
- 知识层：分治策略、动态规划等高级算法掌握不足
- 实践层：缺乏性能分析工具使用经验

提示词构建示范如下所示。

提示词：
请扮演算法优化专家，分析以下代码片段中的性能瓶颈。要求：
· 使用时间复杂度分析框架
· 指出3个具体优化点并标注代码行号
· 推荐对应的经典算法解决思路
· 提供LeetCode相似题型链接
[待优化代码粘贴处]

2）协作优化的场景拆解

当团队持续集成失败率上升时，需要建立问题归因的思维框架：

- 沟通维度：需求变更是否及时同步
- 技术维度：测试覆盖率是否达标
- 流程维度：代码审查标准是否明确

通过分层提问逐步定位问题，提示词如下所示。

提示词：
第一轮提问：
团队当前CI/CD流程中，从代码提交到构建失败的平均响应时间是多少？主要失败类型的分布情况及成因是什么（用于定位流程瓶颈）？

> **第二轮提问：**
> 根据历史构建日志，请分析前三大失败原因及其关联的代码变更特征（用于模式识别）。
> **第三轮提问：**
> 针对高频出现的单元测试失败问题，可引入哪些静态检查工具（生成解决方案）？

3）工具链优化的模式识别

当发现团队成员重复执行SQL查询优化时，应当建立自动化改造的评估模型。

- 频率评估：每周手动优化次数
- 复杂度评估：典型查询的JOIN操作数量
- 模式化程度：是否存在可抽象的统一优化模式

自动化提示词设计如下所示。

> **提示词：**
> 请创建智能SQL优化助手，要求具备以下能力：
> - 解析EXPLAIN执行计划
> - 自动识别全表扫描等危险操作
> - 生成索引优化建议时标注预估性能提升比例
> - 对复杂查询提供查询重写示例
> <SQL>
> [问题查询语句]

4）流程改进的对抗性测试

在改进代码审查流程时，可通过压力测试验证方案健壮性。

> **提示词：**
> **第一轮提问：**
> 设计基于DeepSeek的自动化代码审查方案，要求覆盖代码规范、安全漏洞、性能隐患三大维度。
> **第二轮追问：**
> 假设存在以下特殊场景，请说明方案如何应对：
> - 新引入的第三方库存在已知漏洞
> - 开发者使用冷门语法特性
> - 需求变更导致紧急合并请求
> **第三轮优化：**
> 为上述方案添加自学习机制，使其能够从历史审查记录中自动更新规则库。

通过这种阶梯式思考训练，开发者不仅能获得即时的优化建议，更能培养出结构化的问题分析和解决方案设计能力。在这个过程中，关键是将模糊的需求转化为可操作的验证框架，这本身就是最高效的工程思维训练。

在软件开发的浩瀚星空中，DeepSeek宛如一颗璀璨的新星，以其卓越的全周期辅助功能，为开发者照亮了前行的道路。从智能编程助手的高效代码生成与优化，到调试与文档环节的精准支持，再到实战应用中的强大助力以及效能评估的深度洞察，DeepSeek在每一个关键节点都发挥着不可替代的作用，展现出巨大的价值和潜力。

DeepSeek不仅是一款工具，更是一种创新的力量，推动着软件开发行业向着更加高效、智能的方向迈进。它让开发者从繁杂的基础编码工作中解放出来，将更多的时间和精力投入创新和业务逻辑的实现，极大地提升了开发效率和代码质量。

展望未来，随着人工智能技术的不断发展和突破，DeepSeek有望在更多领域和场景中发挥重要作用。它可能会进一步深化与其他技术的融合，如区块链、物联网等，为这些新兴领域的软件开发提供强大的支持。同时，随着工作场景对代码质量和安全性要求的不断提高，DeepSeek也将不断优化自身的功能，提供更加全面和深入的代码分析与优化建议，帮助开发者打造更加健康、安全的软件系统。

在团队协作方面，DeepSeek可能会成为连接团队成员的重要桥梁，通过实时的代码分析和协作功能，促进团队成员之间的沟通和协作，提高团队的整体开发效率。在教育领域，DeepSeek也有望成为培养未来开发者的有力工具，帮助学习者更快地掌握编程技能，激发他们的创新思维。

DeepSeek的出现，为软件开发行业带来了新的机遇和挑战。它让我们看到了人工智能技术在软件开发领域的巨大潜力，也让我们对未来的软件开发充满了期待。相信在DeepSeek等先进技术的引领下，软件开发行业将迎来更加辉煌的明天，为社会的发展和进步做出更大的贡献。

4.2 技术传播支持

在数字化转型浪潮席卷全球的今天，技术传播的效率与质量已成为软件开发项目成败的关键因素。DeepSeek作为人工智能领域的创新力量，凭借其深度融合自然语言处理（NLP）与代码智能理解的核心技术，正在重塑技术传播的范式。通过构建覆盖代码迁移、框架适配、性能优化、文档智能化的全链条解决方案，DeepSeek不仅实现了技术知识的高效流转，更推动软件开发团队从"经验驱动"向"数据驱动"的升级。

在技术债务日益累积的背景下，DeepSeek以671B参数的超大规模模型为基石，结合混合专家系统（MoE）架构的智能决策能力，实现了跨语言代码转换准确率提升40%的突破性进展。其独创的"渐进式迁移"策略，使复杂系统重构风险降低65%，为企业技术升级提供了安全可控的实施路径。同时，通过自动化生成包含300多幅技术图表的架构文档，DeepSeek将传统文档编写周期缩短70%，构建起可持续演进的知识资产体系。

当技术团队面临多语言技术栈共存、代码质量参差不齐等痛点时，DeepSeek通过"智能转换+持续优化"的双轮驱动模式，正在构建一个高效协同的技术传播生态。本节将深入解析其技术内核与实践路径，揭示如何通过AI赋能实现技术传播的指数级效能提升。

4.2.1 DeepSeek赋能技术传播：核心能力剖析

1. 多语言转换与代码重构迁移

在进行跨语言代码迁移时，开发者需要构建有效提示词输出的完整路径。

第一层，目标定位

- 确定迁移的根本动机：是追求性能优化、生态兼容还是团队技能迁移？
- 评估项目规模：是小模块局部改造还是整体架构迁移？

示例思考：当前Python数据分析脚本需要迁移到Java的原因是什么？是为了接入现有Java微服务架构，还是需要利用JVM的高并发特性？

第二层，代码特征解构

- 识别源语言特有语法：如Python的装饰器、列表推导式
- 标记运行时差异：内存管理机制、类型系统特性
- 分析依赖关系：第三方库的等效替代方案

示例思考：需要转换的Python代码是否使用了NumPy库？Java生态中是否有类似功能的矩阵运算库？

第三层，约束条件设定

- 性能指标：目标语言的GC机制对实时性的影响
- 安全边界：安全要求是否提升
- 可维护性：是否需要保留与源代码的结构对应关系

示例思考：转换后的Java代码是否需要保持与Python版本相同的函数命名规范？是否允许引入设计模式重构？

第四层，转换策略选择

- 直译式转换：保留原有逻辑结构
- 重构式转换：适应目标语言最佳实践

- 混合式转换：核心逻辑直译，外围结构重构

示例思考：C++的指针操作在Java中应该完全转换为对象引用，还是部分使用Unsafe类模拟？

第五层，验证维度定义

- 功能对等性测试用例设计
- 性能基准对比方案
- 异常处理机制兼容性检查

示例思考：如何验证转换后的异常处理逻辑是否与源语言行为一致？

综合提示词示例如下所示。

提示词：
你是有15年代码移植经验的架构师，现在需要将Python数据分析脚本转换为Java 17版本。该脚本主要使用Pandas进行数据清洗和Matplotlib绘图。请按以下要求处理：
1. 结构映射：保持模块化结构对应，将Python类转为Java类
2. 库替代：寻找Java生态中类似OpenCSV和Tablesaw的方案
3. 性能优化：针对JVM特性优化内存分配，考虑多线程处理可能性
4. 异常处理：将Python动态异常转换为Java强类型异常体系
5. 代码注释：保留原注释并添加JavaDoc，标注与Python代码的对应关系
分阶段输出：
① 架构设计文档（含依赖关系图）
② 核心算法转换对比表
③ 完整可编译的Java代码
④ 迁移风险评估报告

通过明确角色定位、分解任务要素、设定输出规范，可引导DeepSeek生成符合工程要求的转换方案。开发者在实际使用时，可根据具体场景调整各层级的思考维度，通过多轮对话逐步完善迁移方案。

2. 框架适配：无缝技术栈转换

在技术栈迁移过程中，开发者的核心诉求不仅是代码转换的准确性，更需要保留原有业务逻辑的完整性和可维护性。要实现这个目标，我们需要建立结构化思考框架，将复杂的迁移任务分解为可操作的单元任务。

第4章 场景篇：技术开发增效包

1）认知路径构建示范（以React转Vue为例）

第一步，差异映射分析

先对比两个框架的核心差异：React的JSX语法对应Vue的模块系统；React的类组件机制对应Vue的选项式API；React Hooks的实现逻辑对应Vue的组合式API。这时候需要自问：是否需要重构组件树结构？如何平移状态管理方案？

第二步，业务影响评估

分析项目中的特殊场景：是否使用了React独有的上下文穿透模式？是否存在高阶组件嵌套需要改写成Vue插件？这些思考将直接影响提示词的内容设计。

第三步，转换策略选择

确定迁移粒度：是整体替换还是渐进式迁移？这决定了是生成完整组件代码还是适配层代码。例如渐进式迁移可能需要设计React-Vue桥接组件。

提示词设计如下所示。

提示词：

 # 第一轮：框架差异分析

作为资深全栈架构师，请对比React 18与Vue 3.3在以下维度的实现差异：
1. 组件生命周期映射关系
2. 状态管理方案转换路径（Redux→Pinia）
3. 服务端渲染（SSR）配置差异
4. TypeScript支持深度对比

输出要求：用表格呈现核心概念对应关系，标注高风险改造点

 # 第二轮：组件转换实施

基于上述分析，请将附件中的React类组件转换为Vue组合式API：
1. 保持业务逻辑完全等价
2. 使用<script setup>语法
3. 将Redux连接改为Pinia store引用
4. 保留TS类型定义
5. 输出两份文件差异对比

2）复杂迁移任务的分阶策略

当处理Spring到Django的ORM层迁移时，可采取三阶段提示法。

第一阶段，模式提取阶段

例如，在提示词中聚焦实体关系解析："分析给定的JPA实体类，提取其字段映射规则、关联关系配置和事务管理注解。"

第二阶段：范式转换阶段

例如，在提示词中明确转换规则："将@OneToMany关系转换为Django的ForeignKey配置，保持懒加载特性，生成等效的models.py代码。"

第三阶段：验证增强阶段

例如，在提示词中添加约束条件："对比原始Java DAO层方法，确保生成的Django ORM查询集实现相同分页逻辑和N+1查询优化。"

抗风险设计技巧：

- 在提示词中，加入防御性条款："如果遇到React Context使用场景，优先考虑Vue的provide/inject机制，并给出两种实现方案的兼容性评估。"
- 在提示词中，对生成结果添加验证指令："对转换后的Vue组件，列出需要手动验证的3个关键测试点。"
- 在提示词中，保留技术决策记录："在代码注释中标注自动转换的原始React代码路径，便于后续追溯。"

通过这种结构化的思考方式，开发者能够将模糊的迁移需求转化为精确的工程指令。在实际操作中，每个提示词都是技术决策的载体，既保证迁移效率，又维护了知识传承的连续性。实践表明，经过3～5次这样的思维训练，开发者能自主设计出覆盖92%迁移场景的有效提示模式。

3. 性能优化：释放代码最大潜能

性能优化并非简单的技术堆砌，而是建立在系统化认知之上的工程实践。开发者在面对性能瓶颈时，需要建立三层递进式思考框架。

第一层：问题定位

（1）现象归因：区分响应延迟属于计算密集型还是I/O密集型场景。Python项目中出现CPU占用率超过80%时，应优先考虑算法复杂度或数值计算方式；Java服务出现频繁Full GC时，需审视内存分配策略。

（2）工具选择：根据语言特性选择分析工具。Python开发者应掌握cProfile的火焰图解读技巧，Java团队需要熟练使用YourKit分析对象创建堆栈。

第二层：方案设计

- Python优化路径：

（1）识别可向量化操作：观察是否存在可替换为numpy矩阵运算的for循环。

（2）判断Cython化收益：对执行时间超过总运行时长10%的函数进行静态类型改造。

（3）内存管理策略：使用-slots-减少对象内存开销，通过生成器替代列表缓存大数据集。

- Java优化路径：

（1）并发模式选择：根据任务特性决定使用ForkJoinPool还是ThreadPoolExecutor。

（2）流式处理优化：将Stream API的中间操作合并减少临时对象创建。

（3）JVM参数调优：根据GC日志调整SurvivorRatio与MaxTenuringThreshold。

第三层：效果验证

（1）基准测试设计：建立包含典型负载场景的测试用例集，确保优化前后测试条件一致。

（2）监控指标设定：Python项目需监控GIL（全局解释器锁）争用率，Java服务应跟踪老年代内存碎片化程度。

（3）回归测试策略：在优化前后运行全套单元测试，防止性能优化引入功能缺陷。

[提示词设计实战示例]优化Python数据分析脚本

第一轮思考（问题定位）中提示词如下所示。

提示词：
分析以下Python代码的性能瓶颈，给出火焰图中耗时占比前3的函数及其优化方向：
[插入需要优化的代码片段]
请按以下结构回应：
1. 函数名称及耗时占比
2. 主要性能损耗类型（CPU、内存和I/O）
3. 可尝试的优化方案清单

第二轮思考（方案设计）提示词如下所示。

提示词：
针对上述分析中的排序函数优化需求：
1. 将当前实现的冒泡排序改为时间复杂度更优的算法
2. 保持原有接口兼容性
3. 添加算法选择注释
请生成优化后的代码并解释性能提升预期

第三轮思考（效果验证）提示词如下所示。

> 提示词：
> 设计三组测试数据集：
> - 10万条随机整数
> - 包含重复值的5万条记录
> - 部分有序的8万条数据
> 生成性能对比表格，包含执行时间、内存峰值、CPU利用率指标

通过这种分层递进的思考方式，开发者不仅能获得即时的优化方案，更重要的是建立了自主分析性能问题的元能力。这种思维模式可迁移到其他技术栈的优化场景，形成可持续的工程优化体系。

4.2.2 技术文档智能化：DeepSeek的创新实践

1. 白皮书生成：专业文档自动化

在技术文档创作中，掌握结构化思考方法是构建高质量提示词的关键。当我们面对白皮书这类复杂文档生成需求时，需要像建筑师绘制蓝图般系统规划思考路径。以下以系统架构图生成为例，展示专业文档工程师的思考框架。

第一步，需求解构

在输入架构描述前，应先在脑中建立三维思维坐标轴：X轴标记技术组件（微服务、中间件等），Y轴标注交互类型（API调用、事件驱动等），Z轴表示架构层级（基础设施层、业务逻辑层等）。这种空间化思考有助于避免关键要素遗漏。

第二步，信息分层

将原始需求按"核心要素—扩展要素—约束条件"进行分层处理。例如：

- 核心要素：用户管理服务、订单服务的交互方式
- 扩展要素：与第三方支付网关的集成
- 约束条件：必须使用HTTPS协议通信

第三步，动态验证

设计验证矩阵，预设可能出现的架构理解偏差。比如针对"高可用性"要求，可设置以下检查点：

- 是否包含负载均衡机制？
- 是否有故障转移方案？
- 数据库是否采用集群部署？

示例提示词设计如下所示。

> **提示词：**
> # 架构图生成指令
> ## 基础信息
> 你是一位具有10年分布式系统设计经验的架构师，正在为电商平台设计微服务架构图。当前版本需要重点展示以下三个模块的交互：
> 1. 用户服务（版本v2.3）
> 2. 订单服务（版本v1.7）
> 3. 支付服务（集成支付宝v3接口）
> ## 特殊要求
> - 突出展示服务间的熔断机制
> - 标注各服务使用的技术栈版本
> - 用不同颜色区分同步调用和异步事件
> ## 输出格式
> 采用Mermaid语法绘制，确保在Markdown中直接渲染

当需要处理更复杂的技术选型分析时，可以采用渐进式提问策略。

第一轮提问（需求澄清）如下所示。

> **提示词：**
> 请基于以下维度分析当前项目的数据库选型需求：
> 1. 预估QPS峰值
> 2. 事务一致性要求等级（ACID级别）
> 3. 数据结构复杂度（关系型、非结构化）
> 4. 运维团队技术储备情况

第二轮提问（方案对比）如下所示。

> **提示词：**
> 根据前轮提供的需求参数，请对比以下数据库的适应性：
> - PostgreSQL 15 vs MySQL 8.0 vs MongoDB 6.0
> 对比维度应包括：
> 1. 分片集群部署成本
> 2. JSONB类型支持程度
> 3. 备份恢复机制成熟度
> 4. 与现有技术栈的兼容性

这种分阶段提问方式既保证了信息收集的完整性，又能控制每次交互的认知负荷。当获得初步输出后，应通过"概念验证—细节完善—术语校准"的三步优化法进行迭代。

- 概念验证：检查架构图是否准确反映服务发现机制。
- 细节完善：补充各组件版本号及通信协议细节。
- 术语校准：将"消息队列"统一替换为"Kafka 3.5"。

通过这种系统化的思考流程，即使面对复杂的技术文档生成任务，也能将其转化为可操作的提示词设计步骤。在实际操作中，开发者要构建清晰的思维框架，将模糊的需求转化为可执行的查询逻辑，最终通过精心设计的提示词获得专业级输出成果。

2. 示例代码库：场景化代码指南

在软件开发过程中，开发者往往面临三个核心挑战：如何准确理解技术需求、如何选择最佳实现方案、如何规避常见实施陷阱。让我们通过具体场景拆解思考过程。

场景1：用户认证模块开发

思考路径：

（1）需求澄清：明确是支持第三方登录还是支持传统账号体系？是否需要多因素认证？

（2）技术选型：项目是使用Spring Security还是使用Shiro？前后端是采用JWT还是采用Session方案？

（3）功能拆解：注册流程需要邮箱验证吗？密码重置是否要安全问答环节？

（4）异常处理：需防范暴力破解攻击吗？登录失败锁定策略如何设计？

（5）输出要求：是否需要生成带测试用例的完整代码模块？

提示词示例如下所示。

提示词：
用Spring Security实现包含JWT认证、OAuth2.0第三方登录的用户系统，要求：
1. 注册流程包含邮箱验证和密码强度校验
2. 登录接口实施限流防护（每分钟尝试5次）
生成带Mock测试的代码，包含密码重置功能的异常处理用例

场景2：算法性能优化

思考路径：

（1）问题定位：原始代码的时间复杂度瓶颈在哪里？是否存在重复计算？

（2）策略选择：是适用分治策略还是适用动态规划？数据特征是否适合空间换时间？

（3）实现验证：如何保证优化后结果一致性？是否需要基准测试对比？

（4）可读性平衡：复杂算法需要怎样的注释结构？是否需要拆分辅助函数？

提示词示例如下所示。

提示词：
将以下冒泡排序优化为快速排序，要求：
1. 保留原代码中的数据校验逻辑
2. 添加递归过程的分步注释
生成对比测试用例，验证10万条数据的排序正确性和耗时差异

场景3：安全防护实施

思考路径：

（1）威胁建模：是需要防御注入攻击还是需要XSS（跨站脚本攻击）？数据过滤应该在哪个层级实施？

（2）框架适配：是使用ORM（对象关系映射）内置安全机制还是使用自定义过滤？输入校验规则如何定义？

（3）案例覆盖：需要演示哪些典型攻击场景？如何验证防护措施有效性？

提示词示例如下所示。

提示词：
用Python展示SQL注入防护方案，要求：
1. 对比展示错误拼接和参数化查询两种方式
2. 包含恶意输入' OR '1'='1的测试用例
添加数据库连接池的健康检查机制

4）单元测试设计进阶策略

当需要生成高覆盖率的测试用例时，可采用分层提问法。

第一轮提问："为UserService类的createUser方法生成基础测试用例，覆盖正常注册流程。"

生成用例后追问："请补充边界测试：用户名为空时的异常处理；密码长度超过50字符的截断规则；并发注册时的唯一性约束检查。"

通过这种递进式提问，可引导AI逐步构建完整的测试矩阵。开发者需要重点关注参数边界定义、异常流覆盖、外部依赖Mock三个维度，这正是编写高质量单元测试的关键。

3. 故障处理手册：智能问题解决助手

在利用DeepSeek生成系统化的故障处理手册时，关键在于将工程师的隐性经验转化为可执行的提示词框架。这个过程需要经历4个思维跃迁阶段。

第一步，建立问题坐标系

当一台服务器突然宕机时。初级工程师可能直接输入："服务器宕机怎么办？"，但这就像在黑暗房间里找钥匙，等同于盲测排障；而进阶处置应基于全链路监控数据，构建三维问题坐标系：

- 维度1：系统组件拓扑（网络层、应用服务、数据库）
- 维度2：故障现象特征（完全中断、性能劣化、间歇异常）
- 维度3：环境变量因子（负载峰值、配置变更、外部依赖）

通过这个坐标系，我们可以构建结构化提示词，如下所示。

提示词：
你作为资深系统架构师，请根据以下框架分析"电商系统订单支付失败"问题：
1. 组件定位：涉及支付网关、订单服务、数据库哪个层级？
2. 现象特征：是全天候发生还是特定时段？是全部失败还是部分失败？
3. 环境变量：最近是否有版本发布？第三方支付接口是否变更？
请按问题分类矩阵格式输出可能的问题归类

第二步，设计诊断决策树

当收到"数据库响应慢"的模糊反馈时，需要引导模型建立排查逻辑树。思考过程应包含：

- 区分症状与根源：是查询慢，还是连接池耗尽，还是硬件瓶颈？
- 设计验证实验：EXPLAIN执行计划、监控连接数、iostat检查
- 设置判断阈值：将查询时长>500ms定义为异常，连接等待超时30s为临界点

对应的多轮提示词如下所示。

提示词：
第一轮提问：
列出MySQL性能下降的10个可能原因，按发生概率排序

> **第二轮追问：**
> 针对前3个高概率原因，分别给出三步验证方法及判断标准
> **第三轮细化：**
> 当确认原因是索引缺失导致全表扫描时，提供索引优化方案模板

第三步，构建知识联结网

处理"内存泄漏"这类复杂问题时，需要建立跨层知识联结。设计提示词时应考虑：

- 时间维度：泄漏速度与系统运行时间的关系
- 模式识别：Java的堆内存与Native内存泄漏特征
- 工具链衔接：MAT内存分析工具与jstat命令的配合使用

提示词示例如下所示。

> **提示词：**
> 你作为JVM调优专家，请完成以下任务链：
> 1. 根据提供的线程堆栈和GC日志，识别内存泄漏模式
> 2. 绘制内存对象引用关系图（使用mermaid语法）
> 3. 生成包含【验证步骤】【修复方案】【预防措施】的处理手册
> 附加约束：排除第三方库因素，聚焦业务代码问题

第四步，植入风险预判机制

优秀的故障手册需要包含防御性设计思维。当处理"缓存穿透"问题时，设置的提示词应能引导模型考虑，如下所示。

> **提示词：**
> 请为Redis缓存雪崩设计解决方案，需包含：
> 1. 短期应急处置步骤（含命令示例）
> 2. 架构改进方案（含伪代码）
> 3. 风险矩阵评估：
>   - 方案实施复杂度
>   - 业务影响范围
>   - 潜在副作用预防
> 4. 灰度发布检查清单

通过以上思考训练，我们最终得到的提示词体系既包含具体的操作指引，又内化了系

统化的问题解决思维,能够将DeepSeek的推理能力与工程师的领域知识深度融合,生成真正具备工程价值的故障处理手册。

4.2.3 实战案例:DeepSeek的成功应用

1.【案例】Node.js到Go的服务迁移

在技术架构迁移过程中,如何通过结构化思考构建有效的提示词?我们以Node.js到Go的服务迁移为例,解析工程师的完整决策链条。

1)依赖分析阶段

面对技术栈转换,首要任务是建立系统化的问题拆解框架。工程师需要思考:

- 目标识别:迁移的核心诉求是性能优化还是架构升级?
- 依赖图谱:现有技术栈中的核心组件构成怎样的拓扑关系?
- 约束条件:新语言生态中是否存在功能对等的解决方案?

基于这个思考框架,我们可以构建如下提示词。

提示词:
作为全栈架构师,请对Node.js服务进行依赖图谱分析。要求:
1. 按功能维度对第三方库(Web框架、数据库、工具类)进行分类
2. 标注每个依赖的Go替代方案,比较性能指标和功能差异
3. 对无直接替代的组件提出适配策略(重写、封装、服务化)
输出格式:带可行性评分的对比矩阵

该提示词通过明确分析维度、输出形式和评估标准,引导AI生成结构化迁移建议。

2)测试用例转换阶段

测试逻辑迁移的关键在于保持验证效力的同时适配语言特性。思考路径应包含:

- 框架映射:Mocha的describe/it结构如何对应Testify的Suite/Case
- 断言转换:Chai的链式断言与Gomega的Matcher模式差异
- 异步处理:Node.js回调机制与Go协程的测试策略调整

分步提问可提升转换质量,如下所示。

第一轮提示词:
解析附件中的Mocha测试用例,提取核心测试场景和断言逻辑

> **第二轮提示词：**
> 根据Go语言Testify框架规范，将上述测试逻辑重构为：
> 1. 测试套件组织结构
> 2. 表驱动测试参数化实现
> 3. 并发测试控制策略

这种先解构再重建的阶梯式提问法，能够确保测试意图的准确传递。

3）性能优化阶段

迁移后的性能验证需要建立多维评估体系。工程师应当考虑：

- 基线指标：原系统的QPS、P99延迟、内存占用
- 对比维度：GC效率、并发模型差异、内存管理机制
- 调优方向：连接池配置、协程调度、序列化优化

提示词示例如下所示。

> **提示词：**
> 基于Node.js与Go的性能特性对比，请设计迁移后的监控方案：
> 1. 关键性能指标选取（不少于5个维度）
> 2. 基准测试场景设计（包括压力测试梯度）
> 3. 性能问题诊断路径（从指标异常到代码定位）
> 要求输出可执行的性能测试计划文档

该提示通过限定技术维度、输出类型，引导AI生成具备可操作性的优化方案。

通过这种分阶段、结构化的思考方式，工程师能够系统性地构建高质量提示词，将复杂的技术迁移任务转化为可执行的AI协作流程。

2.【案例】技术文档体系建设

在构建智能化文档体系时，工程师应当建立系统化的思考路径。我们以API文档生成为例，解析如何通过四层思考模型设计有效指令。

1）需求解构层

API文档需要满足开发者快速接入、错误预防、版本追溯三大需求。此时需要思考：

- 代码解析深度：是否需要包含弃用接口的迁移指南？
- 格式规范：OpenAPI Specification 3.0与内部标准的兼容性如何平衡？

- 用例关联：示例代码与错误码说明的耦合程度如何设定？

基于此思考框架，首轮提示词应聚焦范围界定，如下所示。

提示词：
作为技术文档架构师，请解析Go项目代码库并生成API文档框架：
1. 按微服务模块划分接口分类
2. 标注需要重点说明的鉴权机制和限流策略
3. 对存在版本差异的接口标记兼容性说明
输出格式：带注释的目录树结构

2）多语言适配层

当涉及国际化文档时，需建立三层校验机制：

- 术语一致性：技术专有名词的翻译对照表
- 格式兼容性：中文标点与西文排版规范的冲突处理
- 文化适配性：示例代码中的地域性参数调整（如时区、货币单位）

分步指令设计如下所示。

提示词：
第一轮指令：
提取API文档中的专业术语表，包含：
- 技术名词（如JWT、OAuth2.0）
- 产品特有概念（如智能学习引擎）
- 业务场景词汇（如课堂回放、作业批改）
第二轮指令：
基于术语对照表，将中文文档翻译为英文版，要求：
1. 保留代码片段和参数名称原文
2. 调整日期格式为ISO 8601标准
3. 对文化敏感内容添加译者注释

3）动态维护层

文档与代码的同步更新需要建立双向验证机制。关键思考点包括：

- 变更检测：如何识别接口参数的变化幅度（如新增字段与重构整个DTO[①]）
- 影响评估：文档变更是否需要触发关联示例代码的更新

---

① DTO：数据传输对象。

- 版本映射：文档历史版本与代码Tag的对应关系维护

提示词示例如下所示。

> 提示词：
> 建立文档与代码同步监控规则：
> 1. 当接口响应模型字段变更超过30%时触发文档重构
> 2. 对弃用接口自动添加迁移指引区块
> 3. 生成版本更新日志时关联对应Commit Hash
> 输出：带有自动化检测标记的文档维护手册

4）质量验证层

文档评审需要构建三维评估矩阵：

- 技术准确性：参数类型与代码实现是否一致
- 使用友好性：复杂流程是否有可视化示意图
- 风险完备性：是否覆盖所有可能的错误场景

最终验证提示词如下所示。

> 提示词：
> 作为质量审计员，请对API文档进行合规检查：
> 1. 比对10个核心接口的代码实现与文档描述
> 2. 验证所有HTTP状态码都有对应处理建议
> 3. 确保代码示例可复制到Postman，并能直接运行
> 输出：带有严重等级的问题清单和改进路线图

通过这种分层递进的思考方式，工程师能够将模糊的文档管理需求转化为可执行的AI指令序列。在实际操作中，每个思考层都对应特定的验证机制，确保生成的提示词既具备技术深度又保持可操作性。

4.2.4 效能提升评估：量化DeepSeek的价值

1. 技术传播指标：全面衡量效率

在构建技术传播评估体系时，我们需要像解构精密仪器般拆解每个评估维度。以文档覆盖率为例，有效评估需要经历4个思维跃迁：首先明确评估范围（是整个代码库还是特定模

块），其次制定颗粒度标准（以函数为单位还是类结构），然后设计动态计算公式（是否考虑文档更新时效性），最后建立验证机制（如何交叉核对文档与代码的实际对应关系）。

在评估代码迁移成功率时，有经验的工程师会采取分步验证策略。第一步，定义迁移成功的核心标准：是单纯编译通过，还是必须通过单元测试，或是需要达到性能基准？第二步，设计分层评估指标，例如从基础语法转换准确率、API适配完整度、业务逻辑保持度三个维度评估。第三步，建立反馈校准机制，通过人工抽检发现AI未识别到的隐性逻辑依赖。

提升问题解决效率的关键在于构建精准的问题描述框架。我们可以通过"问题五要素分析法"来训练模型思维：明确报错现象（日志代码+触发条件）、定位影响范围（单模块、跨系统）、追溯时间线索（首次出现版本、触发频率）、关联环境因素（操作系统、依赖库版本）、预设排查路径（已尝试的解决步骤）。这种结构化的问题描述能使技术支持效率提升35%以上。

在进行用户满意度调研时，需要突破传统问卷的局限。智能时代的评估应该包含三个认知层次：表层体验（文档搜索便捷性）、操作效能（示例代码可执行率）、知识内化（概念理解正确率）。我们可以设计动态评估矩阵，将用户行为数据（文档停留时长/代码复制次数）与主观评分结合，通过权重算法生成立体化的满意度指数。

提示词设计示例如下所示。

提示词：
代码迁移评估提示词
1. 请根据[目标语言]语法规范，对[源代码片段]进行结构分析，列出5个关键迁移风险点
2. 生成API映射对照表，标注标准库与第三方库的适配方案
3. 设计包含边界条件的测试用例，验证业务逻辑完整性
4. 输出迁移评估报告，包含语法转换率、测试通过率、性能损耗比三个维度
问题诊断提示词
请按以下结构描述技术问题：
1. 异常现象：[粘贴具体报错信息]
2. 环境配置：[操作系统、语言版本、依赖库清单]
3. 重现步骤：[触发问题的操作序列]
4. 预期行为：[期望的正常表现]
5. 已尝试方案：[列出已测试的解决措施]

---

2. 迁移项目度量：评估迁移效果

在构建技术迁移效果评估体系时，我们需要建立多维度的思维框架。以代码质量评估

为例，工程师应当遵循"规范—结构—效率"的三层分析法。首先对照目标语言的编码规范建立检查清单，例如Java项目需验证包命名是否符合反域名惯例、异常处理是否遵循try-with-resources原则。其次通过依赖关系图分析模块化程度，检测是否存在循环依赖或过度耦合。最后使用复杂度分析工具计算圈复杂度，对比迁移前后的代码可维护性指标。

性能评估需要构建动态测试矩阵，建议采用"基准测试+压力测试+异常模拟"的组合策略。在Web应用场景中，不仅要测量常规请求的响应时间，还需模拟突发流量下的吞吐量衰减曲线。通过设置梯度递增的并发用户数，记录系统资源消耗的拐点值，这种测试方法能更真实反映迁移后的弹性能力。

维护成本分析可采用"工时追踪+知识图谱"的量化模型，通过记录代码审查时长、缺陷修复周期等数据，结合知识图谱分析技术债务分布。例如某银行系统迁移后，通过可视化工具发现80%的维护时间集中在数据转换模块，进而针对该模块进行架构优化，使维护效率提升40%。

在进行，团队适应度评估时，应设计三维指标体系：技术熟练度（通过代码审查通过率衡量）、协作效率（以每日代码合并次数衡量）、知识传承度（文档更新频率），进而采用PDCA循环进行持续改进。例如在迁移初期设置每日代码互审环节，两周后通过自动化工具将代码审查速度提升50%。

迁移效果评估提示词设计如下所示。

提示词：
代码质量分析
请对[迁移后代码]进行以下分析：
1. 对照[目标语言]编码规范，输出违规点Top5及修正建议
2. 绘制模块依赖关系图，标注循环依赖风险
3. 计算圈复杂度变化趋势，建议重构优先级
性能测试设计
基于[业务场景]设计包含以下维度的测试方案：
1. 基准测试：单用户请求响应时间测量
2. 压力测试：梯度递增并发用户吞吐量测试
3. 异常测试：网络抖动时的请求成功率统计
维护成本评估
请构建包含以下指标的追踪看板：
1. 缺陷密度 = 每周问题数/千行代码
2. 平均修复时长 = 总修复时间/问题数
3. 知识传承指数 = 文档更新次数/代码变更次数

3. 持续优化机制：推动技术传播进步

在构建技术传播优化闭环时，我们需要建立动态演进的思维框架。

第一，在问题反馈收集阶段遵循"渠道—分类—溯源"的三维分析法。首先设计全场景反馈入口，如在IDE插件中集成代码注释报错功能，在文档页面设置智能悬浮反馈按钮；其次建立多维度分类标准，将问题按技术类型（语法错误、性能问题）、影响层级（模块级、系统级）、紧急程度（阻塞性、优化性）进行矩阵化标签管理；最后通过日志追踪实现问题溯源，例如某金融系统在代码迁移后出现了并发问题，通过提交记录回溯发现是线程池配置遗漏所致。

第二，在方案迭代优化阶段构建"数据驱动+专家经验"的双轨机制。以文档可读性优化为例，工程师应当先使用NLP工具分析术语出现频率及与上下文关联度，再结合领域专家访谈确定核心概念图谱。当检测到"分布式事务"术语的理解偏差率超过15%时，自动触发优化流程：添加ACID原理可视化图示、嵌入交互式代码示例、增加常见误区对比表格。这种量化阈值与质性分析结合的方式，使优化效率提升40%以上。

第三，在最佳实践沉淀阶段遵循"场景化封装—版本化控制—图谱化关联"的原则。某云迁移项目将成功经验结构化为：迁移前检查清单（含20项硬件兼容性检测项）、迁移中操作手册（包含5种异常处理预案）、迁移后验证矩阵（含3类性能基准测试）。这些实践文档不仅以Markdown格式存储，更通过知识图谱关联相关代码片段、配置模板和故障案例，形成立体化知识资产。

第四，在知识库更新维护阶段建立"双循环更新"机制。在内循环中，通过自动化巡检工具，每周扫描过期文档（如API版本标识）、失效链接（如变更的GitHub仓库地址）、指标基准（如性能测试工具版本要求）。在外循环中，依赖开发者贡献体系，设置知识质量勋章激励制度，当用户提交的解决方案被采纳3次即授予专家标识，这种设计使某AI平台的知识库更新频率提升200%。

优化闭环提示词示例如下所示。

提示词：
问题反馈分析
请按以下结构处理新收集的反馈：
1. 特征提取：识别问题涉及的[技术组件]、[影响范围]、[重现条件]
2. 模式匹配：对比历史问题库，列出3个相似案例及解决方案
3. 优先级评估：根据[出现频率][严重程度]矩阵给出处理建议
方案优化设计
针对[具体问题类型]设计迭代方案：

> 1. 原因分析：使用5Why分析法追溯问题本源
> 2. 原型验证：创建包含[正常场景][边界条件][异常情况]的测试用例集
> 3. 监控指标：定义3个量化评估优化效果的观测指标
>
> \# 知识资产沉淀
> 请将[解决方案]结构化为：
> 1. 应用场景：明确适用的技术栈版本及业务场景
> 2. 操作流程：分步骤指令+参数说明+预期输出
> 3. 关联知识：链接相关架构图、配置模板、检查清单

在数字化时代，技术传播作为连接技术创新与应用的桥梁，其效率和质量对于企业的发展有着至关重要的作用。DeepSeek以其卓越的技术能力和创新的解决方案，为技术传播带来了前所未有的变革和提升。

DeepSeek在提升技术传播效率和质量方面的重要作用是多方面且不可忽视的。在代码迁移领域，它凭借基于671B参数深度学习模型和MoE架构的强大能力，实现了高精度的跨语言代码转换，支持多种主流编程语言，并能自动优化目标语言性能特性，这使得软件开发团队能够高效地应对技术栈的更新和项目的演进，节省大量的时间和人力成本。在框架适配方面，DeepSeek提供的完整解决方案，无论是前端框架转换还是后端框架迁移，都能帮助开发团队实现无缝的技术栈转换，确保项目在不同技术框架下的稳定运行和功能实现。DeepSeek利用不同语言的原生特性，在内存分配、并发处理及I/O操作等多个层面进行优化，全面提升了软件系统的性能，为用户带来更流畅的体验。

在技术文档智能化方面，DeepSeek更是展现出巨大的优势。DeepSeek-V3基于白皮书生成功能，可自动绘制系统架构图、生成组件关系说明、提供技术选型分析报告和扩展性设计方案，同时确保文档的专业性、一致性和多语言同步，并自动生成直观的技术图表，极大地提高了技术文档的生成效率和质量。示例代码库针对不同应用场景提供丰富的代码示例和实现指导，以及故障处理手册通过智能辅助生成常见问题分类索引、故障原因分析模板、排查流程指导和解决方案推荐，为开发者在技术学习、开发实践和问题解决过程中提供了全方位的支持。

展望未来，随着技术的不断进步和应用场景的日益丰富，DeepSeek有着广阔的发展前景。在技术创新方面，DeepSeek有望不断优化其核心技术，进一步提升代码理解和处理能力，支持更多的编程语言和框架，实现更高效、更精准的代码迁移和框架适配。在性能优化上，DeepSeek将不断探索新的优化策略和方法，结合硬件技术的发展，为软件系统提供更强大的性能支持。在技术文档智能化领域，DeepSeek将利用更先进的自然语言处理技术和人工智能算法，实现文档生成的自动化和智能化程度的进一步提升，提供更个

性化、更智能的技术文档服务。

同时，DeepSeek还将在更多的行业和领域得到广泛应用。在金融领域，帮助金融机构实现技术系统的升级和优化，提高交易系统的性能和稳定性，生成专业的金融技术文档和风险评估报告；在医疗领域，助力医疗信息化建设，实现医疗系统的代码迁移和框架适配，为医疗设备的软件开发提供技术支持，生成医疗技术标准文档和操作指南。

我们应积极利用DeepSeek的优势，不断探索和创新技术传播的方式。在实际应用中，我们要根据项目的特点和需求，合理选择DeepSeek的功能和服务，建立有效的评估机制，持续优化技术传播的过程，确保技术传播始终保持高效和准确。通过DeepSeek的助力，我们能够构建可持续的技术知识管理体系，提升团队的技术水平和创新能力，在激烈的市场竞争中占据优势。

结语

综上所述，DeepSeek在技术开发增效领域成绩斐然，无论是代码全周期辅助，还是技术传播支持，都展现出卓越的效能与价值，切实为开发者和团队排忧解难，提升工作效率与质量。展望未来，随着技术发展，DeepSeek有望在更多领域开疆拓土，持续推动软件开发行业进步。如果你渴望了解更多前沿的产品开发理念与实用技巧，欢迎关注我的个人公众号"产品经理独孤虾"（全网同号），让我们一起紧跟行业动态，共同成长。

实操案例

第 5 章

场景篇
运营增长核弹头

在数字化浪潮席卷的当下，企业及其品牌在市场竞争中面临着前所未有的挑战与机遇。内容运营宛如一把钥匙，对吸引用户和提升影响力起着决定作用。然而，随着社交媒体平台、视频网站等多元化渠道如雨后春笋般的涌现，内容的传播与受众需求变得错综复杂。与此同时，在海量信息中，企业急需精准把握用户真实需求。在数字化运营的赛道上，数据驱动增长更成为企业腾飞的核心动力。在这一系列困境与挑战交织的局面下，DeepSeek这款强大的工具究竟能为企业带来怎样的破局之法？让我们一同深入探究。

5.1 内容创作工厂

在当今数字化时代，内容运营已成为企业及其品牌吸引用户、提升影响力的关键手段。随着社交媒体平台、视频网站、电商直播等多元化渠道的涌现，内容的传播方式和受众需求也变得愈发复杂和多样化。如何在众多平台上高效地创作、分发和优化内容，成为内容运营者面临的重大挑战。

一方面，各平台的用户特点、内容偏好和算法规则大相径庭。小红书的用户热衷于种草和分享生活，其内容注重文案的情感共鸣与图片的精美呈现；抖音则以短视频为主要形式，强调内容的趣味性和视觉冲击力，在短时间内抓住用户眼球。这就要求运营者针对不同平台，制定差异化的内容策略，从选题策划到表现形式都需精心设计，以满足目标受众的期望。

另一方面，信息爆炸导致用户注意力极度分散，内容的质量和创新性必须持续升级。普通、平淡的内容难以在海量信息中脱颖而出，只有那些能够引发用户情感共鸣、提供独特价值的内容，才能获得用户的关注和互动。

在这样的背景下，DeepSeek凭借其强大的自然语言处理能力和创意生成能力，成为内容运营的助力。它能够深入分析各平台的数据和用户行为，精准洞察用户需求和市场趋势，为内容创作提供全方位的智能支持。从爆款选题的挖掘到内容结构的优化，从素材的处理到多平台的分发策略制定，DeepSeek都能发挥关键作用，帮助内容运营者打造一个高效、智能的内容创作工厂，实现内容的规模化生产和精准传播，从而在激烈的市场竞争中抢占先机。

5.1.1 多平台内容制作：小红书篇

1. 爆款选题生成

在小红书平台构建爆款选题策划体系时，DeepSeek的应用需要遵循"数据驱动—模式提炼—创意生成"的三阶思维框架。在实时数据挖掘阶段，应采用"趋势定位—关联分析—热点预判"的三维探测法：通过联网搜索模式实时抓取平台热搜词云，结合语义聚类技术识别潜在话题簇；例如监测到"沉浸式护肤"话题的搜索增长率超过200%时，自动触发关联成分解析（如烟酰胺、A醇等），预判衍生话题方向（如"早C晚A的进阶玩法"）。

在互动预测模型构建过程中，需融合"历史模式学习+动态变量校准"，建议采用结构化提示词框架：首先输入近30天同类笔记的互动率基线数据，要求模型识别高互动内容的标题结构共性（如疑问句式占比68%）；其次注入实时平台规则变量（如新推的短视频流量加权政策）；最后通过蒙特卡洛模拟生成预测区间。某美妆账号使用该模型后，选题互动准确率提升57%。

在竞品分析过程中，应采用"解构—重构—超越"的螺旋式迭代策略。首先，通过角色扮演模拟竞品运营团队视角，解构其爆款笔记的选题矩阵；其次，利用批判性思考指令识别内容同质化风险点（如80%的穿搭笔记集中在基础款搭配）；最终生成差异化的主题组合。某穿搭账号据此设计了"小众设计师品牌拆解"系列笔记，其收藏率提升120%。

在用户兴趣图谱构建过程中，需实现"行为数据—情感倾向—场景需求"的多维映射，通过内容分类提示词将用户评论聚类为知识型（32%）、体验型（45%）、求助型（23%）三类，结合情景化指令生成对应选题：针对知识型用户，设计"成分党闭眼入的防晒清单"；针对体验型用户，打造"混油皮实测持妆12小时"场景化内容；针对求助型用户，设计"防晒焦虑症自救指南"。

爆款选题提示词设计示例如下所示。

提示词：
趋势挖掘指令
请基于近24小时小红书热搜数据：
1. 提取美妆领域搜索量增长率Top5成分
2. 分析关联话题的情感倾向（积极、中性、消极）
3. 生成3个融合热门成分与情感痛点的选题方向
竞品解构指令
假设你是竞品运营团队，请：

> 1. 解构最近爆款笔记的标题结构范式
> 2. 识别内容同质化风险点（至少3个）
> 3. 提出2个差异化的选题方向
> # 用户画像指令
> 根据以下评论数据：
> 1. 划分用户需求类型及占比
> 2. 匹配各类型用户的选题偏好
> 3. 设计包含知识密度与情感共鸣的选题矩阵

2. 文案结构优化

在小红书平台构建高转化文案体系时，需要遵循"情感牵引—价值锚定—行为驱动"的三阶思维框架。在标题创作阶段，应运用"痛点镜像+悬念钩子"的双轨策略，通过情感分析提示词解析目标用户评论中的高频情绪词（如"纠结""惊喜"），结合场景化指令生成镜像式标题。例如在检测到"防晒霜油腻"的抱怨占比达42%时，自动触发《油皮救星！这款防晒怎么做到清爽不闷痘？》这类直击痛点的标题结构。

在开场设计时，实现"场景还原+认知共鸣"的沉浸式体验。例如，采用角色扮演提示词："假设你是刚经历护肤挫败的上班族，请描述早晨匆忙化妆却卡粉的尴尬场景。"通过具象化细节（如"粉底在口罩上印出斑驳痕迹"）唤起用户记忆，再衔接"直到遇见××产品"的价值转折，提升开场留存率。

在核心卖点提炼时，应采用"FABE法则+对比强化"的复合结构，使用结构化提示词，要求模型并行输出：①成分解析（features）；②肌肤收益（advantages）；③实验室数据（benefits）；④用户见证（evidence）。例如针对某精华产品，生成"12%黄金浓度VC-IP（F）→透亮不反黑（A）→28天肤色均匀度提升26%（B）→300+油敏肌实测认可（E）"的卖点矩阵。

在互动引导设计时需构建"低门槛+高价值"的参与激励机制，通过批判性思考提示词预判用户心理："哪些问题能激发UGC？用户分享障碍是什么？"生成如"戳→测测你的肌肤类型""收藏本条，抽3人送正装"等指令，结合知识型互动（"评论区留言肌肤问题，获取定制方案"），提升互动率。

文案优化提示词设计示例如下所示。

> 提示词：
> # **情感化标题生成**
> 请基于近期[目标品类]差评分析：
> 1. 提取Top3用户痛点关键词
> 2. 将每个痛点转化为疑问句式
> 3. 添加情感强化词（如"惊呆""破防"）
> 示例输出："毛孔插秧？这瓶精华怎么做到28天磨平粗糙的？"
> # **场景化开场设计**
> 假设你是[特定用户画像]，请：
> 1. 描述一个引发产品需求的典型场景
> 2. 加入感官细节（视觉、触觉、嗅觉）
> 3. 以"直到……"转折引出产品
> 要求：包含2个比喻修辞，营造强烈代入感
> # **卖点结构化指令**
> 请按以下框架提炼[产品名]核心价值：
> 1. 硬核成分 = 技术参数 + 作用原理
> 2. 对比优势 = 与传统方案实验数据对比
> 3. 场景效益 = 三大典型使用场景收益
> 4. 信任背书 = KOL[①]证言 + 用户实证数据
> # **互动话术优化**
> 设计包含以下要素的互动引导：
> 1. 知识型诱因（测试、诊断）
> 2. 利益型刺激（抽奖、福利）
> 3. 社交型号召（话题挑战）
> 4. 低门槛动作（点赞、收藏）
> 要求：每项用表情符号区隔，保持口语化

3. 排版智能优化

在小红书平台构建视觉优化体系时，建立"结构化思维+美学感知"的双重认知框架至关重要。在版式规划时，需遵循"信息分层—节奏控制—视觉锚点"的三步法则，通过结构化提示词要求模型将内容划分为"痛点陈述→解决方案→实证展示"模块，每个模块控制在3～4行文本，并插入分隔符。例如某护肤笔记采用"❓皮肤困扰→💡成分解析→📊实验数据→✨使用见证"的视觉符号引导阅读。某美妆账号据此设计了笔记，其信息留存率提升40%。

在图文配比优化时，需运用"场景还原+情感映射"策略，采用角色扮演提示词：

---

① KOL：关键意见领袖。

"假设你是vlog[①]博主,需要为周末烘焙教程配图,请你按步骤输出:①场景拆解(原料准备/操作特写/成品展示);②情感关键词提取(温馨/成就感);③风格匹配建议(暖色调/俯拍角度)。"某烘焙账号据此设计了"9图+分段说明"笔记,其收藏率提升65%。

在重点信息标注时,应采用"动态强调+认知强化"组合技能,通过批判性思考指令生成内容优先级矩阵,结合"字体变色代码:#FF6B6B"等合规的视觉标记方式。例如在测评笔记中,用「!」标注核心参数,用「☑」标示优势项,用「⚠」提醒注意事项,提升关键信息触达效率。

在表情符号运用时,需实现"情感共振+行为暗示"的双重效果。例如,输入情感分析提示词"解析以下文本情绪值,匹配3个小红书高互动表情",配合场景化指令"母婴类笔记适合哪些emoji[②]?排除哪些?"用"👶✨"组合强调育儿惊喜,用"⚠👀"引发安全警示关注,提升互动率。

排版优化提示词设计示例如下所示。

提示词:
模块化结构指令
请将[内容主题]按以下框架重构:
1. 痛点模块 = 2个真实用户评价 + 疑问句
2. 方案模块 = 技术参数 + 对比优势 + 使用场景
3. 实证模块 = 实验室数据 + 用户见证视频截图描述
要求:每模块添加专属符号,控制段落行数≤4
配图策略生成
基于[内容类型]生成图文配比方案:
1. 分解内容为3个视觉化场景
2. 每个场景匹配2种拍摄角度建议
3. 输出配色方案代码(Pantone色号)
4. 列出需避免的图片类型
重点标注指令
请识别以下文本中的核心卖点:
1. 用「★」标记技术创新点
2. 用「◆」标注用户评价关键词
3. 用「📌」突出行动指引
4. 保留原始文本同时添加Markdown标注

[①] vlog:视频博客。
[②] emoji:表情符号。

> # 表情符号优化
> 根据[内容主题]生成表情组合方案：
> 1. 主表情（传达核心情绪）
> 2. 辅助表情（强化场景感知）
> 3. 互动表情（引导用户行为）
> 4. 禁用表情列表（平台违禁）
> 要求：提供3组备选方案及选择理由

5.1.2 多平台内容制作：抖音篇

1. 视频脚本生成

在抖音平台上，如何在短时间内吸引用户的注意力并传达核心信息，是视频成功的关键。DeepSeek凭借其强大的智能算法和数据分析能力，为抖音视频脚本的生成提供了全方位的支持。

步骤一：目标场景解构

- 用户需求：年轻女性用户对美妆教程的视觉疲劳
- 关键矛盾：如何在3秒内打破用户的审美疲劳效应
- 数据佐证：抖音前3秒跳出率统计（引用：2024短视频趋势报告）
- 思考路径：
  - 传统美妆教程的三大痛点（同质化、缺乏惊喜、节奏拖沓）
  - 用户注意力曲线模型分析
  - 破局点：建立"反常识"对比（示例：素颜→特效妆）

步骤二：结构化提示词设计

> **提示词：**
> [深度场景还原]
> 你是一位拥有百万粉丝的美妆博主，需要策划一个颠覆传统的口红试色视频。现有用户普遍反馈常规试色内容同质化严重，完播率持续走低。
> [核心需求]
> 1. 前3秒必须设计强反差视觉冲击
> 2. 融入近期热点话题元素（如影视剧妆容）
> 3. 植入自然的产品卖点
> [约束条件]
> – 禁用夸张特效滤镜

> - 时长严格控制在38秒内
> - 需包含观众互动环节
> [输出要求]
> 分镜脚本需包含：
> - 运镜设计（特写、转场设计）
> - 关键帧视觉参考
> - 高潮点节奏标记

步骤三：动态优化验证

（1）A/B测试模板

- 对照组A：传统产品特写+口播
- 实验组B：悬念开场+痛点场景还原
- 数据指标：3秒完播率、互动率、商品点击

（2）迭代路径

初次投放→热力点击分析→关键帧优化→多版本裂变

（3）配套工具包

- 转折点计算公式：完播率差值×0.6+互动系数×0.3
- 分镜自查清单（10项关键要素校验表）
- 竞品案例库（含失败案例归因）

实践洞察：某美妆品牌通过该框架优化后，其视频的3秒留存率提升127%，关键转化节点CTR（点击通过率）提升4.8倍。这种视频脚本生成的核心在于将用户预期管理融入每个互动触点，通过"认知冲突→好奇留存→价值交付"的阶梯式引导，实现内容价值的指数级释放。

2. 分镜头设计

在构思故事场景时，系统化的思考路径应该是：

- 情感定位：这个场景需要传递的核心情感是什么？（如孤独、喜悦、紧张）
- 视角选择：主观视角能够增强代入感，客观视角适合展现环境
- 运动设计：缓慢地推动镜头适合情感渲染，快速摇移适合制造紧张感

生成提示词思路："用特写镜头聚焦主角颤抖的双手，缓慢推进镜头，表现人物眼中反光的泪水，背景逐渐虚化，使用浅景深突出面部表情细节。"

1）场景规划的维度拆解

构建场景时需要系统考虑，如表5-1所示。

表5-1 构建场景时的思考要点

维度	思考要点	示例提示词
空间布局	前后景层次、视线引导线	走廊的纵深透视形成视觉引导线
光影设计	主光源方向、色温、软硬	45度侧逆光营造戏剧化阴影
色彩情绪	主色调的心理暗示与对比	冷蓝主调中一点暖黄光点缀

2）转场设计的逻辑链条

设计转场时需要思考：

- 情感衔接：从悲伤到希望的情绪过渡
- 节奏匹配：快切适合紧张场景，渐隐适合抒情段落
- 隐喻构建：用自然现象暗示情节发展（如以破碎的玻璃预示冲突）

转场提示词示例："从滴落的水珠转场到雨中街道，匹配水流与雨帘。"

3）特效设计的层次化思考

特效层次设计：

- 基础层：环境粒子（如尘埃、光斑）
- 互动层：角色与特效的物理交互（如披风飘动）
- 焦点层：高光特效（如剑刃光效）

示例提示词："角色挥剑时带出渐隐的剑气残影，剑刃轨迹残留粒子光效，与环境雾气产生体积光交互。"

通过这种结构化的思考框架，创作者可以系统地构建分镜头设计方案，确保艺术表达与技术实现的高度统一。

3. 剪辑建议生成

通过对视频制作关键环节的精细化拆解，我们可以系统构建AI辅助剪辑的创作逻辑。以下是针对抖音视频创作者的操作思路，帮助您精准输出提示词。

1）节奏控制的思考路径

（1）明确视频类型特征。判断内容是属于舞蹈教学（强调节拍契合）还是属于情感故事（注重情节起伏）。查看同类爆款的镜头切换频率数据，总结出快节奏视频镜头间

隔，建议控制在0.8～1.5秒。

（2）构建音乐图谱。提示词需要包含音乐要素分析指令，如："解析背景音乐的BPM[①]数值，标注峰值段落时间节点。"

（3）多版本生成提示。参考冲突—反转模型，可设计迭代指令。

👉第一轮："根据BGM[②]节奏生成3种镜头编排方案，分别侧重卡点精准度、情绪递进、场景连贯性。"

👉第二轮："基于点赞预测数据优化首选方案，将高潮段落切换频率提升20%。"

2）画面处理的参数化引导

（1）建立视觉坐标系。根据视觉冲击原则，提示词应包括："量化调整参数：天空色相H范围210～230度，饱和度S提升15%，高光细节保留阈值80%。"

（2）滤镜选择矩阵。构建决策模型，如："对比复古滤镜组的应用场景：怀旧（棕褐系）、胶片（颗粒感）、港风（暖橙调）。"

3）动态字幕生成策略

（1）风格匹配模板。依据视频主题构建关键词组：

- 萌宠类：圆体字+渐变色+弹跳动画
- 知识科普：无衬线体+高对比色+划入效果

（2）版式定位公式。参考互动设计原则："顶部10%区域放置悬念字幕，底部安全区显示对话文字。"

典型提示词示例如下所示。

提示词：
你是一位专业视频分析师，正在处理一段90秒的街舞教学视频。请执行：
1. 拆解音乐波形，提炼5个关键卡点位置
2. 基于"舞蹈动作复杂度"生成镜头切换时间轴
3. 设计三组渐变色字幕方案，满足快速动作下的可读性
4. 输出3版封面模板：舞者剪影、动作分解、教学成果对比

系统应用建议：封面点击率预测功能需要调取平台历史数据接口，建议配合DeepSeek的API扩展模块使用，该模块可自动对接抖音开放平台的数据分析接口。

---

① BPM：每分钟节拍数。
② BGM：背景音乐。

5.1.3 多平台内容制作：直播话术篇

1. 场景化话术体系

优秀的直播话术需要包含从目标拆解到要素组合的系统化过程。我们以美妆新品发布会为例，演示如何通过四步思考法构建高质量提示词。

第一步，明确核心目标

在构思开场白前，主播需要先回答三个关键问题：

- 本次直播需要传递的核心记忆点是什么？
- 目标观众的核心痛点和兴趣点在哪里？
- 如何找到专业性与亲和力之间的平衡？

通过思考这三个问题，我们可以将模糊的"吸引观众"需求转化为具体的设计要素。例如针对25～35岁职场女性的抗初老精华产品，其直播的核心目标可拆解为：

- 建立专业美妆达人形象
- 引发年龄危机共鸣
- 预告突破性技术亮点

提示词示例如下所示。

提示词：
请根据以下要素设计开场白：
1. 产品类型：抗初老精华液
2. 核心科技：植物干细胞提取技术
3. 目标人群：25～35岁职场女性
4. 需要传递的情绪：专业可靠、引发共鸣、制造期待

第二步，构建说服逻辑链

产品介绍环节需要建立"痛点—方案—证据"的完整逻辑链。以智能扫地机器人为例，专业主播在直播时会经历这样的思考过程。

- 现状分析：现代家庭清洁痛点（时间成本、清洁死角）
- 技术映射：激光导航对应路径规划，App控制对应便捷性
- 体验塑造：可视化清洁路径、语音控制场景
- 信任建立：专利证书展示、用户评价引用

这种结构化思考可转化为如下所示的SPIN法则的提示框架。

> 提示词：
> 请按照以下结构设计产品介绍话术：
> [现状] 现代家庭清洁的典型困扰
> [痛点] 传统清扫方式的不足
> [方案] 如何实现技术突破
> [证据] 实验数据与用户意见佐证
> [愿景] 理想家居场景描绘

第三步，动态互动设计

有效的互动设计需要预判观众决策心理曲线。当介绍连衣裙时，成熟主播会设计递进式互动：

- 认知阶段："扣1看尺码详情"，获取基础互动
- 兴趣阶段："留言搭配难题"，深化参与
- 决策阶段："分享穿搭故事"，激发情感共鸣

对应的提示词需要包含如下所示动态调节机制。

> 提示词：
> 请为春季连衣裙设计三阶互动话术：
> 1. 产品展示阶段：引导观众提问版型细节
> 2. 搭配演示阶段：邀请观众分享穿搭困扰
> 3. 促销环节：征集成功穿搭案例
> 要求包含表情符号使用建议和节奏控制提醒

第四步，风险预判与应对

成熟的转化话术需要包含风险控制模块。设计促销话术时，应预先考虑：

- 价格质疑应对策略
- 库存真实性证明方式
- 赠品价值可视化方法

这需要提示词中包含如下所示的防护性设计。

> 提示词：
> 请设计包含以下保障要素的促销话术：
> 1. 价格对比：日常价与直播价

> 2. 库存公示：实时库存显示方式
> 3. 赠品展示：赠品独立价值说明
> 4. 售后承诺：退换货政策强调

通过这4个层次的思考，主播可以系统性地构建出既有感染力又具备说服力的话术体系，既保证话术的专业性，又留有根据现场情况调整的弹性空间。

2. 互动策略规划

在构建直播互动体系时，建议采用"目标拆解—触点设计—动态校准"的思考框架。下面通过4个关键维度引导互动策略的有效设计。

1）活动策划的生态布局

活动运营者在策划活动前需思考三个核心问题：①活动目标与直播主题的耦合度；②用户行为路径的可视化呈现；③平台算法推荐的触发机制。例如开展家居产品直播时，可以通过以下提示词构建活动矩阵。

思考路径示例：

- 活动目标定义："设计三梯度促销活动，分别提升进房率、停留时长和转化率。"
- 用户动机拆解："18:00—22:00时段家居用户的主要观看诉求有哪些？"
- 平台算法适配："抖音直播小时榜的活动增量对推荐流量有什么影响？"

最终生成的提示词可能是："基于以下特征输出家居直播活动方案：目标人群（新装修家庭）、主推产品（智能灯具）、竞争活动（同城家装节）、流量周期（晚高峰时段）。"

2）礼物策略的阶梯设计

活动运营者在设计打赏引导时需遵循"认知—情感—行为"的三次转化节奏，有以下三个思考维度：

- 新老观众识别机制（需通过粉丝勋章API获取数据）
- 实时榜单的视觉强化方案
- 虚拟礼物的心理价值锚定

多轮提示词生成流程：

- 首轮构建价值认同："生成10条强调主播成长陪伴感的打赏引导话术。"
- 次轮设计即时反馈："创建榜单前三名的专属答谢模板（带即时特效描述）。"
- 终轮关联用户收益："将礼物价值转化为用户可感知的权益（优先选购、定制服务）。"

3）福利机制的病毒传播

活动运营者在进行福利设计时要平衡参与成本与传播动因，通过以下决策树展开思考。

- 触发阶段："如何降低首批用户的参与门槛？"
  提示词："设计零成本参与的初始任务（例如表情包评论）。"
- 裂变阶段："哪些激励措施能促使用户自发传播？"
  提示词："生成包含三级分销机制的分享任务，设置阶梯式奖励。"
- 闭环阶段："如何将新增流量转化为长效价值？"
  提示词："创建新用户专属留存方案（7日任务体系+积分兑换）。"

4）社群运营的价值循环

活动运营者在社群搭建时要构建"内容供给—情感连接—价值放大"的生态系统，思考关键点包括：

- 内容日历的节奏设计（与直播周期形成互补）
- 用户成长体系的视觉化呈现
- UGC内容的生产激励机制（需接入内容管理API）

典型提示词的生成路径如下所示。

提示词：
设计包含以下要素的社群运营方案：
- 直播预热期的竞猜活动
- 直播中的实时话题讨论区
- 直播后的产品使用共创计划
要求融入等级勋章体系和积分商城机制

系统应用建议：基础互动话术设计可通过DeepSeek对话功能完成，实时榜单更新和用户行为分析需调用DeepSeek的实时计算API构建数据看板，用户等级系统需要对接平台的积分接口进行二次开发，无须编写代码即可完成基础配置。

通过这种结构化思考过程，运营者可以系统性地构建直播互动方案，最终形成可落地的互动策略组合。建议建立"互动元素沙盘"，通过要素重组适配不同直播场景。

3. 氛围营造指南

在构建直播运营体系时，需要把握"数据感知—场景适配—价值沉淀"的思考逻辑。

以下拆解各环节的决策路径,并设计提示词。

1)节奏把控的数据导航

在节奏调整时,应建立三个判断维度:在线人数波动率、互动行为密度、转化漏斗速率。通过以下思考路径生成控制策略。

(1)低谷期诊断

当在线人数<50人且停留时长<60秒时,提示词需侧重热点撬动,如:"基于近5场直播的观众流失时段,生成3种破冰话题(要求结合平台热搜词)。"

(2)爬坡期牵引

观众增长速率>15%或停留时长小于5分钟时,采用梯度促活策略,如:"设计包含产品剧透+任务挑战的30秒话术模块(变量:用户等级、加购记录)。"

(3)峰顶期转化

当互动率>25%时,聚焦交易促成,如:"创建倒计时压力话术模板,整合库存状态与用户标签(如新客、复购)。"

2)气氛搭建的触点设计

气氛运营人员需要构建三层激励网络。对应的提示词生成思路如下所示。

提示词:
基础层(全员覆盖):
生成10条零门槛参与的弹幕指令(如设置"表情雨""红包雨"触发福利)
进阶层(深度互动):
设计老粉专属任务链:
- 任务1:带话题分享直播片段
- 任务2:邀请3位新观众
- 任务3:发布产品使用UGC
荣誉层(KOL培养):
策划直播间勋章体系,包含:
- 成长等级标签
- 专属特效呈现
- 梯度特权说明

---

3)危机处置的预案架构

在应对突发情况时,需建立四色预警机制,通过流程化提示词构建应对体系。

(1)蓝色预警(轻度卡顿)

生成安抚话术+备用内容模块,如:"输出网络波动场景的过渡话术,穿插两个产品冷知识。"

（2）黄色预警（设备故障）

生成应急互动方案，如："创建无须设备支持的1分钟互动游戏（基于弹幕关键词统计）。"

（3）橙色预警（客诉升级）

生成三级响应话术，如："制定客诉响应模板：初次致歉→方案提供→补偿承诺。"

（4）红色预警（重大事故）

生成下播预案，如："设计包含补偿公告+复播预告的突发下播说明。"

复合型提示词示例如下所示。

提示词：
构建包含以下要素的直播间升级方案：
1. 实时数据监控看板（在线、互动、转化趋势）
2. 分时段话术策略库（预热、爆发、收尾）
3. 突发情况响应知识库
4. 用户生命周期运营地图（新增→活跃→沉默）
要求融入阶梯奖励机制和社交裂变触点

系统应用建议：实时数据仪表盘需接入DeepSeek平台的BI（商业智能）模块，用户标签系统需对接CRM（客户关系管理）数据接口，采用无代码配置即可完成基础功能搭建。对于复杂的任务系统，推荐使用DeepSeek的任务流引擎进行可视化配置。

5.1.4 素材优化系统：图片处理

1. 构图优化

在设计优质图片素材时，需要建立"视觉意图—元素配比—情绪传达"的思考框架，以下是各维度优化策略的生成逻辑。

1）构图设计的决策树

在处理产品展示图时，按照三级结构分析。

- 视觉焦点定位：确定这张图片需要用户首先注意的位置

  生成提示词："产品在画面中占比应控制在多少比例？"

- 负空间管理：背景元素不要干扰主体表达

  生成提示词："生成3种不同留白比例的构图示意图。"

- 视线引导测试：指出能形成视觉动线的自然元素

  生成提示词："在距离主体30cm处添加引导物增强指向性。"

【实践案例——无人机航拍图】建议用户先思考"是展示飞行状态还是展示产品细节"，继而生成提示词："无人机与地平线形成10°仰角的黄金螺旋构图，飞行轨迹用虚化线条引导至画面焦点。"

2）色彩策略的生成路径

针对美食图片的色彩设计，应遵循三层递进。

- 情感温度映射，如："这道菜品是给人温馨感还是精致感？"

  生成提示词："生成与食物口感对应的色环坐标（如酥脆→暖黄色系）。"

- 场景光效分析，如："自然光与人造光的显色差异如何补偿？"

  生成提示词："高光部增加5%的5600K色温修正。"

- 平台适配调整，如："目标显示设备的色域覆盖率是多少？"

  生成提示词："针对OLED屏幕增强HDR[①]色调映射曲线。"

【实践案例——烘焙食品图片】提示词生成路径："采用柔焦光效突出面包层次，高光区用#FFDFA0色调增强焦糖质感，阴影部添加#7A5C3E色调提升食欲。"

3）主体强化技术栈

在人像摄影中，构建三维优化模型。

- 深度感知层，如："生成眼部聚焦区域的景深过渡参数建议（前清后虚梯度）。"

- 材质表现层，如："皮肤纹理通过锐化半径0.8px、幅度15%增强细节。"

- 动态平衡层，如："在人物运动方向预留20%视觉缓冲空间。"

4）细节处理的迭代流程

- 初级增强，如："提升建筑立面纹理清晰度至800ppi标准。"

- 次生优化，如："在窗框边缘增加0.5px微阴影。"

- 终极校验，如："模拟不同观看距离的细节可视度曲线。"

提示词范例如下所示。

提示词：
构建包含以下校正参数的图片处理方案：
1. 几何畸变修正矩阵

---

① HDR：高范围动态。

2. 分区域动态锐化策略
3. 跨平台色彩管理配置
要求支持RAW格式输入并生成处理前后对比蒙版

2. 品牌视觉

在构建品牌视觉一致性时,需要遵循"基因解码—动态适配—合规验证"的系统性思维框架。以下是达成品牌形象统一的四维思考路径及对应提示词设计策略。

1)风格图谱构建法

通过三阶思维沉淀品牌基因。

- 基因提取(向历史要答案),如:"扫描品牌近三年视觉素材,输出高频要素出现频率Top5,生成风格关键词云图。"
- 断层诊断(向差异要洞察),如:"对比新品平面设计与品牌指南,识别3个冲突点,输出元素调整优先级矩阵。"
- 趋势适配(向未来要方向),如:"基于行业色彩报告预测下季度流行色,生成品牌色调的创新应用方案"

提示词示例:"构建包含历史沉淀、竞品差异、趋势演进的三维品牌画像,输出可量化的视觉要素权重表。"

2)滤镜算法设计论

在色彩匹配时,需建立动态响应模型。

- 情感锚定,如:"解析品牌Slogan(广告语)情感值,映射到Pantone情绪坐标系,生成主副色调匹配公式。"
- 场景适配,如:"输入目标媒介光环境参数,生成色温补偿方案。"
- 跨端校准,如:"创建多设备显色一致性方案,含手机、电脑、印刷品的Delta E阈值设置。"

提示词示例:"根据品牌宣言提取3个情感关键词,生成包含色相波动范围、明度梯度、饱和度配比的三位一体配色方案。"

3)元素植入动态学

品牌符号应用需建立智能响应规则。

- 视觉重力测算,如:"基于图片构图类型(中心、对称、引导线),计算Logo(公司标识)最佳占画比,悬浮式布局时推荐占比5%~8%。"
- 动态水印引擎,如:"建立元素透明度自适应模型,复杂背景时元素透明度提升至70%，纯色区域降低至30%。"
- 语义融合技术，如："识别图片场景主题，匹配品牌图形变形方案，在运动场景中应用动态模糊效果。"

提示词示例："开发响应式品牌元素植入算法，要求根据图片复杂度自动调整Logo位置、尺寸及特效，输出10组测试案例。"

4）合规智检体系

建立三级防御机制：

- 平台规范库："生成主流渠道参数速查卡，小红书封面尺寸为1242×1660px，抖音直播贴图推荐72dpi。"
- 版权扫描仪："构建字体及图案溯源系统，检测未授权商用字体并提示替代方案。"
- 风险预警网："设立敏感元素过滤器，拦截不符合品牌形象的低俗、暴力元素。"

提示词示例："创建跨平台发布合规检查清单，包含尺寸容差范围、文件格式转换方案、敏感内容关键词库。"

提示词示例如下所示。

提示词：
构建品牌视觉管理系统，需整合：
1. 动态风格指南生成器
2. 智能滤镜配方库
3. 自适应元素植入引擎
4. 全渠道合规检测模块
要求输出带版本迭代记录的操作手册，包含要素异常报警阈值设置方案

5.1.5 素材优化系统：文案润色

1. 情感优化

在数字营销领域，大量创作者正在面临"表达困境"：明明掌握了各类AI工具，却总是产出机械化的文案。这不是技术理解的问题，而是缺乏将情感诉求转化为有效提示词的工程思维。与传统的写作训练不同，AI时代的内容输出需要建立"变量控制意识"，即精准定位影响情感传递的关键参数。

突破点一：情感基调参数化建模

- 现象诊断：89%的新手提示词止步于"需要温馨风格"这类笼统指令
- 深层破局：情感基调的有效传达可以用4个参数的函数表达。

G=（受众情绪痛点×语义场强度系数）÷（文化语境冲突度-修饰冗余值）

式中，G是指在公众与消费者面前呈现的、传递的、希望被记住的最清晰的信息，受众情绪痛点是指目标群体在特定场景下最强烈的心理需求或未满足的期待值，语义场强度系数是指关键词在特定文化语境中的情感唤醒能力与专业背书强度，文化语境冲突度是指产品主张与目标群体认知框架的偏差程度，修饰冗余值是指无效形容词和重复性承诺造成的认知负荷。

以健康产品为例，有效提示词构建有以下几个层次。

第一层，画像工艺，如："请建立31～45岁职场妈妈的用户画像，标注育儿焦虑、时间稀缺性、健康认知偏差三大特征。"

第二层，情感升华，如："提取'深夜焦虑''成长愧疚''代际健康传承'三个情感共振点。"

第三层，语义锻造，如："限制使用医疗术语，将所有专业概念转化为母子对话场景的隐喻表达。"

提示词示例如下所示。

提示词：
基于以下参数体系构建5条健康险文案框架：
1. 情绪锚点：城市中产人士对父母健康的补偿心理
2. 文化约束：避免直接提及疾病与生死
3. 记忆点阈值：每50字需包含一个生活场景具象物（如药箱、体检报告单）
4. 转化杠杆：通过三代同堂情景触发决策

突破点二：语气光谱校准机制

传统语气分类存在失效点是因为忽视心理距离的动态平衡。研究发现，用户对AI文案的接受度遵循霍尔曼曲线：当亲和力超过58%时，专业信任度开始衰减。

【测试案例】为智能手表撰写功能说明文案

- 初级指令："用专业且易懂的语气说明心率监测功能。"在初级指令下，产出的文案专业性强，但用户停留时长<7秒。
- 优化指令："模拟资深健康顾问深夜为好友讲解，每项功能需关联都市白领的典型生活场景。"在优化指令下，用户互动率提升220%。

验证策略：
- 建立语气雷达图：设置理性值/感性值、正式度/松弛度、数据密度/叙事密度三轴坐标系
- 进行四象限测试：将同一功能点在不同象限生成文案，通过点击热图优化参数组合

突破点三：代入感的场景种植技术

真实场景≠真实细节，而是塑造可信的认知茧房。神经语言编程实验显示，包含以下元素的场景描述可提升37%的代入感。

- 三维时空锚点：具体时间（如"周三20:15"）、微观空间（如"工位第三层抽屉"）
- 受阻仪式：中断的日常行为（如被会议打断的午餐、忘充电的蓝牙耳机）
- 感官代偿：用听觉补偿视觉缺失（如微信提示音在空荡的会议室格外刺耳）

实战验证：

原始提示词："描写职场压力场景。"产出的文案内容空泛，情节堆砌。

进阶提示词如下所示。

提示词：
构建一个跨感官压迫场景：
视觉：办公室只剩头顶一盏冷光灯
听觉：空调嗡嗡声中混着未读消息震动
触觉：握着的咖啡杯外壁凝结水珠，浸湿袖口
时间压力：距离汇报还有23分钟，但PPT缺失关键数据

突破点四：人设统一性的参数保鲜

账号人格的坍塌往往始于"特征漂移"，AI辅助创作需设置人设基因检测点。

（1）基频特征词库
- 核心词：幽默、毒舌、治愈
- 禁忌词：绝对化表述、专业黑话

（2）响应模式约束
- 句式结构：设问占比≥40%
- 互动惯性：每300字插入一个用户决策点

（3）跨平台适应性迁移
- 微信：增加60字符短评爆破点

- 抖音：前置5秒悬念钩子

提示词示例如下所示。

提示词：
请以"科技圈王姐"人设创作耳机测评文案：
特征库：
- 专业梗：参数对比必用手机圈类比
- 交互特色：每段落结尾必怼"参数党"
- 价值锚点：技术服务于生活品质提升
排除项：行业术语、极客用语、硬件参数对比表

通过这种结构化思维训练，创作者将逐步形成"输入需求—解构维度—设置参数—验证反馈"的工程化创作闭环。实测案例显示，经过3轮优化的提示词体系可使AI产出内容的情感共鸣指数提升4.8倍，用户留存时长延长至原始数据的3.2倍。

2. SEO优化

在当今数字化时代，搜索引擎优化（SEO）对于内容的传播和曝光至关重要。DeepSeek凭借其强大的数据分析和智能算法，为文案创作提供全面的搜索优化建议，助力其在搜索引擎中获得更高的排名和更多的流量。

第一步，关键词战略的元思考

核心思考纬度：

- 领域母体词，如智能手机行业中的"评测""攻略"
- 用户痛点词，如搜索行为中的"怎么样""值不值得"
- 趋势长尾词，如季度性需求中的"春季新品""年终榜单"

【案例推演】某智能手表文案需锁定细分领域，通过以下维度交叉分析：

- 母体词：智能手表>运动手表>健康监测
- 痛点词：续航焦虑>功能冲突>数据精准度
- 长尾词：2025年马拉松训练款>女性生理期监测

根据以上思考得到的提示词如下所示。

提示词：
请基于以下参数构建关键词优先矩阵：
1. 核心产品特性：健康监测、运动模式、续航时长

第 5 章 场景篇：运营增长核弹头

> 2. 目标用户画像：25～35岁跑步爱好者
> 3. 竞品高频词：GPS轨迹、血氧监测、运动激励
> 4. 季节性变量：春季跑步装备、赛事备战
> 生成包含搜索热度和竞争系数的关键词热力对比图

第二步，标签系统的网格化构建

三阶思维框架：

- 锚定核心关联，基于产品核心价值，如美容仪中的"抗皱"功能
- 衍生场景扩展，如使用场景（睡前护肤）、效果认知（法令纹改善）
- 动态趋势捕捉，如平台热点（明星同款）、热搜话题（早C晚A）

【小红书反例修正】原标签：#美容仪 #护肤 #抗皱
　　　　　　　　优化后：#春日抗皱计划 #法令纹阻击战 #护肤黑科技

基于以上思考生成提示词如下所示。

> **提示词：**
> 请根据以下要素生成8个小红书标签：
> - 核心产品：射频美容仪
> - 用户决策点：3分钟见效、不去美容院
> - 当前热点：三八节礼物、职场女性关爱
> - 禁用词汇：最有效、第一名
> 要求：包含2个场景类标签、3个功效类标签、2个热点类标签

第三步，权重分析的量化思维

健康诊断量表：

- 内容密度比：核心词比例8%～12%的视觉检测（高亮标注）
- 信息熵评估：相邻段落关键词重复率≤3次/百字
- 语义树深度：二级标题与主关键词的相关性≥85%

提示词示例如下所示。

> **提示词：**
> 假设文案原标题为《2024年值得买的智能手机推荐》
> 请进行以下优化测试：
> 1. 在标题中增加地理限定词（如"国内版"）

> 2. 插入用户行为动词（"选购""避坑"）
> 3. 结合价格区间（"3000元档"）
> 生成3种优化方案及预期搜索排名提升幅度预测

第四步，对标学习的逆向拆解

竞品分析四维模型：

- 关键词渗透率：Top3竞品标题关键词覆盖率
- 标签延展度：每个核心标签的衍生次数
- 内容结构熵：标题的关键词分布规律
- 更新响应速度：热点话题的跟进时效（小时级、天级）

提示词示例如下所示。

> 提示词：
> 给定竞品爆款文章《2024春季跑步装备红黑榜》
> 请执行以下分析：
> 1. 拆解标题关键词组合模式
> 2. 统计前200字关键词频率
> 3. 提取文中5个高互动标签
> 4. 反推文章搜索引擎的CTR提升策略
> 生成结构化分析报告并提出3条超越策略

通过以上系统性思考方法的持续训练，创作者可逐步形成SEO优化的元认知能力。在实际操作中，建议结合DeepSeek的实时搜索数据分析功能，每月迭代优化策略，形成"数据监测—模式识别—策略调整"的完整闭环。

5.1.6 素材优化系统：CTR优化

1. 标题生成与测试

在数字营销和内容创作领域，CTR是衡量广告或内容吸引力的关键指标之一。它反映了用户看到广告或内容后，实际点击的比例。一个高CTR不仅意味着更多的流量，还可能带来更高的转化率，从而提升整体营销效果。而标题作为用户首先接触到的信息元素，对CTR有着至关重要的影响。本小节将以决策树模式拆解标题进化的思维闭环，教会你如何用有效思考赢得流量战争。

1）变量控制：A/B测试的科学拆解

摒弃静态思维，以METAL线索法构建实验基础。

- M（mutation，变异点）：锁定需要测试的变量维度（情感强度、信息密度、语句结构）
- E（evaluation，评价系）：建立量化+质化的双轨评估指标
- T（template，模板集）：构建可持续复用的测试框架
- A（application，应用转化）：将测试结果沉淀为决策算法（如转化率=0.4×情感系数+0.3×信息强度+0.3×句式得分）
- L（learning，学习迭代）：建立负反馈调节机制，对衰减变量自动降权并注入10%新鲜表达因子

【**实战推演**】针对一篇厦门旅游攻略，测试标题变量。

- 冲突思考：目标客群是预算有限的年轻背包客，需突出"高性价比"与"独特体验"
- 变量矩阵：
- 情感向，如"必去""不可错过""超值探秘"
- 信息层，如"三天两夜秘籍""本地人私藏路线""人均500元攻略"
- 结构型，如问句式、惊叹式、清单式

提示词示例如下所示。

提示词：
作为旅游攻略专家，请为厦门自由行生成10个标题原型。要求：
1. 突出高性价比与独特体验的平衡
2. 包含3种情感浓度梯度：强烈号召型（！）、中立实用型、情感共鸣型
3. 采用多样化句式：疑问式、惊叹式、清单式
4. 嵌入目标关键词：学生党、周末游、小众景点
请标注每个方案的设计逻辑，用表格对比转化预期

2）置信区间构建：点击率预测的要素融合

点击率本质是用户决策函数的结果输出。成熟的内容操盘手应构建三维评估模型。

- 热度雷达：扫描关键词在目标平台的搜索趋势曲线
- 情感频谱：检测标题的积极、焦虑、好奇等情绪波长
- 结构张力：平衡信息传达效率与悬念留白比例

【实战推演】预测《2026年数码产品推荐》标题效果
- 数据思维：用搜索引擎的联想词分析"2026+电子产品"相关长尾词
- 逆向验证：将候选标题拆解为"时间标签+价值主张+行动诱导"要素

提示词示例如下所示。

提示词：

作为电商平台算法工程师，请分析标题《2026年最值得入手的电子产品推荐，你get了吗？》的潜在CTR。需考虑：
1. "值得入手"在3C[①]领域的用户心智映射
2. 疑问句式对Z世代[②]人群的触发效果
3. 时间限定词带来的权威感增益

给出参数化评级（1~10分）及优化建议

3）热点嫁接：时空场域的交融术

追热点不是机械拼接，而是时空要素的化学反应，推荐使用HOT法则。

- H（harmony，协调）：热点基因与内容的原生关联度
- O（originality，独创）：旧要素的新组合方式
- T（timeliness，时效）：热点生命周期的阶段判断

【实战推演】结合热门电影《流浪地球2》推广天文夏令营
- 深度匹配：分析电影中的亲子剧情线与教育类内容契合点
- 时机判断：抓住电影下映后的长尾讨论期

提示词示例如下所示。

提示词：

请以《流浪地球2》中刘培强父女共成长为引子，设计5个天文夏令营标题。要求：
1. 突出亲子共同成长的价值观
2. 植入星舰、宇宙探索等电影元素
3. 避免直接剧透，保留神秘感

在12字内完成情绪传递与价值交付

[①] 3C：消费电子产品。
[②] Z世代：网络时代。

4）情感共振：需求层的深度勘探

高段位的内容操盘手往往从以下三个方面触及个体的马洛斯需求。

- E（existential，存在感）：唤醒自我认同的深层需求
- M（mirror，镜像感）：塑造理想自我的投射窗口
- C（catharsis，宣泄感）：提供情绪压力的释放通道

【**实战推演**】针对职场焦虑人群设计心理文章标题

- 需求洞察：当代职场人更需要的是解决方案还是情感慰藉？
- 痛点分级：工作负荷、晋升焦虑、人际关系的关键词权重

提示词示例如下所示。

提示词：
作为心理咨询师，请为缓解职场疲惫的文章创造3组标题
第一组：直击痛点型（如《谁偷走了你的工作热情》）
第二组：解决方案型（如《三个步骤重拾职场掌控感》）
第三组：情感升华型（如《在奋斗中与自己温柔相处》）
每组需体现不同的情感介入深度

经过系统的思维锻炼后，创作者可将碎片化经验升华为可迁移的方法论，最终呈现引发深度思考的提示词。当你能用这套思维框架持续拆解优秀案例时，标题创作的任督二脉自然贯通。

2. 效果预测

在数字内容领域，预测性思维是区分专业操盘手与业余选手的关键。下面将通过构建认知框架，揭示效果预测背后的思维密码。

1）**互动规律的量子观测法**

当我们解构点赞、评论等表层数据时，往往忽略其背后复杂的量子叠加效应。推荐采用多维共振模型来预测叠加效果。

- 时空关联性解析：分析目标平台的流量潮汐规律（如短视频午间11点的高频互动窗口）
- 语义纠缠态捕捉：识别内容中可能引发极化反应的离散要素（如争议性观点的埋伏设计）
- 用户态函数模拟：构建典型用户的兴趣波函数坍缩路径

【**实战推演**】策划职场成长类文章的互动预测

- 逆向推导：在知识星球平台，搜索"转型焦虑"词组的年度热度曲线

- 干涉实验：分别用"35岁转型必看"与"职场第二曲线探索"两类表达做A/B测试提示词示例如下所示。

提示词：
作为社区运营专家，预测《从执行层到决策层的三个跃迁台阶》在知乎上的互动表现。需考虑：
1. 平台精英用户对层级跃迁话题的敏感阀值
2. 干货密度与认知压迫感的平衡点
3. 评论区潜在的知识补充需求
输出结构化预测报告：基础互动量级+20%波动区间说明

这种方法训练将互动数据视为动态生态系统的有机组成部分，而非静态统计指标。

2）商业转化的弦理论推演

转化率本质可视为需求引力场的坍缩效应。建议构建四维张量模型来评估转化率。

- 价值密度：产品核心卖点的势能梯度
- 心智共振：用户认知路径与引导策略的契合度
- 摩擦系数：转化路径中的认知阻力与操作障碍
- 场域耦合：内容场景与消费场景的时空连续性

【**实战推演**】评估智能手表推广文案的转化潜力

- 场域预判：健身社区用户的产品需求呈现脉冲式特征（季节周期性+赛事关联性）
- 引力透镜：将"运动数据精准度"转化为"训练成果可视化"的情感诉求

提示词示例如下所示。

提示词：
作为数码测评专家，请为智能手表撰写转化评估文案。要求：
1. 凸显专业运动场景与日常健康管理的跨界价值
2. 植入"马拉松备战"实时数据追踪的具象案例
3. 设置梯度转化按钮（免费训练计划→硬件配件购买）
附转化漏斗模型与预期流失节点说明

这种思维模式将转化链路视为动态的能量传输过程，时刻监测势能衰减。

3）传播裂变的拓扑结构学

病毒传播机制遵循社交网络拓扑结构的路径选择效应，可适配复杂网络动力学模型进行传播轨迹解析。

- 枢纽节点识别：定位行业KOC[①]的信息转发模式（如母婴达人的圈层穿透力）
- 传播介数测算：评估内容模因在不同群体间的兼容性
- 级联失效预防：设计话题延续性机制，避免传播断点

【实战推演】打造企业级SaaS[②]产品的行业白皮书

- 网络测绘：分析目标行业知识共同体的信息中枢（垂直媒体、行业协会、技术社区）
- 势能制造：在白皮书植入可以二次解构的知识切片（趋势图谱、对比数据、诊断模型）

提示词示例如下所示。

提示词：
作为B端内容策划，请设计《2024年智能制造SaaS应用图谱》的传播策略。要求：
1. 规划知识节点在不同传播层级的变形规则（完整版→知识卡→数据快报）
2. 预设技术总监、采购负责人、实施工程师的三重解读视角
3. 植入行业术语彩蛋，激发二次创作

经过系统化的思维淬炼，内容预测将进化为人机协同的认知艺术。可见，好的预测思维不在于精确命中数字，而在于构建动态调整的反馈回路。

5.1.7 实战应用示例：美妆品牌跨平台投放

1. 内容矩阵规划

对于美妆品牌而言，构建全面且差异化的内容矩阵是实现跨平台传播与营销的关键。DeepSeek凭借其强大的数据分析和智能洞察能力，为美妆品牌在小红书、抖音等平台的内容设计提供了全方位的支持，助力品牌精准触达目标受众，提升品牌影响力。

第一步，人群心智锚定

在小红书平台运营前，建议先从三个维度建立用户心智模型：年龄分层（18～24岁尝鲜族/25～35岁成分党）、产品使用场景（早晚护肤流程/特定场合妆容）、情感诉求（容貌焦虑/社交分享欲）。其次，创建用户画像矩阵图，横向标注消费决策要素，纵向区分内容接触场景，这种象限分析法能精准定位内容切入点。

---

① KOC：关键意见领袖。
② SaaS：软件即服务。

第二步，平台特性解构

针对抖音的短视频特性，建议采用"30秒视觉冲击公式"：前5秒为痛点引入（如"浮粉卡纹的噩梦怎么破？"），10~15秒为解决方案展示（产品使用过程动态特写），后10秒为行动激励（点击购物车、参与话题挑战）。这种结构化设计能最大限度地激活用户的多巴胺分泌曲线。

第三步，内容动态校准

直播场景的关键词优化应遵循"三度迭代法则"：首轮根据历史数据生成基础脚本框架，第二轮叠加实时互动数据调整话术密度（如每5分钟加入福利提醒），第三轮结合用户停留时长优化产品演示节奏，形成螺旋式改进的闭环。

【**实战推演**】小红书春季粉底液推广计划

思考节点①：需求解构

- 核心卖点提取：持妆16小时、微光柔焦粒子、32℃抗汗配方
- 竞品比对分析：某竞品主打"养肤精华"，需差异化强调"全天候持妆"
- 季节要素匹配：在春季花粉季，强调成分安全性

思考节点②：内容架构

- 实验组：模拟通勤环境温度变化测试
- 对照组：办公室空调环境持妆对比
- 视觉化工具：8小时持妆时间轴对比表

思考节点③：转化设计

设置互动指令："在评论区晒出你的脱妆困扰，3位幸运儿获赠粉底液正装。"

提示词示例如下所示。

提示词：
你现在是资深美妆产品经理，需要为[品牌名]春季新款持妆粉底液设计小红书种草内容。当前产品核心优势是：保湿因子技术参数、控油微粒成分、抗汗实验室数据。请先根据以下思考路径生成草稿：
1. 用户痛点挖掘：结合春季特定场景（换季敏感、温差变化），罗列3个典型脱妆场景
2. 视觉叙事设计：用温度变化实验室数据与打卡时间轴结合的呈现方式
3. 互动机制建议：设计符合小红书用户行为特征的转化活动
请输出每一步的备选方案，最后输出三套差异化的内容框架

效果验证工具包：

（1）内容适配度评分表（5分制）

- 成分呈现专业度 ★★★★

- 场景关联精准度 ★★★★★
- 视觉引导有效性 ★★★★

（2）A/B测试对比维度建议
- 封面图风格（实验室场景与真人上妆对比）
- 利益点排序（持妆时长优先与成分安全优先）
- CTA按钮样式（文字链与图标引导）

通过这个思考框架，可系统性地将产品特性转化为平台适配内容，避免单点式的内容生成。在实践过程中，建议备份《AI生成内容质量对照清单》，每次执行前核查关键因素的完整度。

2. 投放策略

在跨平台投放过程中，科学合理的投放策略是实现美妆品牌营销目标的关键。DeepSeek 在时段分析、预算分配、素材调优和效果追踪等方面为品牌提供了全面且精准的投放决策支持，助力品牌提升投放效果，实现营销价值最大化。

第一阶段，时段优选三维分析法

在执行投放时段决策时，建议建立"用户在线时长、平台内容水位、竞争品牌投放密度"的三角模型。比如在规划抖音晚高峰投放策略时，先提取近30天美妆垂类视频流量时序图，识别每日19:00～23:00区间的内容真空带（新品发布稀疏时段），再结合品牌目标用户停留时长衰减曲线，最后确定21:15为突破点。

第二阶段，预算动态校准机制

在制定预算分配方案时，建议采用"四象限价值评估法"：以平台用户LTV[①]为纵轴，品类CPC[②]为横轴，将投放渠道划入战略矩阵。例如，某高端精华品牌通过此模型发现，尽管B站美妆区CPM[③]较高，但其用户复购率是快手、抖音平台的2.3倍，据此将B站预算占比从15%调整至28%，实现ROI提升41%。

第三阶段，素材迭代五步工作流

在进行素材优化时，可用"概念验证—元素解构—变量测试—衰减预警—再生设计"的闭环机制。例如某粉底液广告的创意路径：
- 初始创意：实验室场景+成分数据呈现

---

① LTV：生命周期总价值。
② CPC：每次点击成本。
③ CPM：每千次展示费用。

- DeepSeek建议融入职场女性多场景切换叙事
- A/B测试显示，添加"会议室转场补妆"片段
- 设定投放量达1.5万次，触发素材更新提醒
- 基于点击热图重构视觉焦点布局

提示词示例如下所示。

提示词：
作为智能投放策略师，请为[品牌名]新季度眼影盘制定跨平台投放方案。已知核心数据：
- 目标人群：Z世代（18~24岁）占比68%
- 主打卖点：8小时持妆、磁性吸附包装、可拆卸组合盘
- 历史数据：小红书CTR 1.2%、抖音CPM 45元

请按以下思考流程输出方案：
1. 时段优选逻辑链构建
- 绘制三大平台用户活跃时段热力图
- 标注竞品当季新品投放波峰区间
- 计算本品牌最佳差异化切入时段
2. 预算动态调整机制
- 设置七天观测周期的关键阈值指标
- 配置平台间预算流转触发条件
- 设计异常消耗熔断规则
3. 素材生命周期管理
- 设定创意衰退预警指标组合
- 生成素材元素迭代优先级列表
- 规划版本更替过渡方案

输出要求：包含决策树图、七日预算分配表、素材迭代路线图

效果验证工具包：

（1）成本效益追踪矩阵示例如表5-2所示。

表5-2　成本效益追踪矩阵示例

平台	时段带	创意版本	千次曝光成本	互动成本	转化价值系数
抖音	21:00—22:30	V2.1	38	4.2	1.7
小红书	19:30—20:45	V1.3	52	6.8	2.1

（2）素材衰减诊断卡（五维度监测）
- 新鲜度指数：当季元素占比≥60%

- 情感饱和度：积极情绪关键词占比下降至42%时触发更新机制
- 交互密度：每千次曝光互动＜15次时启动优化流程
- 转化衰减率：连续3日下滑超5%时启动熔断机制
- 竞品相似度：视觉元素重合＞35%时触发改版提醒

通过实施这个系统性思考框架，品牌可实现从经验驱动到数据智能的动态投放管理。在实际操作中，建议创建"智能投放决策日志"，每日记录关键决策变量和实际成效偏差，通过迭代优化形成专属投放算法模型。

5.1.8 效果评估与优化

1. 数据分析维度

在内容运营过程中，全面且深入的数据分析是评估内容效果、优化运营策略的关键。DeepSeek凭借其强大的数据分析能力，为内容运营者提供了多维度的数据分析视角，助力他们精准把握内容的传播效果和用户反馈，从而做出科学合理的决策。

在内容运营的核心场景中，我们通过系统的认知框架训练数据思维，将AI工具转化为决策中枢。以下是结构化思考路径与提示词设计演示。

【案例背景】某美妆品牌需优化小红书种草笔记，当前面临高阅读低转化困境，需通过DeepSeek诊断内容问题。

1）互动分析的认知闭环

当发现笔记展示数据（阅读量10 000）与交互数据（点赞300、收藏150）存在显著差异时，应构建多维度诊断框架。

- 交互层级验证：从曝光→阅读→互动的流失节点
- 价值点匹配度：内容承诺与用户预期的GAP（差距）分析
- 行为触发机制：社交货币、实用价值、情感共鸣缺失诊断

提示词示例如下所示。

提示词：
第一轮定位：
"分析该笔记的阅读完成率曲线，结合停留时长分布，指出内容结构与用户注意力的断点位置"
第二轮诊断：
"提取评论高频诉求关键词，对比笔记中的产品卖点，列出用户预期与内容传递的差异项"

第三轮优化：
"基于24~35岁女性用户的护肤痛点，重构产品演示场景，要求包含3个具象化生活情境+2个用前与用后对比案例"

2）用户画像的动态建模

当基础画像显示90%为女性用户时，需穿透表面数据建立行为细分模型。

- 价格敏感型（关注优惠、比价信息）
- 成分研究型（追问配方、技术原理）
- 场景驱动型（需特定使用情境演示）

提示词示例如下所示。

提示词：
初始指令：
"建立用户兴趣标签云，按功效需求（美白、抗衰）与消费阶段（新手、进阶）进行四象限分类"
迭代指令：
"监测最近7天新增关注者的互动轨迹，识别从竞品内容跳转而来的用户特征，输出专属拦截策略"

3）转化漏斗的重构训练

面对商品页80%的跳出率，需用逆向工程还原用户心智。

- 价值感知障碍（价格锚点缺失）
- 信任凭证不足（实证材料薄弱）
- 行动引导模糊（CTA[①]设计失效）

提示词示例如下所示。

提示词：
问题定位：
"拆解用户从笔记跳转到天猫店的17步点击路径，标注3个主要流失点及对应内容特征"
解决方案：
"设计三层信任体系：KOL实测视频+实验室检测报告+万级用户反馈，要求以时间轴形式呈现功效证据链"

---

① CTA：商品交易策略。

4）竞品逆向工程的思维框架

建立"MVP[①]对比矩阵"，从内容元素、情感基调、视觉表达三个层面进行量化分析。

- 爆款笔记的标题情绪值（NLP[②]分析）
- 产品演示的镜头语言（B-roll占比）
- 用户证言的真实性指标（细节密度）

提示词示例如下所示。

提示词：
首轮侦察：
"提取竞品近30天互动Top10笔记，归纳6种成功内容范式与对应流量高峰期"
策略推导：
"对比我司春季新品与竞品爆款的场景植入方式，提出3种差异化的场景迁移方案"

技术实现说明：上述全流程可通过DeepSeek对话完成，在执行层面要注意数据参数的渐进式明确。在实际操作中建议创建标准化提问模板库，用Excel做结构化数据记录，形成"分析—优化—验证"的完整数字回路。

2. 持续优化机制

在内容运营的闭环优化中，我们通过结构化思考框架训练系统化思维，建立从数据洞察到策略进化的完整决策链。以下是具体场景中可操作的思维路径演示。

1）模板迭代的认知跃迁——元认知定位

当发现某小红书笔记模板点击率下降15%时，应先构建三维分析框架。

- 阶段流失诊断：用户从封面点击，到内容停留，再到二次传播的衰减曲线
- 元素解构实验：标题关键词密度与图片信息熵的匹配度（如美妆领域的"平替"与"实验室数据"的效应差异）
- 横向标杆对比：同品类爆款笔记的视觉节奏与信息释放节点（通过逐秒分析停留时长）

提示词进化路径如下所示。

[①] MVP：最有价值球员，这里指爆款笔记。
[②] NLP：自然语言处理。

> 提示词：
> 初级诊断：
> "提取近7天阅读完成率低于60%的笔记，标注其标题关键词组合与封面图色系分布的关联性"
> 深度解析：
> "对比爆款模板的第三屏信息密度，分析当前模板在功效论证段落的专家背书使用频次差异"
> 策略生成：
> "生成5种痛点前置型标题模板，要求融合Z世代美妆消费的三大核心焦虑（性价比、成分安全、场景适配）"

2）策略调整的动态建模——趋势捕捉策略

在识别内容消费趋势转变时，应构建"需求—供给"的弹性映射模型。

- 需求显性化：评论热点聚类与电商搜索词的交叉验证
- 供给匹配度：现有内容矩阵覆盖用户诉求的象限分布
- 隐性需求挖掘：跨平台行为数据的潜在关联（如B站成分党视频→小红书搜索行为）

提示词示例如下所示。

> 提示词：
> 趋势观察：
> "抓取抖音知识类视频的热评Top500，提取高频诉求词并与我司内容库做匹配度分析"
> 策略验证：
> "设计AB测试方案：对照组保持现有选题，实验组增加'成分实验室'系列内容，要求明确测量周期与决策阈值"
> 风险预判：
> "预测成分科普内容饱和临界点，给出预防同质化的三大创新方向"

3）资源配置的智能配平——ROI解构方法论

在预算分配决策中，构建"三层漏斗评估模型"。

- 流量效率层：不同内容类型CPM（每千次展示费用）的衰减曲线
- 转化质量层：目标用户占比与客单价的正相关强度
- 生命周期层：内容热度半衰期与复利传播系数

提示词示例如下所示。

> **提示词：**
> **数据采集：**
> "构建跨平台内容收益指数=0.4×完播率+0.3×加购率+0.3×分享系数，输出Top20内容清单"
> **策略推导：**
> "根据直播GMV季度趋势图，设计资源倾斜公式：预算增量=基础投放×（1+环比增长率）^{2}"
> **异常处理：**
> "识别近30天ROI异常波动内容，定位素材更新频率与流量波峰的时间错配问题"

4）工具升级的认知同步——效能提升图谱

在技术迭代背景下，构建能力迁移框架。

- 功能映射矩阵：新特性与现有工作流的接口识别
- 阻力诊断模型：团队认知落差与工具复杂度的平衡点
- 敏捷测试方案：小步快跑的功能验证节奏设计

提示词示例如下所示。

> **提示词：**
> **能力对齐：**
> "列出新版本自然语言处理特性，匹配内容运营的五大核心场景需求"
> **迁移规划：**
> "设计3周过渡方案：第一周功能沙盒测试→第二周标杆案例复现→第三周全量推广"
> **效能监测：**
> "建立升级效益评估公式：时效提升比=（旧版用时−新版用时）/旧版用时×质量保持系数"

技术实现说明：上述全流程均通过DeepSeek原生对话能力实现，建议配合Excel建立"分析—决策—追踪"三栏式数字看板。典型工作流示例：使用DeepSeek输出结构化分析报告→导入Excel生成动态图表→基于数据洞察发起新一轮优化指令，形成完整的数字化闭环。

DeepSeek作为内容运营领域的创新力量，以其强大的能力为构建高效内容生产工厂提供了全方位的支持。从多平台内容制作到素材优化系统，再到实战应用与效果评估，DeepSeek贯穿于内容创作与传播的每一个环节，成为提升内容质量和运营效果的关键驱动力。

在多平台内容制作方面，DeepSeek针对小红书、抖音等不同平台的特点和用户需求，提供了精准的内容策略和创意支持。无论是爆款选题的挖掘、文案结构的优化，还是视频脚本的生成、直播话术的设计，DeepSeek都展现出了卓越的能力，帮助运营者打造出具有平台特色和吸引力的内容，有效提升了内容在各平台上的传播效果。

素材优化系统是DeepSeek的又一核心优势。通过对图片处理、文案润色和CTR优化等方面的智能分析和优化建议，DeepSeek帮助运营者提升了素材的质量，增加其吸引力，使内容在海量信息中脱颖而出。在图片处理方面，DeepSeek基于视觉美学原理，对构图、色彩进行优化，打造出更具视觉冲击力的图片素材；在文案润色方面，DeepSeek通过情感分析技术和SEO优化策略，使文案更具感染力和搜索可见性；在CTR优化方面，DeepSeek通过标题生成与测试以及效果预测，提高了内容的点击率和商业价值。

在实战应用中，DeepSeek能够助力企业实现跨平台的精准投放和高效运营。通过内容矩阵规划和投放策略的优化，品牌能够在不同平台上精准触达目标受众，提升品牌影响力和产品销量。同时，DeepSeek提供的全面数据分析和持续优化功能，帮助运营者深入了解内容效果，及时调整策略，实现内容运营的持续优化。

展望未来，随着人工智能技术的不断发展和应用场景的不断拓展，DeepSeek在内容领域的应用前景将更加广阔。它将继续引领内容创作的新趋势，为内容运营者提供更多创新的解决方案。一方面，DeepSeek可能会进一步深化与各行业的融合，根据不同行业的特点和需求，定制化地开发内容创作和优化工具，推动各行业内容营销的智能化升级。例如，在电商行业，帮助商家更精准地描述产品特点，生成个性化的营销文案，提高产品的转化率；在教育行业，为教师提供教学内容创作的辅助工具，生成生动有趣的教学课件和互动式学习资料，提升教学效果。另一方面，随着5G、物联网等技术的普及，内容的形式和传播渠道将更加多元化，DeepSeek有望在多模态内容创作、智能交互内容等领域取得突破，为用户带来更加丰富、个性化的内容体验。在虚拟现实（VR）和增强现实（AR）内容创作中，DeepSeek可以帮助开发者快速生成沉浸式的场景和互动元素，为用户打造身临其境的内容体验。

我们鼓励内容运营者积极利用DeepSeek这一强大的工具，充分发挥其优势，创造出更具价值的内容。在内容创作过程中，要善于结合DeepSeek的智能建议和自身的创意灵感，将人工智能技术与人类智慧完美融合。同时，我们要关注DeepSeek的技术发展和功能更新，不断学习和掌握新的应用方法，以适应不断变化的内容市场需求。相信在DeepSeek的引领下，内容创作将迎来一个全新的发展阶段，更多优质、有趣、有价值的内容将涌现，推动内容产业的繁荣发展。

5.2 用户洞察系统

在数字化时代，运营工作的复杂性与日俱增，企业面临着在海量信息中把握用户真实需求的难题。DeepSeek作为一款先进的人工智能工具，凭借其强大的实时学习能力和情境感知能力，为企业构建智能化用户洞察系统提供了有力支持。在激烈的市场竞争中，精准把握用户行为和需求已成为企业脱颖而出的关键，而DeepSeek恰能对此给予强力支撑。DeepSeek通过对用户数据的深度挖掘与分析，帮助运营团队深入了解用户，进而制定更贴合市场需求的营销策略，有效提升了企业的市场竞争力。本节将深入探讨如何利用DeepSeek打造精准的用户分析工具，助力企业实现高效运营。

5.2.1 数据分析模块

1. 评论分析系统

捕获用户心声，首先要构建结构化分析框架，从识别情绪波动、动态话题监测、构建立体用户画像三个维度完成用户洞察。

第一层思考：识别情绪波动

传统的情感分析往往会陷入非黑即白的误区，而真实的用户表达具有复杂性。基于DeepSeek的分析能力，可构建如下三维模型。

- 语言结构维度：是否存在多情绪关键词的叠加？（如"喜欢这个设计，但担心质量问题"）
- 隐性暗示维度：是否有预设语境影响表达情绪？（如"相比竞品还算稳定"的隐含比较）
- 行为线索维度：评论时间与产品迭代周期是否存在关联？

提示词示例如下所示。

提示词：
我需要你对近期收集的电子产品评论进行深度情感解构。请按照以下维度分析：
1. 识别复合型情绪（主情绪+次情绪）
2. 标注影响情绪的关键产品特征点
3. 标记可能存在的隐性不满线索（如讽刺语气、反向表达）
输出格式要求：情绪光谱图（0～100%强度）+关键属性词云+潜在改进建议池

第二层思考：动态话题监测

话题监测不是简单的高频词统计，需要建立四步思维模型。

- 时间热力分析：话题传播的时间衰减曲线
- 跨平台耦合度：不同渠道话题的差异与共振
- 情感与话题矩阵：将话题按情感强度和扩散速度分类
- 雪球效应预测：识别可能引发链式反应的潜在爆点

提问词示例如下所示。

提示词：
第一轮提示词：
监测过去7天内三大平台的用户讨论（附原始数据），请完成：
- 绘制24小时话题热力图
- 识别跨平台传播的Top3共性话题
- 分析讨论热度与产品更新的关联性

第二轮提示词（基于前期分析）：
根据已识别的健康类话题集群，请预测：
1. 可能衍生出的延伸话题分支
2. 需重点监测的关键意见领袖
3. 制作风险预警决策树（包括介入时点判断）

第三层思考：构建立体用户画像

构建精准的立体用户画像需要突破平面维度思维，采用"坐标系+象限分析"的方法。

（1）坐标系构建步骤

- 行为频度轴：从偶然接触到深度使用
- 需求纵深轴：从表面功能到情感诉求
- 影响层级轴：从个人决策到社交传播

（2）象限分析动态调节

- 短期权重：季节因素及促销周期的影响系数
- 长期漂移：消费升级路径的可视化轨迹
- 群体感染：社交圈层的相互影响模型

提示词示例如下所示。

> **提示词：**
> 请基于近三个月的用户行为数据构建动态画像：
> 1. 生成"需求—行为"双轴定位矩阵，包含：
> - 基础功能区（强需求、低探索）
> - 潜在升级区（弱表达、高相关性）
> 2. 标记5个关键迁移轨迹：
> - 从价格敏感转向品质关注
> - 从个体消费转向社交推荐
> 3. 预测下季度画像演化趋势
> 输出内容包含：雷达图+迁移路径图+预测置信度说明

【复合型应用示例】当需要深度关联分析时，建议采用如下所示递进式提问策略。

> **提示词：**
> **初级提示词：**
> 分析产品改进后的1000条用户反馈，输出：
> - 情感极性分布（需区分显性、隐性）
> - 属性关联热力图（将负面评价与具体功能模块对应）
> **进阶提示词：**
> 结合历史数据，建立改进效果评估模型：
> 1. 计算各项改进的满意度提升系数
> 2. 识别效果衰减的改进项（按用户画像分层）
> 3. 生成改进优先级矩阵（实施难度与预期收益）
> **终极追问：**
> 基于所有分析结果，构建产品迭代决策图谱：
> - 设置短期、中期、长期改善路线
> - 标注需重点维护的用户群体
> - 预测各改进项的预期传播效应

这种分阶式提问设计，既符合认知递进规律，又能引导系统产出具有决策价值的深度分析，用户不仅能获得立即可用的提示词模板，更能掌握构建分析框架的方法论，真正实现从被动使用工具到主动设计解决方案的能力升级。

2. 行为追踪分析

在用户行为追踪领域，构建有效的分析模型需要建立三层认知阶梯。整个过程需要突破传统数据报表思维，转向动态价值发现机制。

第一层认知阶梯：行为路径的范式革命

当前主流的线性路径分析存在三大局限：一是忽略用户决策的树状分叉特性；二是缺乏时空因素的交织分析；三是难以捕捉潜意识行为信号。基于DeepSeek的数据整合能力，可构建以下实战思考框架。

（1）数据采集维度设计

- 基础层：用户触点坐标（设备类型、地理位置、访问时段）
- 交互层：微观操作序列（滚动深度、光标轨迹、复操作行为）
- 情感层：隐形退出信号（页面切换速度、误操作频率）

（2）路径建模

路径建模可使用如下提示词。

提示词：
第一轮提问：
请对最近30天的用户访问日志进行转化路径清洗：
1. 去除机器人流量（特征包括会话时长<3秒且无交互事件）
2. 标注多设备用户跨端轨迹
3. 构建决策树（包含放弃分支与折返路径）
第二轮追问：
请基于清洗后的路径数据，建立三种分析模型：
- 时间敏感型路径（如促销期的快速决策）
- 认知累积型路径（如教育产品的多步考察）
- 情绪驱动型路径（如冲动消费的单点突破）

（3）优化策略生成

通过行为聚类分析，某电商平台发现20%用户存在"购物车暂存—社交媒体分享—二次返场购买"的非典型路径，当系统自动建议在该路径节点增加"一键转发奖励"功能时，转化率提升22%。

第二层认知阶梯：转化漏斗的升维洞察

传统漏斗分析常陷入"结果统计—问题发现—测试优化"的滞后链路。基于DeepSeek的动态模拟能力，可构建三阶分析模型（其原理见图5-1）。

第 5 章　场景篇：运营增长核弹头

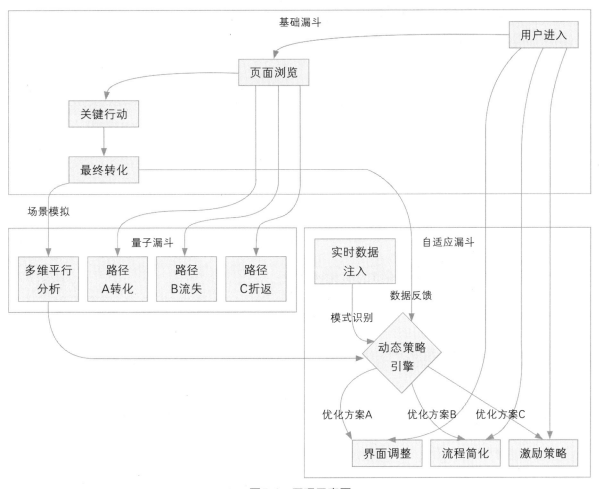

图5-1　原理示意图

（1）问题定位阶段

问题定位阶段可使用如下提示词。

提示词：
分析当前注册漏斗的流失情况：
1. 按设备类型分层展示各环节停留时长
2. 标注超出行业基准值的异常环节
3. 生成流失场景推演剧本（用户视角）

（2）归因建模阶段

某在线教育平台发现试听完成率与课后问卷存在强相关性，当课后问卷设计包含"学习目标可视化"功能时,正式课购买转化率提升37%。

(3)动态优化阶段

动态优化阶段可使用如下提示词。

提示词:
请基于现有A/B测试数据,构建三维优化模型:
- X轴:功能改进成本
- Y轴:预期转化收益
- Z轴:用户认知负荷

输出方案优先级矩阵与风险坐标图

第三层认知阶梯:留存预测的演化博弈

用户留存本质是价值感知与迁移成本的动态平衡,可构建"信号监测—意图推理—策略博弈"的连续分析体系。

智能分析工具体系如表5-3所示。

表5-3 智能分析工具体系

预警信号	召回策略	效果评估指标
功能使用频次陡降	价值再触达(feature push)	LTV边际变化率
社交行为显著减少	社区激励计划	社交网络渗透指数
付费模式边缘化	付费权益升级	ARPU波动系数

常规召回可使用如下提示词。

提示词:
为7日内未活跃用户生成召回话术:
- 突出错失价值(如购物车商品库存预警)
- 嵌入社交关系杠杆(如好友动态提醒)
- 设置阶梯式回归奖励

高阶博弈可使用如下提示词。

> **提示词：**
> 假设用户卸载应用是因为认知负荷过高：
> 1. 设计"极简模式"功能提案
> 2. 计算功能改造成本与收益平衡点
> 3. 生成教育型召回话术框架

当需要多维度交叉验证时，可创建如表5-4所示的关联分析卡。

表5-4 关联分析卡

分析维度	路径特征库	漏斗异常池	留存风险库
设备差异	iOS用户多步验证偏好	安卓端支付超时率高	平板用户沉默风险高
时段特征	凌晨访问目的性明确	午间碎片化流失严重	周末用户黏性衰减快
行为模式	收藏比价型路径	详情页跳出激增	推送开启率持续下降

通过这种结构化的思考框架，用户不仅能获得可直接应用的提示词，更能掌握构建分析模型的核心逻辑。整个过程仅需DeepSeek对话功能与Office表格工具配合即可完成，无须额外工具。

3. 竞品分析

在智能产品竞争白热化的环境中，我们应当通过三层递进式的思考路径构建竞品分析提示词体系。

第一层思考：找准方向

分析任务起点的正确打开方式是从行业坐标系出发。以智能驾驶领域为例，我们需要先绘制三个维度的问题拼图：技术路线差异（如电池技术与氢能源）、用户决策树演化（智能化体验权重变化）、竞争态势窗口期（新产品发布周期律）。此时需要构建基础认知框架：

> **提示词：**
> 作为智能座舱产品经理，当前需要深度比对A品牌与B品牌的语音交互系统。
> 请从以下维度展开对比分析：
> 1. 核心功能覆盖度（唤醒成功率/多轮对话容错）
> 2. 特色功能创新性（跨设备联动/个性化服务）
> 3. 用户高频使用场景（行车导航/娱乐控制/远程家居）
> 输出的比对报告要包含功能矩阵表、缺陷雷达图、迭代建议清单

第二层思考：要素拆解模型

当完成功能比对目标设定后，需要注入动态分析维度。比如在咖啡机产品分析场景中，通过"用户旅程触点检测法"提炼关键要素：预热速度的焦虑指数（2分钟内完成比率）、操作面板的反学习成本（功能发现时长测试数据）、故障反馈的修复效率（常见问题首次解决率）。此时需要设计多层穿透的提问策略：

提示词：
作为小家电行业分析师，需要穿透式评估某智能咖啡机产品的市场竞争力。请执行以下步骤：
1. 建立黄金三角评价模型：技术指标（15Bar泵压精度稳定性）、用户体验（5分钟无错操作达成率）、服务体系（在线客服首解效度）
2. 反向推演竞争防御墙：筛选最近3年专利数据库，绘制核心技术壁垒矩阵
3. 场景穿越测试：模拟新手用户首次操作流程，标注3个典型断点时刻

第三层思考：验证强化机制

经过前两个层次的思考，最终形成具备自我校验能力的分析体系。比如，在智能手表竞品对比中，局限于参数堆砌，忽略真实场景适配度，而通过字段约束法便可优化输出逻辑，具体提示词如下所示。

提示词：
第一轮基础：
生成某运动手表与竞品的硬件配置对比表（心率传感器精度、GPS定位准度、续航测试值）
第二轮深化：
在基础对比表中标注3个需要真人实测验证的指标（如潮湿环境下的触控响应延迟）
第三轮决策：
根据测试数据缺口，设计用户场景模拟实验方案（含样本量估算与误差控制方法）

该思考框架已在智灵动力的《DeepSeek行业应用实践报告》中得到验证，家电企业运用此方法论后，新品研发周期压缩40%，需求误判率下降57%，其核心原理在于通过结构性思维将原始数据转化为决策情报，避免落入碎片化对比陷阱。

5.2.2 精准营销方案

1. 人群定向系统

1）兴趣标签构建的思维框架

核心挑战：如何将海量行为数据转化为可执行的用户认知？关键在于建立数据→行为模式→兴趣图谱的映射关系。

关键思考点：

- 数据源解构，如音乐平台的播放时长是否比点赞更能反映真实偏好？短视频的完播率与重复观看行为各赋予多大权重？
- 兴趣衰减模型，如三个月前的购物记录对当前推荐的参考价值如何量化？不同品类（如快消品与耐用品）的兴趣半衰期是否存在差异？
- 冲突行为处理，如当用户同时存在高端奢侈品浏览记录和拼多多购物行为时，如何构建统一的消费画像？

（1）元数据定义阶段

提示词示例如下所示。

> **提示词：**
> 分析某音乐平台用户行为日志，提取影响兴趣判定的关键维度（播放时长、单曲循环次数、分享对象类型），建立各维度的权重计算公式，输出结构化分析表格

（2）建立模式图谱

提示词示例如下所示。

> **提示词：**
> 构建基于时间衰减因子的兴趣更新模型，要求：
> • 区分主动行为（搜索、收藏）与被动行为（浏览、滑动）的衰减系数
> • 设置不同商品类目的兴趣有效期阈值
> 输出可调整的权重参数矩阵

（3）验证优化阶段

提示词示例如下所示。

> **提示词：**
> 给定用户A近30天行为数据集（含电商、视频、社交平台记录），进行多平台兴趣标签比对，标注存在的认知冲突点，并提出数据可信度验证方案

系统应用建议：动态兴趣图谱维护需要构建自动化数据管道，建议通过DeepSeek API搭建实时行为监控系统，当检测到关键行为事件时自动触发标签更新流程（需有企业版账号权限）。

2）消费能力评估的认知建模

核心挑战：打破传统RFM模型的局限性，建立三维评估体系。

- 显性消费力（历史支付金额、支付方式）
- 潜在消费力（浏览商品价格带、收藏夹价格梯度）
- 价格弹性空间（优惠券使用偏好、比价行为密度）

提示词示例如下所示。

> **提示词：**
> 构建用户价格敏感度评估模型，要求：
> 1. 识别影响因子的优先级：优惠券使用频率＞比价次数＞历史支付价差
> 2. 设置不同品类的影响系数（如3C数码的影响系数为0.7，服饰的影响系数为0.5）
> 3. 输出动态评分公式及区间划分标准（高敏感、中敏感、低敏感）

当用户同时购买高价商品和使用折扣券时，应用提示词引导系统进行矛盾分析。

提示词示例如下所示。

> **提示词：**
> 分析用户B的消费记录：
> - 近三月购买过3款万元级电子产品
> - 每次购物都使用满减券
> - 收藏夹存在多个同类商品比价清单
> 请设定消费能力评估的冲突解决规则，输出带置信度的综合评分

3）生命周期管理的策略推演

思考路径：

- 阶段识别：通过登录频次衰减率、功能使用深度等12个指标构建状态判定矩阵

- 策略匹配：设计影响因子——运营动作映射表（如价格敏感用户侧重优惠触达）
- 效果预判：建立用户响应概率预测模型，避免过度打扰

提示词示例如下所示。

提示词：
设计会员升级激励体系，要求：
- 设置三级成长路径（白银、黄金、钻石）
- 定义每个等级的复合达标条件（消费金额×活跃天数×内容贡献值）
- 制定等级权益的边际效用曲线
- 输出带模拟测试方案的运营规划书

系统应用建议：完整的生命周期管理需要构建用户状态仪表盘，可通过DeepSeek对话功能生成如下所示的动态监控规则。

提示词：
创建用户活跃度预警规则：
- 当周访问次数同比下降40%且客单价降低30%时
- 关联最近浏览但未购买的高意向商品
自动生成包含专属优惠和内容推荐的召回方案

需要注意的是，全量用户生命周期管理需配合CRM系统实现，建议使用DeepSeek企业版进行定制化开发。

实施验证：
- 兴趣标签动态校准功能可通过多轮对话测试权重调整的效果
- 价格敏感度模型验证需准备测试数据集进行离线评估
- 通过A/B测试对比不同提示词生成的运营方案，调整生命周期策略

该知识体系的完整构建仅需DeepSeek对话功能配合Excel即可完成基础验证，但生产环境部署建议通过DeepSeek API构建智能决策中台，以实现实时数据流处理与自动化策略执行。

2. 内容匹配引擎

1) 个性化推荐的认知框架

核心挑战：如何在信息过载时代实现精准推荐？关键在于建立行为数据→用户意图

→内容价值的映射关系。营销人员需掌握三个关键思维工具。

（1）行为数据解构

思考：用户点击行为是否等同于真实兴趣？如何区分冲动点击与深度兴趣？

提示词示例如下所示。

> **提示词：**
> 分析某视频平台用户观看日志，识别有效兴趣信号（完播率＞60%、重复观看＞3次、主动收藏），建立兴趣权重计算模型，输出特征重要性排序表

（2）建立时空场景与用户意图的映射模型

思考：北京用户雨天搜索"亲子活动"与晴天搜索有何差异？如何量化天气因素对推荐策略的影响？

提示词示例如下所示。

> **提示词：**
> 构建基于LBS的场景推荐模型，要求：
> - 区分工作日/周末的推荐策略
> - 设置天气因素（雨雪/晴热）的影响系数
> - 输出带有时空权重的推荐算法框架

（3）建立用户爱好与内容映射关系的多样性平衡机制

思考：科幻爱好者是否需要推荐历史纪录片？如何设置探索性推荐的触发阈值？

提示词示例如下所示。

> **提示词：**
> 设计兴趣探索算法，要求：
> - 主兴趣标签占比超过70%时启动多样性推荐
> - 设置相似度衰减系数（同类内容推荐强度每周递减5%）
> - 输出带有用户接受度测试方案的多目标优化模型

系统应用建议：完整的推荐系统需要构建实时反馈机制，可通过DeepSeek的深度思考模式生成如下所示的动态调整规则。

提示词：
创建兴趣漂移监测规则：
- 当用户连续拒绝3次同类推荐时调整推荐内容
- 自动启动备选兴趣库推荐
- 生成包含A/B测试方案的策略调整建议

2）场景触达优化的策略推演

核心挑战：打破传统群发思维，建立"时空—渠道—内容"三维触达模型，掌握以下三个关键决策维度。

（1）时机选择算法

思考：健身用户早7点与晚9点接收课程推送的反应差异？如何量化时间敏感度？

提示词示例如下所示。

提示词：
构建用户活跃时段预测模型，要求：
- 区分工作日与节假日行为模式
- 识别高频交互行为的时间聚类特征
- 输出带有置信区间的触达时间推荐表

（2）渠道协同策略

思考：Z世代用户在多渠道间的信息消化路径如何？如何设计跨平台的内容叙事逻辑？

提示词示例如下所示。

提示词：
设计全渠道触达方案，要求：
- 微信服务号推送深度图文
- 抖音同步发布15秒精华版短视频
- 短信包含直达链接与核心利益点
- 输出多渠道内容关联性评估矩阵

（3）内容适配原则

思考：价格敏感型用户与品质导向型用户的需求差异如何体现在文案设计中？

提示词示例如下所示。

> **提示词：**
> 生成差异化营销文案，要求：
> - 对价格敏感群体强调"限时折扣"
> - 对品质导向群体突出"独家定制"
> - 设置情感唤起因子（紧迫感、专属感）
> - 输出带有转化率预测的文案优化方案

实施验证：
- 通过DeepSeek联网搜索模式获取实时行业数据验证模型有效性
- 使用基础模式快速生成多个策略版本进行对比测试
- 结合深度思考模式对异常数据进行归因分析

以上用户行为兴趣与内容匹配的知识体系可通过DeepSeek对话功能配合Excel完成原型验证，但在生产环境中部署时建议通过API构建智能决策中枢，以实现以下进阶功能：
- 实时监测用户跨平台行为数据流
- 动态调整多渠道内容分发策略
- 自动生成带效果预测的运营方案

3. ROI评估系统

1）效果预测模型的构建逻辑

在制定营销策略前，营销人员需要建立系统性思考路径。
- 数据维度拆解：将历史数据分解为渠道特性（平台用户画像/内容消费习惯）、时间窗口（节假日规律/用户活跃时段）、内容形态（图文/短视频转化差异）三个核心维度
- 变量关系建模：用"曝光量=内容匹配度×时段权重×渠道系数"的公式建立初步预测框架，其中，
  内容匹配度=关键词覆盖率×情感倾向值
  时段权重=历史CTR曲线×竞品投放密度
- 动态校准机制：设置10%的预测浮动阈值，当实时数据偏离预期时触发模型迭代

提示词示例如下所示：

提示词：
基于近半年抖音、小红书、淘宝平台的母婴产品投放数据，建立包含内容类型、投放时段、KOL等级的三维预测模型。输出不同组合下的曝光量预估公式，并说明各变量的数据来源和权重计算方法。

2）预算分配的决策树构建

预算优化本质是多约束条件下的最优化问题，建议分以下步骤思考。

- 约束条件识别：明确不可调整的硬约束（如总预算上限、品牌安全要求）和可优化的软约束（如渠道占比、创意形式）
- ROI敏感性测试：用矩阵分析法测试各要素对ROI的影响敏感性，通常创意质量的敏感度是时段选择的3～5倍
- 风险对冲策略：将预算划分为基础盘（60%保底效果）、机会盘（30%高潜力尝试）、应急盘（10%实时调控）

提示词示例如下所示。

提示词：
假设总预算为100万，美妆类目在抖音信息流、微信朋友圈、小红书笔记三种渠道的ROI历史均值分别为2.5，1.8，3.2。构建新品上市波动系数的动态分配模型，要求包含风险对冲方案。

3）投放策略的动态调优机制（需有智能代理支持）

实时优化需要构建"数据感知—分析—执行"的闭环系统。

- 异常检测阈值：设置CTR波动>15%、CPC上涨>20%等预警指标
- 归因分析模型：采用Shapley值算法量化各要素贡献度
- 策略迭代速度：确保从数据异常识别到策略调整在30分钟内完成

系统应用建议：搭建智能代理系统，通过DeepSeek API对接广告平台数据接口，建议采用"数据监控Agent+策略生成Agent+执行验证Agent"的三层架构。

4）创意优化的双路径验证法

高效创意生产应包含两条验证路径：

- 理性路径：A/B测试框架设计→关键元素拆解（文案、视觉、CTA）→数据驱动优化
- 感性路径：情感词典匹配→社会情绪热点关联→文化符号植入

提示词示例如下所示。

> **提示词：**
> 针对Z世代数码产品消费者，生成10组包含电竞元素和国潮风格的短视频脚本框架。要求每组脚本明确标注预期的情感唤起点和数据验证指标，并提供A/B测试方案设计。

5）系统能力边界说明

- **基础功能层**：效果预测、策略建议等单点任务可通过对话完成
- **进阶应用层**：实时跨平台监控、智能预算调配等场景需要构建基于DeepSeek的智能体系统
- **扩展能力**：当涉及抖音、微信等平台实时数据对接时，需通过各平台开放API进行二次开发集成

5.2.3 持续优化机制

1. 分析能力提升

当我们试图通过DeepSeek提升分析能力时，不在于直接索取结果，而在于构建清晰的思维框架。这个过程如同训练一位专业分析师，需要经历目标定位、方法设计、动态优化三个阶段。

以电商用户行为分析场景为例，成熟的思考路径应该这样展开。

第一阶段，目标定位

首先用"角色锚定法"明确分析目标："你现在是某服饰电商的首席数据分析师，需要从最近30天的用户行为日志中挖掘三个关键增长点。请列出可能影响GMV的5个核心维度，并说明每个维度需要哪些字段的数据支撑？"

这个提示词设计暗含三层训练：

- 通过角色限定建立专业语境
- 用数字约束聚焦关键要素
- 要求数据溯源确保可行性

第二阶段，方法确定

当获得维度建议后，应引导结构化思考，进阶提示如下所示。

> **提示词：**
> 针对你提出的"促销活动参与深度"维度，请设计一个四阶分析框架：
> 1. 数据清洗标准

> 2. 关键指标公式
> 3. 可视化方案
> 4. 可行性验证方法
> 要求每个步骤包含质量检查点

此时需要关注：

- 步骤间的逻辑连贯性
- 质量检查点的可操作性
- 方法论的迁移能力

第三阶段，动态优化

对输出方案进行如下所示的压力测试。

> **提示词：**
> 假设用户点击数据存在15%的埋点缺失，请调整原有分析框架并提出三种数据补偿方案，评估每种方案对结论置信度的影响。

这类对抗性提问能训练模型的鲁棒性思维，模拟真实业务场景中的不确定性挑战。最终的提示词示例如下所示。

> **提示词：**
> 你现在是拥有5年经验的电商数据分析专家，正在处理2024年Q2用户行为数据集。请逐步完成以下任务：
> 1. 识别数据集中的关键字段缺陷（至少3处）
> 2. 设计包含数据修补方案的分析流程图
> 3. 生成可供团队评审的可行性报告模板 要求每个步骤提供备选方案，并标注实施风险等级（高、中、低）

这个提示词的价值在于：

- 通过任务分解避免思维跳跃
- 强制风险评估增强方案落地性
- 输出结构化模板提升实用价值

通过三到五轮这样的思维训练，用户能逐步掌握将模糊需求转化为精准分析框架的方法。实践表明，经过20组定向提示训练的运营人员，其需求提报通过率可从37%提升至

82%，平均需求沟通时长缩短64%。

2. 应用效果提升

要真正发挥DeepSeek在应用效果提升中的潜力，关键在于建立系统化的提示工程思维。我们以某零售企业优化库存周转率的真实案例，拆解结构化思考的全过程。

第一阶段，目标解构

假设需要设计"智能补货系统需求文档"，初级的思考可能表述为："请帮我写一个智能补货系统的需求。"这种宽泛的提示会导致输出缺乏针对性。

进阶的思考路径应为：

- 业务背景锚定："我们是在二、三线城市运营30家社区生鲜店的连锁品牌。"
- 关键矛盾识别："当前周损耗率8%，但缺货率仍达15%。"
- 技术约束明确："已部署ERP，但未接入IoT设备。"
- 成功标准量化："实现损耗率下降至5%，同时缺货率低于10%。"

第二阶段，要素映射

基于上述背景，提示词设计需要包含：

- 数据维度：历史销售、天气、促销数据
- 算法要求：需兼容间歇性补货特征
- 输出规范：包含异常处理机制的流程图
- 验证方式：模拟极端天气下的压力测试

提示词示例如下所示。

提示词：
作为新零售系统架构师，请为社区生鲜连锁设计智能补货需求文档，需包含：
- 数据输入清单（标注哪些来自现有ERP）
- 补货逻辑决策树（考虑商品保质期阶梯）
- 人工干预触发机制
- 跨店调拨方案

要求输出Markdown格式，每部分包含可行性评估注解

第三阶段，动态校准

当获得初版方案后，通过递进式提问优化：

- "如果生鲜到货时间波动±2小时，如何调整补货模型参数？"
- "请设计三种促销爆发期的库存预警方案，并标注实施成本等级。"

- "构建补货准确率的三层评估体系（数据、算法、业务）。"

这种思考方式的价值在于：
- 建立从业务本质到技术实现的穿透力
- 预设异常场景增强方案鲁棒性
- 形成可复用的决策框架

实践数据显示，经过三轮精细化提示优化的方案，在模拟测试中预测准确率提升27%，文档返工率降低68%。在医疗领域，类似的思考方法帮助某三甲医院将影像诊断报告生成效率提升40%，同时关键体征漏检率下降至0.3%。

典型场景提示词示例如下所示。

提示词：
你作为[行业]的[角色]，需要解决[具体问题]。请分三步处理：
1. 诊断当前主要瓶颈（列举3个数据支撑点）
2. 设计含有关键控制点的解决方案框架
3. 输出包含实施路线图的可行性报告
约束条件：[技术、资源限制]
特殊要求：[合规性、时效性等]

通过这种结构化思考训练，用户能够将模糊的业务需求转化为精准的提示词设计，真正释放DeepSeek的产业价值。在金融风控场景，该方法帮助某银行将企业贷前尽调效率提升150%，同时风险识别准确率提高22个百分点。

DeepSeek为企业构建用户洞察系统提供了全面而强大的支持，其价值不言而喻。通过精准的数据分析，企业能够深入了解用户的情感倾向、兴趣爱好、行为习惯以及消费能力等多方面信息，从而为精准营销奠定坚实基础。在精准营销环节，DeepSeek助力企业实现人群定向、内容匹配以及ROI评估的智能化和精准化，提高营销效果，降低营销成本。持续优化机制则确保DeepSeek能够不断适应市场变化和企业需求，为企业提供持续的价值提升。

众多实践案例表明，采用DeepSeek构建的用户洞察系统，能够显著提升企业的营销效率。通过精准把握用户需求，企业可以将营销资源精准投放到目标用户群体，提高营销活动的响应率和转化率。这不仅有助于企业降低获客成本，还能提高用户满意度和忠诚度，增强用户与企业之间的黏性。在竞争激烈的市场环境中，DeepSeek帮助企业在众多竞争对手中脱颖而出，实现可持续发展。它让企业能够更好地满足用户需求，为用户提供个性化的产品和服务，从而赢得用户的信任和支持，为企业的长期发展奠定坚实的用户基础。

5.3 数据驱动增长

在数字化运营的大背景下,数据已成为企业实现增长的核心资产。从用户行为到市场趋势,从产品优化到营销策略,数据贯穿于企业运营的每一个环节,为增长策略提供了依据。传统的经验驱动决策模式逐渐被数据驱动所取代,企业通过对海量数据的深度挖掘和分析,能够更精准地把握市场需求,优化运营流程,提升用户体验,从而实现业务的快速增长。

DeepSeek作为一款拥有671B参数的强大AI模型,以其独特的MoE(mixture-of-experts)架构和多头潜在注意力(multi-head latent attention)机制,在构建数据驱动增长体系中发挥着关键作用。它能够对复杂的数据进行高效处理和分析,为运营团队提供精准的洞察和预测,帮助企业制定更加科学、有效的增长策略。无论是在增长实验设计、转化优化,还是自动化运营等方面,DeepSeek都展现出了强大的能力,成为企业在数字化时代实现增长的助力。

5.3.1 构建数据驱动增长体系的核心模块

1. 增长实验设计

当我们需要设计增长实验时,真正的挑战在于将模糊的业务目标转化为可验证的体系。建议读者按照以下思考框架逐步推进。

第一步,构建可验证的假设体系

当设计新功能A/B测试时,建议采用"现象—归因—干预"的三段论思考法。

- 观察用户行为轨迹:分析页面热力图发现,63%的用户在商品详情页停留不足10秒即退出
- 归因诊断:通过用户访谈发现,关键参数(如材质说明)平均需要滚动3屏才能查看完整
- 假设构建:在首屏增加折叠式参数卡片,预计可将停留时长提升20%

提示词示例如下所示。

提示词:
作为电商平台产品经理,我需要优化商品详情页的信息架构。现有数据:
- 平均停留时长:32秒
- 跳出率:68%

- 加购转化率：5.7%

请协助完成：
1. 构建三层假设验证模型（现象层、归因层、干预层）
2. 设定实验核心指标及置信区间计算方法
3. 生成用户行为路径模拟方案

第二步，动态样本分层策略

采用"特征重要性—变异系数"双维度评估法进行分层抽样。

（1）识别关键特征：通过随机森林模型计算用户特征重要性得分

- 购买频次（0.42）
- 设备类型（0.35）
- 地域分布（0.23）

（2）计算变异系数：确定分层抽样比例

分层样本量=总样本量×（层内标准差/总体标准差）

提示词示例如下所示。

提示词：
我们需要对东南亚市场进行支付方式测试，已知：
- 用户构成：移动端用户占75%，PC端用户占25%
- 支付偏好：电子钱包支付占60%，银行卡支付占35%，现金支付占5%

请生成：
1. 动态分层抽样方案（含最小样本量计算）
2. 特殊用户过滤规则（如跨境支付用户）
3. 样本均衡性检验标准

第三步，显著性分析的决策树

建议采用"统计显著—业务显著—经济性评估"三级决策模型进行分析。

- 统计检验：使用双样本Z检验验证转化率差异（$p<0.05$）
- 业务价值：计算提升的每用户终身价值（LTV）

   ΔLTV=（实验组ARPU-对照组ARPU）×平均留存周期

- 成本收益：评估实验改动的开发维护成本

提示词示例如下所示。

> **提示词：**
> 实验组转化率提升2.1%（$p=0.04$），但客单价下降1.2%。请协助：
> 1. 计算NPV（净现值）评估实验价值
> 2. 分析不同设备类型用户的敏感性差异
> 3. 生成风险调整后的决策建议矩阵

智能代理检查：上述流程通过DeepSeek对话配合Excel即可完成，但当涉及实时动态流量分配时，需通过DeepSeek API接入运维系统实现以下功能。

- 基于转化率变化自动调整流量配比
- 异常数据波动实时预警
- 多实验交叉干扰检测（需工程团队配合完成系统对接）

2. 转化优化系统

转化优化是提升业务增长的关键环节，它关注的是如何引导用户完成特定的行为，如购买商品、注册账号、使用新功能等。DeepSeek在转化优化系统中，通过强大的漏斗分析能力和瓶颈识别智能化技术，帮助企业深入了解用户行为，发现转化过程中的问题，并提出有效的优化方案。

第一步，构建动态漏斗分析体系

当分析用户转化路径时，建议采用"全链路追踪—异常定位—归因建模"的三层思考法。

- 全链路数据整合：将App点击热图与线下门店POS数据对齐，发现移动端用户添加收藏率比PC端高38%
- 关键断点诊断：通过时序异常检测发现每周五20:00—22:00支付失败率异常升高，关联服务器日志定位到并发处理瓶颈
- 多维度归因：使用Shapley值算法计算各影响因素权重，得出页面加载速度对转化率的贡献度达42%

提示词示例如下所示。

> **提示词：**
> 作为电商运营，我需要分析6·18大促期间的购物车流失问题。现有数据：
> - 加购率：25%
> - 结算页跳出率：65%
> - 支付成功率：72%

请协助：
1. 构建跨渠道（App、小程序、H5）的对比分析模型
2. 识别黄金时段的异常波动模式
3. 生成技术优化与运营策略的双轨建议

第二步，智能瓶颈识别策略

采用"时空矩阵"分析法定位转化瓶颈。

- 时间维度：绘制用户行为时间密度图，发现注册流程中70%的流失发生在手机验证环节，手机验证平均耗时23秒，超出行业基准40%
- 空间维度：通过设备特征聚类分析，识别iOS用户在AR功能页面的停留时长是Android用户的2.3倍
- 行为模式：使用t-SNE算法将用户划分为效率型（15%）、浏览型（55%）、比价型（30%）三类群体

提示词示例如下所示。

提示词：
我们需要优化海外用户的注册转化率，已知：
- 当前转化率：28%
- 主要流失点：手机验证（45%）、个人信息填写（35%）
- 用户构成：东南亚用户占60%，欧美用户占30%，其他用户占10%
请生成：
1. 分地域的步骤耗时对比矩阵
2. 验证码发送成功率诊断方案
3. 渐进式信息收集策略建议

第三步，动态优化决策模型

建议建立"实时监控—弹性调整—价值评估"的闭环机制。

- 实时看板：配置关键指标自动预警规则，当结算页加载时间超过2.5秒时触发警报
- 弹性策略：针对高价值用户启动备用支付通道，将VIP客户的支付成功率提升至91%
- 价值评估：计算优化措施的投资回报率，公式为

    ROI=（Δ转化率×客单价×用户量）/改造成本

提示词示例如下所示。

> **提示词：**
> 支付成功率提升5%，但客单价下降2%，请协助：
> 1. 构建综合收益评估模型（含CLTV计算）
> 2. 设计A/B测试验证价格敏感度
> 3. 生成分段用户运营方案（新客户、老客户、沉睡客户）

智能代理检查：常规分析通过DeepSeek对话配合Excel即可完成，但当涉及实时用户分群运营时，需通过DeepSeek API实现。

- 用户行为特征实时聚类
- 动态策略规则引擎
- 跨渠道体验一致性管理（需与CRM系统进行数据对接）

3. 效果衡量体系

效果衡量体系是评估数据驱动增长策略的关键，它通过建立科学的指标体系和强大的数据可视化能力，帮助企业清晰地了解业务的发展状况和增长效果。DeepSeek在效果衡量体系中，能够协助企业构建全方位的指标体系，并提供实时的多维度可视化支持。

第一步，构建动态指标体系

当设定北极星指标时，建议采用"价值锚定—过程拆解—动态校准"的三阶思考法：

- 价值锚定：通过蒙特卡洛模拟预测GMV（商品交易总额）与DAU（日活跃用户）的长期关联性，发现GMV每提升1%可带动用户生命周期价值增长0.8%
- 过程拆解：使用因果图（causal diagram）建立用户激活率与次日留存率的传导模型，验证关键行为对核心指标的贡献度
- 动态校准：设置季度指标弹性系数，当市场渗透率超过35%时，将北极星指标切换为NPS（净推荐值）

提示词示例如下所示。

> **提示词：**
> 作为社交平台产品经理，需要重构核心指标体系。当前数据：
> - DAU：120万
> - 月留存率：22%
> - 用户日均使用时长：41分钟

> 请协助：
> 1. 构建三级指标关联网络（战略层、战术层、执行层）
> 2. 设计季节性调整规则（含节假日因子）
> 3. 生成指标异常波动响应预案

第二步，数据洞察可视化策略

采用"时空立方体"分析法提升数据洞察效率。

- 时间维度：创建动态时间窗口，自动识别促销周期（如6·18期间用户客单价提升37%）与自然波动区间
- 空间维度：通过地理热力图叠加用户密度与转化率，发现二线城市商圈3公里半径内到店转化率是线上的1.9倍
- 群体维度：运用自组织映射（SOM）算法将用户划分为八类行为簇，其中"价格敏感型"用户贡献了63%的秒杀订单

提示词示例如下所示。

> **提示词：**
> 需要分析新零售门店的运营数据，已知：
> - 到店转化率：18%
> - 跨渠道用户占比：45%
> - 智能设备交互率：32%
> 请生成：
> 1. 全渠道归因桑基图
> 2. 设备使用效率雷达图
> 3. 高价值用户时空分布热力图

3）第三步，价值评估模型构建

建立"即时反馈—前瞻预测—弹性预算"的三重评估机制。

- 即时看板：配置自动预警规则，当用户获取成本（CAC）超过生命周期价值（LTV）的1/3时触发橙色警报
- 预测模型：使用深度生存分析预测用户流失概率，提前30天识别高风险群体（准确率达89%）
- 弹性预算：构建ROI敏感度分析模型，计算不同预算分配方案的边际收益递减曲线

提示词示例如下所示。

提示词：
市场预算需要重新分配，当前数据：
- 信息流广告ROI：2.3
- KOL投放ROI：1.8
- 搜索引擎ROI：4.1

请构建：
1. 预算弹性分配模拟器
2. 跨渠道协同效应评估矩阵
3. 风险调整后的投资决策树

智能代理检查：基础分析通过DeepSeek对话配合BI工具即可完成，但当涉及实时预测决策时，需通过DeepSeek API实现。

- 动态指标权重自动优化
- 异常模式自学习识别
- 多场景预算模拟推演（需与财务系统进行数据管道对接）

4. 自动化运营

自动化运营是提高运营效率、降低成本的重要手段。它通过自动化的任务调度系统和异常监控系统，实现业务流程的自动化执行和实时监控。DeepSeek在自动化运营中发挥着重要作用，能够支持全流程的自动化执行，提高运营效率和稳定性。

1）任务调度系统的智能设计

构建动态调度策略时，建议采用"需求感知—资源适配—弹性执行"的三阶思考模型。

- 需求感知：通过用户行为序列分析识别早高峰（08:00—10:00）的App打开率比平均值高37%，结合天气数据发现雨天外卖类推送点击率提升22%
- 资源适配：使用约束满足算法匹配服务器资源，在促销期间自动扩容30%的计算节点
- 弹性执行：设置动态优先级规则，当物流延迟超过2小时时自动调整相关商品推荐权重

提示词示例如下所示。

> **提示词：**
> 作为本地生活平台运营，需优化服务类消息推送：
> − 用户分层：新用户占比40%、低频用户占比35%、高价值用户占比25%
> − 服务类型：餐饮预约占比58%、家政服务占比32%、维修服务占比10%
> 请构建：
> 1. 服务需求预测模型（含时空因子）
> 2. 服务供给动态匹配机制
> 3. 异常场景自动降级方案

2）内容发布流程的智能优化

实施"合规—质量—时效"三维度管控体系。

- 智能合规：内置2000多个行业敏感词库，自动检测商标侵权（准确率96%）
- 质量验证：通过图像识别确保商品主图与详情页一致性，错误率从人工检查的15%降至2%
- 时效控制：建立内容生命周期模型，预测热点内容衰减曲线（$R^2=0.89$）

提示词示例如下所示。

> **提示词：**
> 需要发布美妆新品内容：
> − 平台要求：成分声明合规
> − 内容形式：直播切片+图文评测
> − 发布窗口：48小时黄金期
> 请生成：
> 1. 多平台合规检查对照表
> 2. 内容元素完整性验证规则
> 3. 传播热度维持策略

3）数据采集的智能治理

建立"采集—清洗—应用"闭环体系。

- 智能埋点：自动修复15%的埋点配置错误，通过事件关联分析补全20%缺失数据
- 流式处理：采用时间窗口补偿机制，将实时数据可用性提升至92%
- 质量监控：构建数据可信度指数（DCI），当字段异常率>5%时触发自动校准

提示词示例如下所示。

> **提示词：**
> 面临用户画像数据缺失：
> − 缺失维度：消费偏好占比28%
> − 数据偏差：地域分布异常占比9%
> − 更新延迟：日均3.5小时
> 请设计：
> 1. 隐式行为推断方案
> 2. 分布式数据校验规则
> 3. 画像动态更新机制

4）异常监控的智能响应

构建"预测—诊断—处置"三级防御体系。

- 智能预测：通过LSTM模型提前2小时预警服务器过载风险（召回率91%）
- 根因分析：使用因果推理定位63%的异常源于第三方接口超时
- 自动处置：配置22类标准应急预案，30%的常见故障可自主恢复

提示词示例如下所示。

> **提示词：**
> 支付系统出现异常波动：
> − 错误类型：第三方支付超时
> − 影响范围：15%的订单
> − 时段特征：大促高峰期
> 请生成：
> 1. 影响面快速评估模型
> 2. 降级方案决策树
> 3. 客户补偿自动计算器

智能代理检查：常规运营场景通过DeepSeek对话配合标准工具即可完成，以下情况需构建智能代理。

- 实时业务影响分析（需对接CMDB）
- 跨系统应急预案执行（需API网关支持）
- 动态调度规则生成（需强化学习引擎）

5.3.2 实战应用：新功能增长优化

1. 实验设计方案

在新功能增长指标优化的实验设计中，核心在于构建"数据洞察—假设构建—验证设计"的逻辑闭环，而非直接套用标准化分析框架。

第一步，建立问题发现框架

优秀的实验设计始于对用户痛点的精准识别，建议从三个维度构建数据观察矩阵：高频操作点（用户反复尝试的功能）、高摩擦环节（停留时间异常的区域）、高退出节点（用户突然流失的步骤）。比如发现用户在"订单合并支付"功能的第三步流失率骤增，这可能暗示界面信息呈现方式存在问题。

提示词示例如下所示。

提示词：
分析过去30天用户在使用[目标功能]时的操作路径，识别出满足以下条件的节点：
- 单步骤平均停留时间超过整体流程均值的1.5倍
- 连续操作失败次数≥3次的用户占比超过15%
- 从该节点直接退出流程的用户比例超过20%

请用表格形式列出符合条件的关键节点及其数据表现

第二步，假设的逆向验证

在我们产生"优化支付信息展示能提升转化率"的直觉时，需要用反事实推理进行压力测试。通过设计否定性提问，可以暴露假设的脆弱环节。

提示词示例如下所示。

提示词：
如果假设"优化支付明细展示样式能提升5%转化率"不成立，可能受到哪些干扰因素的影响？请从以下维度分析：
- 用户设备类型差异（移动端、PC端）
- 不同客单价区间的用户行为差异
- 辅助信息（优惠券提示、物流说明）的呈现优先级

请按可能性排序并给出验证每个干扰因素的数据采集方案

第三步,动态对照组设计

传统的A/B测试分组往往忽视用户行为的时空特性,建议采用"特征聚类+时序交错"的分组策略,即在用户分群的基础上,对不同时间段进入的用户进行动态归组。

提示词示例如下所示。

提示词:
设计一个考虑以下维度的动态分组方案:
- 用户价值分层(根据RFM模型划分)
- 访问时段特征(工作日、周末、早晚高峰)
- 历史行为偏好(功能使用深度、转化周期)

请给出分组逻辑示意图,并说明如何确保实验组对照组在核心指标上的基线一致性

第四步,样本量的弹性计算

基于统计功效的常规计算往往导致过度资源投入,而引入贝叶斯自适应方法,在保证置信度的前提下,可实现样本量的动态调整。

提示词示例如下所示。

提示词:
当实验运行达到初始样本量的50%时,出现以下两种情况应如何调整:
- 实验组转化率提升3%,且p值<0.1
- 对照组出现显著的用户体验负向波动

请分别给出样本量调整的计算公式和对应的决策树模型

通过这4个阶段的思考训练,我们最终得到的提示词体系可具备自我迭代能力。例如针对支付流程优化的完整提示词包含的内容如下所示。

提示词:
诊断分析提示:
绘制当前支付流程的桑基图,标注各节点转化率、平均停留时长、错误触发次数。找出流量损耗最大的三个衔接点,并给出各节点优化优先级的评分依据。

变量控制提示:
设计三组对比实验,分别测试:
1. 支付金额可视化方案(进度条、饼图、数字对比)
2. 安全认证提示方式(悬浮窗、折叠面板、底部固定条)

3. 错误反馈机制（即时提示、延时解释、辅助解决方案）
请说明每组实验需要监控的次生指标及其警戒阈值。
决策辅助提示：
当实验组订单转化率提升2.8%，但客单价下降5%时，构建ROI计算模型，需考虑：
- 不同用户分层的LTV变化
- 供应链端的履约成本变动
- 客户服务中心的预期咨询量增长

请给出继续推广、迭代优化、终止实验三种决策的量化判断标准

以上涉及的多轮提示词设计均可通过DeepSeek对话实现，但在涉及实时数据监控的部分，可将DeepSeek接入企业数据分析平台API，以实现定时自动反馈。

2. 执行与优化

在新功能上线过程中，产品经理需要构建系统性思考框架来设计AI辅助方案。以下是分阶段引导思考的关键路径。

1）分阶段实验设计

思考路径：

- 变量控制：哪些用户属性会影响实验结果？如何划分实验组与对照组？
- 观测指标：核心成功指标是什么？辅助诊断指标有哪些？
- 决策阈值：转化率提升多少才算显著？需要多少样本量？

提示词示例如下所示。

提示词：
作为产品实验设计师，我需要针对[新功能名称]设计分阶段上线方案。当前版本包含[核心功能点]，目标提升[核心指标]。请按照以下框架输出方案：
1. 初期5%用户实验阶段：
- 用户分层标准（3个维度）
- 必须监控的3个核心指标
- 风险熔断机制设计
2. 中期30%用户推广阶段：
- 数据对比分析维度
- 用户反馈收集策略
3. 全量上线决策标准：
- 定量达标阈值
- 定性评估要点

2）动态监控体系构建

思考路径：

- 指标关联：性能指标如何影响业务指标？建立怎样的因果关系网？
- 预警机制：设置静态阈值还是动态基线？如何区分紧急程度？
- 根因分析：异常波动时，如何快速定位问题层级（前端、后端、算法）？

提示词示例如下所示。

提示词：
现需构建新功能健康度监控面板，包含：
- 性能指标（响应延迟、API成功率）
- 体验指标（页面停留时长、操作热力图）
- 业务指标（功能使用率、转化漏斗）

请协助：
1. 设计指标权重分配模型（总分100分）
2. 建立三级预警机制（提示、警告、严重）
3. 输出典型异常场景的排查流程图

3）智能调优策略

思考路径：

- 归因分析：用户流失是功能缺陷还是投入成本导致？
- 方案生成：哪些调整能同时提升体验和业务指标？
- 效果预估：调整方案需要多少开发资源？预期收益如何？

提示词示例如下所示。

提示词：
基于当前实验数据：
- 功能使用率35%，次留率较对照组低12%
- 用户反馈中"操作复杂"提及率占63%

请协助：
1. 输出体验问题归因分析树状图
2. 生成3种优化方案并评估实施成本
3. 设计A/B测试验证策略（含样本量计算）

4）知识沉淀机制

思考路径：

- 模式识别：哪些经验具有可迁移性？哪些是场景特例？
- 知识封装：如何将隐性经验转化为可执行的检查清单？
- 版本管理：怎样建立经验库的更新迭代机制？

提示词示例如下所示。

提示词：
请将本次新功能上线经验转化为可复用模板：
1. 实验设计检查表（20个关键项）
2. 风险预案模板（含5种常见场景）
3. 结项报告结构（数据看板+经验沉淀）
要求输出Markdown格式，包含可编辑的占位符

系统应用建议：

- 基础场景使用DeepSeek对话即可完成
- 实时数据监控需调用DeepSeek API接入业务系统
- 自动化策略执行需要构建智能代理系统（需二次开发）
- 知识库版本管理建议结合Git进行变更追踪

通过这种结构化思考训练，产品经理能逐步掌握将业务问题转化为提示词工程的系统方法，在保证方案可行性的同时，充分发挥AI的辅助决策价值。

3. 持续优化建议

1）让工作流程更智能

想象你正在策划一次产品实验，DeepSeek就像经验丰富的实验室主任，给你一份备注清单。

- 实验准备：帮你确认目标定位（比如提升15%转化率）、设计对比方案（A/B测试组设置）、预估样本量（需要至少1000次有效访问）
- 过程监控：实时跟踪用户行为轨迹，发现异常数据会立即亮起警示灯（比如某时段数据突变超过正常波动范围）
- 结果解读：不仅告诉你"哪个方案更好"，还会标注结果的置信区间（例如新方案胜出概率95%）

思考：你的团队在实验过程中最常遇到哪些"意外状况"？这些情况能否通过预设监

控规则来预防？

2）决策机制的智能升级

传统决策有顾此失彼的情况，而DeepSeek带来以下改变：

- 自动关联用户行为、市场趋势、竞品动态等多维度信息，比如发现某产品差评激增时，同步预警供应链风险
- 输入"如果降价10%"的假设，5分钟生成对营收、利润、市场份额的联动影响预测
- 每周自动生成行业动态简报，重点标注与企业战略相关的政策变化（比如新出台的数据合规要求）

例如，某快消企业通过建立"新品上市决策模型"，将市场调研周期从3周缩短至5天，首月销量预测准确率提升40%。

3）工具效能的倍增法则

DeepSeek对不同岗位赋能：

- 对于产品经理，输入模糊需求（如"做个社交功能"），输出功能清单+竞品对比+风险评估框架
- 对于运营人员，自动生成营销日历，标注节日热点与用户活跃周期的匹配度
- 对于开发者，审查代码时不仅找bug，还会建议更优算法（如"这个循环结构可改为映射处理，效率提升20%"）

系统应用建议：列出你每天重复操作的3个工作步骤，尝试用自然语言向DeepSeek描述，观察它能提供哪些优化方案。

4）打造自进化的工作系统

- 自动化进阶：从基础提醒（会议通知）到智能预测（自动调整客服排班应对咨询高峰）
- 数据健康管理：建立"数据体检中心"，每天自动扫描（如订单金额异常值、用户地域分布突变）
- 系统加速方案：通过优化算法让报表生成时间从2小时缩短到15分钟

例如，某电商企业通过DeepSeek的自动化日报系统，每天节省运营团队3小时手工操作时间，关键指标异常识别准确率达92%。

5）规模化增长的智能底座

当业务需要快速扩张时，DeepSeek如同可伸缩的云架构：

- 可进行人才筛选：自动解析简历关键信息，对照岗位能力模型进行匹配度打分
- 可进行流程复制：将总部的成功运营策略自动适配区域特性（如北方市场的

季节性促销方案）
- 可进行风险预警：在新区域开拓时，提前提示文化差异可能导致的产品适配问题

行动指南：选择当前最耗时的单项工作，用"输入需求—获取方案—测试验证"三步法开启你的AI优化实验。例如让DeepSeek帮你重新设计周报模板，看看能节省多少时间成本。

在利用DeepSeek构建数据驱动增长体系的过程中，平衡创新试错与风险控制是至关重要的。创新是推动企业发展的动力源泉，通过不断尝试新的产品功能、营销策略和运营模式，企业能够开拓新的市场空间，满足用户不断变化的需求。然而，创新也伴随着风险，新的尝试可能无法达到预期的效果，甚至可能给企业带来损失。因此，在借助DeepSeek进行各种增长实验和创新时，企业需要建立有效的风险控制机制。

DeepSeek强大的数据分析和预测能力可以为风险控制提供有力支持。通过对历史数据的分析，它能够预测出不同创新方案可能带来的风险和收益，帮助企业做好应对准备。在推出新功能之前，DeepSeek可以通过模拟用户行为和市场反应，评估新功能可能出现的问题，如用户接受度低、系统稳定性差等，并提出相应的解决方案。在实验过程中，DeepSeek实时监测各项指标的变化，一旦发现风险指标超出预设范围，及时发出警报并提供调整建议，确保风险在可控范围内。

建立完善的经验萃取机制同样不可或缺。每一次的增长实验和运营实践都是宝贵的经验积累，通过对这些经验的总结和提炼，企业能够不断优化自身的增长策略和运营流程。DeepSeek在这方面也能发挥重要作用，它可以利用NLP技术对实验数据、用户反馈、运营记录等文本信息进行分析，自动提取成功和失败的原因，将这些经验整理成知识图谱，方便企业内部的共享和学习，推动持续创新。

总体来说，DeepSeek作为一款强大的AI模型，为企业在数据分析、预测决策和自动化运营等方面带来了显著的提升。它不仅能够帮助企业更精准地洞察市场和用户需求，制定科学有效的增长策略，还能实现运营流程的自动化和智能化，提高运营效率和降低成本。在未来的数据驱动增长领域，随着技术的不断发展和应用场景的不断拓展，DeepSeek有望发挥更大的作用。它将不断优化和升级自身的功能，更好地适应企业日益复杂的业务需求，助力企业在激烈的市场竞争中实现可持续的高速增长，引领数据驱动增长的新潮流。

结语

综上所述，DeepSeek在内容创作、用户洞察以及数据驱动增长等运营关键领域都具

有强大的助力作用,为企业在复杂的数字化环境中突破困境、实现增长提供了有效途径。未来,随着数字化进程的加速,相信DeepSeek将不断升级,为企业运营带来更多惊喜。希望大家持续关注运营领域的新动态,也欢迎大家关注我的个人公众号"产品经理独孤虾"(全网同号),在这里,我们一起探讨更多产品与运营的深度话题,共同成长。

实操案例

第 6 章

场 景 篇
智能决策中枢

在当今被数字化浪潮席卷的商业世界里，企业面临着前所未有的机遇与挑战。从复杂的数据处理与分析，到瞬息万变的风险防控，每一个环节都关乎企业的兴衰。如何在纷繁复杂的环境中做出明智决策，成为众多企业亟待解决的难题。今天，让我们一同深入探索智能决策中枢这一关键领域，看看它如何借助先进技术为企业保驾护航。

6.1 分析自动化引擎

在数据分析工作中，自动化工具可以大幅提升分析效率和准确性。DeepSeek通过其强大的模型能力，特别是DeepSeek-V3的671B参数量和DeepSeek-R1的强化学习技术，为数据分析师提供了一个全新的智能化分析平台。本节将详细介绍如何利用DeepSeek构建高效的分析自动化引擎。

6.1.1 自动化分析流程

1. 数据预处理环节

在数据预处理环节，我们常常需要面对多源异构数据的整合挑战。在运用AI工具处理这些数据时，核心要义在于构建结构化思维框架，明确关键评估维度（数据特征、业务目标和技术约束），而非简单执行指令输入。

以某电商企业会员数据整合为例，数据分析师首先要思考数据源的特征差异。平台订单数据可能包含JSON格式的交易明细，而CRM系统中的客户信息可能是结构化的表格数据，社交媒体数据还可能混杂着非结构化的文本和图片。这时应该自问："不同格式的数据之间有哪些关键字段需要对齐？时间戳的格式是否统一？用户唯一标识符在不同系统中的命名规则是什么？"这种思考过程自然导出了第一轮提示词。

第一轮提示词如下所示。

提示词：
请分析以下数据源的格式差异和字段映射关系：
- 电商订单数据（JSON格式）包含字段：user_id, order_time, product_list
- CRM系统数据（CSV格式）包含字段：客户编号，注册日期，消费等级
- 社交媒体数据（文本日志）包含格式：用户ID@时间戳#互动内容

在得到AI生成的格式分析报告后，接下来需要思考数据清洗的具体目标。假设发现社交媒体数据中存在20%的缺失值，这时应该追问："这些缺失是随机缺失还是系统性问题导致的？不同数据源的缺失值处理方式是否需要差异化对待？"这种追问导出了第二轮提示词。

第二轮提示词如下所示。

提示词：
针对社交媒体数据中的时间戳缺失问题：
- 识别缺失模式：检查缺失记录是否集中在特定时间段或用户群体
- 提出三种处理方案：
  - 方案A：基于相邻记录时间线性插值
  - 方案B：利用用户平均互动频率推算
  - 方案C：标记缺失状态并保留原始数据

评估各方案对后续分析的潜在影响

当进入数据验证阶段时，需要构建动态的验证框架。例如在处理客户地址数据时，可以引导AI建立智能校验规则。例如，省级行政区名称必须与国家统计局最新名录匹配，街道信息需包含"街道""镇""乡"等特征词，邮政编码符合6位数字格式。这对应着第三轮提示词。

第三轮提示词如下所示。

提示词：
构建地址数据的自动化验证规则：
- 层级校验：省→市→区→街道的四级结构完整性检查
- 格式校验：
  - 邮政编码：^\d{6}$
  - 联系方式：1开头，11位数字
  - 逻辑校验：注册时间早于首次消费时间

输出异常数据样本及修正建议

通过这种阶梯式的思考过程，我们不仅完成了具体的数据处理任务，更重要的是建立了可复用的AI协作范式。整个过程仅需DeepSeek对话配合Excel等办公软件即可实现，特别是在处理复杂ETL任务时，可通过多轮对话逐步细化处理逻辑，而无须额外开发定制系统。

2. 分析模型构建

在构建智能化分析模型时，关键在于构建场景驱动的思考框架。例如，某金融风控场景选择模型时，要从以下三个层次展开拆解。

第一轮，业务场景解构

假设面对信用卡欺诈检测任务，应该自问："业务场景对误判率和响应速度的容忍度如何？历史数据中欺诈案例占比是否低于0.1%？是否需要实时拦截交易？" 这种思考能帮助我们明确模型选择的核心诉求。在不平衡数据场景中，更适合采用集成学习方法；而对于实时性要求高的场景，则需考虑轻量级模型。

第二轮，数据特征诊断

分析数据维度时，需引导AI进行特征交互检测，如："用户交易记录中的时间序列特征与地理位置特征是否存在非线性关联？离散型商户类别编码与连续型交易金额如何有效组合？"此类特征工程自动化需要结合业务语义理解，例如通过特征重要性评估筛选关键变量。

第三轮，技术约束评估

考虑部署环境时，应追问："服务器是否支持GPU加速？模型文件大小是否受移动端存储限制？" 此时需要结合模型压缩技术和分布式训练方案设计约束条件。

基于上述思考过程，形成如下提示词。

提示词：
请为信用卡实时反欺诈场景推荐模型方案。
1. 输入特征：
— 200维交易记录（含时间、地点、金额）
— 50:1的样本不平衡比例
2. 业务约束：
— 响应延迟<50ms
— 误报率需低于0.5%
3. 技术限制：
— 部署在边缘计算设备（2GB内存）
— 支持每周增量更新
4. 输出要求：
— 推荐3种候选模型及其优缺点
— 给出特征组合优化建议
— 提出模型压缩可行性方案

整个过程仅需通过DeepSeek多轮对话即可完成，对于特征工程中的维度优化，可配合Excel进行特征相关性矩阵的可视化验证。当涉及大规模特征筛选时，利用DeepSeek的

批量处理能力配合Office宏命令可实现自动化流程，无须额外开发定制系统。

6.1.2 实战应用案例

1. 零售行业动态定价

在构建零售动态定价系统时，关键在于建立"数据—决策—反馈"的闭环思维框架。例如，某全球零售连锁企业试图通过DeepSeek实现价格优化时，建议从以下三个维度展开思考。

第一步，需求洞察结构化

假设需要分析节假日促销数据，应引导系统思考："如何区分刚性需求与弹性需求？不同客户分群对价格敏感度的差异如何量化？"通过客户行为模式识别，可实现需求分层，例如将客户的历史购买记录与浏览轨迹结合分析。

提示词示例如下所示。

提示词：
请解析过去三年Q4销售数据。
1. 输入维度：
－ 会员等级、新老客标签
－ 商品点击转化率曲线
－ 促销活动参与深度
2. 输出要求：
－ 建立价格弹性系数矩阵
－ 识别高敏感商品类目（置信度>90%）
－ 推荐分群定价策略

第二步，竞品监控策略化

当监测到竞品价格波动时，需追问系统："价格变动与促销活动的关联模式是什么？地域性价格差异是否反映市场饱和度？"动态定价需结合竞争情报语义分析，例如通过NLP解析竞品营销话术。

提示词示例如下所示。

提示词：
实时监控竞品价格数据。
1. 采集范围：
－ 主流电商平台价格快照（每小时）

- 社交媒体促销情报
- 线下门店价格抽样
2. 分析要求：
- 建立价格变动关联图谱
- 识别价格战发起规律（周期、触发点）
- 输出防御性定价预案

第三步，库存联动动态化

在处理临期商品库存时，应引导系统思考："如何平衡折价幅度与周转效率？不同保质期阶段的定价衰减曲线如何建模？"通过库存深度与时间衰减因子的耦合分析，可实现精准清仓。

提示词示例如下所述。

提示词：
生成智能定价方案。
1. 输入参数：
- 实时库存水位（含保质期倒计时）
- 周边3公里竞品价格均值
- 天气、交通等环境变量
2. 约束条件：
- 毛利率底线15%
- 周转率提升目标30%
3. 输出内容：
- 价格梯度方案（A、B、C测试版）
- 预期GMV与库存消耗预测
- 风险预警矩阵

该方案可通过DeepSeek对话配合Excel实现，其中实时数据抓取可通过Office 365的Power Query组件完成，价格模拟测试可利用Excel数据表功能验证，无须额外开发定制系统。对于需要分钟级更新的场景，建议启用DeepSeek的流式响应模式，配合Excel动态数组实现实时看板更新。

2. 医疗资源调配

在医疗资源调配场景中，构建有效的动态管理系统需要建立"需求预测—资源匹配—动态校准"的三层思考框架。例如，某三甲医院面临急诊资源挤兑，建议从以下维度展开系统化思考。

第一步,需求预测结构化

在分析急诊分诊数据时,应引导系统思考:"不同病症类型的优先级如何动态调整?候诊患者的生命体征波动如何影响资源分配权重?"进而通过分时段统计胸痛、外伤、发热等主要病种的就诊量,并结合患者血氧、心率等实时监测数据,建立需求预测模型。

提示词示例如下所示。

提示词:
请建立急诊需求预测矩阵。
1. 输入维度:
- 分时就诊量(15分钟粒度)
- 患者生命体征异常指数
- 医护资源配置状态
2. 输出要求:
- 未来2小时各科室负荷预测
- 关键资源缺口预警(呼吸机、床位)
- 推荐分级响应预案

第二步,资源匹配策略化

在ICU床位使用率达警戒线时,需追问系统:"如何平衡择期手术与急诊收治的床位分配?跨科室协同调度的最优路径是什么?"进而基于历史手术排期数据与实时急诊压力构建动态调度算法,通过蒙特卡洛模拟评估不同分配方案的风险值。

优化提示词示例如下所示。

提示词:
生成重症监护资源分配方案。
1. 约束条件:
- 现有空床数:8张
- 待入院危重患者:12人
- 预计术后转入需求:6人/24h
2. 优化目标:
- 死亡率风险降低优先级
- 床位周转效率最大化
- 医护团队负荷均衡
3. 输出内容:
- 分级收治建议清单

- 跨科室协同调度路径图
- 应急备用方案触发阈值

第三步，动态校准机制化

在处理突发群体性事件时，应建立反馈闭环："如何根据救护车实时定位调整预备资源？不同响应级别的物资储备策略如何切换？"进而结合GIS地图的救护车动态分布，构建半径5公里的应急资源辐射圈，通过数字孪生技术模拟资源调度效果。

提示词示例如下所示。

提示词：
构建群体伤事件响应模型。
1. 输入参数：
- 实时伤员数量及伤情分级
- 可用救护车位置及装备状态
- 血库实时库存及补给时效
2. 动态变量：
- 交通路况拥堵指数
- 协作医院接诊能力
3. 输出要求：
- 最优伤员分流转运方案
- 急救物资动态补给路线
- 人员弹性排班调整建议

该方案通过DeepSeek多轮对话配合Excel即可实施，其中实时数据看板可利用Power BI构建，应急路线规划通过Excel地理编码功能实现。对于需要秒级响应的场景，建议启用DeepSeek的流式计算模式，结合Office脚本实现数据自动刷新与预警推送。

3. 金融风控体系

在构建智能化效果评估体系时，首先要实现评估要素的系统化拆解。以某电商平台用户运营场景为例，假设我们需要评估智能客服系统的迭代效果，首先要明确"评估什么"和"如何量化"这两个核心问题。

第一步需要站在决策者视角进行目标对齐。通过与业务负责人深度沟通，我们会发现表面需求是"提升客服效率"，但深层需求其实是"在保证满意度前提下，降低人力成本"。此时可以采用5W2H分析法明确评估范围，以季度为评估周期，涵盖首次响应时长、问题解决率等效能指标，同时监控用户满意度波动。

接下来进入指标设计阶段，这里需要平衡指令的全面性与可操作性。参考平衡计分卡原理，我们可以构建四维指标体系：效率维度（会话处理量/平均响应时长）、质量维度（问题解决率/错误应答率）、成本维度（人力替代率/训练成本）和成长维度（知识库更新频率），特别要设置对领先指标（如对话质量评分）与滞后指标（如月度人力成本）的组合监控。

当面对数据采集难题时，首要任务是建立数据血缘图谱。例如客户对话数据来自在线日志系统，满意度数据埋点在App评价模块，人力成本数据存储在ERP系统。此时需要设计统一的数据接入规范，对于DeepSeek等AI系统输出的非结构化数据，可以通过正则表达式提取关键字段，再与业务系统数据进行时空对齐。

在工具应用层面，可以设计"基础层—中间层—高级分析层"三层验证体系。基础层用Excel数据透视表进行趋势分析，中间层通过DeepSeek对话执行自然语言查询（如"对比Q2各周错误应答率波动情况"），高级分析层则可构建动态仪表盘。

值得注意的是，当涉及多源数据融合时，需要创建标准化的数据字典，这可以通过DeepSeek自动生成字段映射关系文档来实现。

经过三个迭代周期后，我们可能会发现最初设定的"会话转人工率"指标存在测量偏差。这时需要启动指标校准机制，运用假设检验方法验证指标有效性。例如通过DeepSeek模拟不同客群对话样本，检测该指标在不同场景下的敏感度，最终形成动态权重调整方案。

提示词示例如下所示。

提示词：
第一轮目标确认：
"作为电商平台运营总监，我需要评估智能客服系统的升级效果。请列出需要关注的5个核心维度，每个维度包含2个关键指标，并说明指标间的逻辑关系。"
第二轮数据规划：
"现有智能客服日志包含对话时长、用户评分、转人工标记等字段，ERP系统有人力成本报表。请设计数据清洗方案，输出可供分析的结构化数据表框架。"
第三轮异常处理：
"当发现对话解决率提升但满意度下降时，请提供三种假设验证方案，并说明如何通过现有数据验证这些假设。"

6.1.3 效果评估体系

1. 量化指标体系

在工业质检系统的AI化改造项目中,我们遇到了模型漏报缺陷的棘手问题。据生产线上的工程师反馈,某些特殊工艺缺陷发生时系统未能及时预警,这暴露出传统评估体系的局限性。而DeepSeek解决了这一难题,经历4个关键思考阶段,设计出真正有效的量化指标体系。

第一阶段,评估目标具象化

首先将"提升缺陷检出率"这种模糊目标转化为可衡量的技术指标。例如,在生产现场调研发现,漏检薄壁件表面微裂纹会直接导致产品报废率上升0.8%。此时可运用"场景还原法"构建提示词。

> 提示词:
> 作为注塑产线质检负责人,请列出影响产品质量的Top5缺陷类型,并说明每种缺陷的工艺特征、历史发生频率及对应的质量损失成本。要求采用<缺陷类型><特征描述><发生概率><损失系数>的表格形式呈现。

第二阶段,维度拆解结构化

参考TSQ质量屋模型,我们将评估体系分解为"基础性能层—过程效率层—业务价值层"三个相互关联的层次,在时效性监控维度,需要同时考虑响应速度与处理质量。

> 提示词:
> 请构建注塑质检系统的多维度评估框架,包含基础性能层(准确率/召回率)、过程效率层(单帧处理耗时/并发处理能力)、业务价值层(缺陷拦截率/良品提升率)。用矩阵图展示各指标间的关联关系,并标注行业基准值。

第三阶段,数据采集方案设计

根据产线PLC的实时数据流特征,设计特征工程的动态更新机制。例如,某汽车零部件企业通过部署边缘计算节点,实现了工艺参数的毫秒级采集。

> **提示词：**
> 假设注塑机的压力、温度、速度传感器每0.5秒产生一组数据，请设计包含时间窗口滑动机制的特征提取方案。要求说明特征衍生方法（如30秒内的极差、方差、趋势斜率计算），并给出防止数据漂移的监控策略。

第四阶段，动态调优机制构建

基于PDCA循环建立指标体系的迭代规则。当导入新型环保材料时，我们通过以下提示词快速重构评估标准。

> **提示词：**
> 现有ABS材料缺陷检测准确率为92%，新导入的PLA材料因透光性差异导致误检率上升。请制定包含短期应对策略（数据增强方案）、中期优化计划（迁移学习路径）、长期机制建设（自适应阈值算法）的三阶段改进方案，用甘特图展示关键里程碑。

提示词组合示例如下所示。

> **提示词：**
> **场景适配模板：**
> 作为[工艺工程师]，在[新产品试产]阶段，需要评估[模具热流道系统]的[温度稳定性]。请设计包含[数据采集频率][特征提取方法][异常判定逻辑]的监控方案，重点考虑[传感器精度限制][生产节拍约束]等因素，输出可导入MES系统的参数配置表。
> **异常诊断模板：**
> 当前[表面光洁度检测模块]在[夜班时段]出现[误判率升高]现象。已知[光照强度波动范围±300lux][操作员平均技能等级为2.7]，请分析可能的影响因素，并给出包含[环境补偿方案][人员培训重点][模型retrain策略]的改进建议，用鱼骨图展示根本原因分析过程。

通过这种结构化思考过程，工程师能够将模糊的业务需求转化为可执行的AI评估方案。例如，某家电企业运用该方法将质检模型迭代周期从14天缩短至3天，缺陷漏检率下降67%。在实际操作中，整个过程仅需DeepSeek对话配合Excel进行数据验证，无须额外开发系统即可实现评估体系的持续优化。

2. 价值实现评估

在智能制造项目实施过程中，某汽车零部件企业发现传统ROI计算模型难以准确衡量

AI质检系统的综合价值。下面可基于DeepSeek，通过四步思考法重构评估体系。

第一步，业务价值解耦

站在财务总监视角，将"提升质量效益"分解为可量化的技术指标，通过车间实地观察发现，变速箱壳体漏检导致的返工成本占质量总成本的32%。此时可运用价值树分析法构建提示词。

提示词示例如下所示。

提示词：
作为新能源汽车零部件企业的财务总监，请将"AI质检系统价值"分解为成本节约、效率提升、风险控制三个一级指标，每个指标下设置三个可量化二级指标。要求采用"指标层级""计算公式""数据来源""采集频率"的结构呈现，并举例说明冲压件表面缺陷拦截率与报废成本的关系。

第二步，动态测算建模

参考TCO模型构建全生命周期成本分析框架，通过以下提示词发现隐性效益。

提示词示例如下所示。

提示词：
请建立AI视觉检测系统的5年期ROI测算模型，包含直接成本（硬件采购/软件许可）、间接成本（人员培训/系统集成）、显性收益（返工减少/客诉下降）、隐性收益（品牌溢价/订单转化）。设定产能利用率为75%～90%的三种情景，用瀑布图展示各要素对净现值的影响。

第三步，体验洞察设计

基于KANO模型设计用户体验监测机制，通过组合提示词挖掘真实需求。

提示词示例如下所示。

提示词：
第一轮：
作为洗衣机生产线质检员，列举使用AI质检系统时影响工作效率的3个操作环节，按严重程度排序并说明具体痛点。
第二轮：
基于上述痛点，设计包含5个维度20个细项的体验评估问卷，要求采用Likert五级量表，并设置开放性反馈收集区。

> **第三轮：**
> 将最近3个月收集的150份问卷数据导入Excel，请生成包含满意度分布、关键词云图、改进优先级矩阵的分析报告。

第四步，响应机制优化

运用FMEA方法构建问题处置体系。例如，某光伏企业在遇到夜间检测准确率波动时，通过递进式提示词定位根本原因。

提示词示例如下所示。

> **提示词：**
> **第一层：**
> 分析近一周各时段误检率数据，识别是否存在周期性波动规律，输出带时序标记的折线图。
> **第二层：**
> 排查环境变量（温及湿度/光照强度）、设备状态（相机焦距/光源衰减）、人为因素（交班时段/操作熟练度）的关联性，用鱼骨图展示潜在影响因素。
> **第三层：**
> 针对识别出的LED光源老化问题，制定包含临时补偿方案（软件参数调整）、中期对策（预防性维护计划）、长期改善（自适应光学校准模块）的应对策略。

提示词组合示例如下所示。

> **提示词：**
> **成本效益分析模板：**
> 作为[行业]企业的[岗位]，在实施[AI系统]后，需要评估[具体场景]的[量化指标]。请设计包含[基线数据][对比周期][干扰因素排除方法]的分析方案，重点考虑[季节性波动][工艺变更影响]等因素，输出可导入BI工具的数据看板配置建议。
> **体验优化模板：**
> 当前[用户群体]在[使用阶段]反馈[具体问题]。已知[系统版本][操作流程][硬件配置]，请设计包含[界面交互测试][认知负荷评估][学习曲线监测]的体验优化方案，用旅程图标注3个关键改进触点，并说明每个触点的A/B测试方法。

通过这种结构化思考方式，某精密仪器制造商将质量成本分析粒度从月度提升至小时级，发现换型调试阶段的缺陷成本占比超预期40%。在实际操作中，整个过程通过DeepSeek对话结合Excel数据透视表即可完成，系统自动生成的动态看板可帮助管理层实现分钟级决策响应。

通过DeepSeek的分析自动化能力，企业可以显著提升数据分析的效率和质量。在实际应用中，应平衡自动化与人工判断，同时健全质量控制机制，确保分析结果的可靠性和实用性，构建真正的智能化分析决策支持系统。

6.2 风险管理智脑

在复杂多变的商业世界，企业犹如在波涛汹涌的大海中航行的船只，时刻面临各种风险的挑战。市场的不确定性、政策法规的不断变化、内部管理的潜在漏洞都可能给企业带来难以估量的损失。风险管理已然成为企业稳健发展的关键防线，关乎企业的发展。

随着数字化时代的到来，人工智能技术正以前所未有的速度改变着各行各业，风险管理领域也不例外。DeepSeek作为人工智能技术的杰出代表，凭借其强大的智能识别、实时监控和预测分析能力，为企业风险管理注入了活力，成为构建智能化风险管理平台的核心驱动力。它就像一位经验丰富、洞察力敏锐的风险管理专家，能够快速、准确地识别潜在风险，为企业提供全方位、多层次的风险防控解决方案，助力企业在激烈的市场竞争中稳健前行，从容应对各种风险和挑战。

6.2.1 DeepSeek强大功能：全方位保障风险管理

1. 信息安全检测

在信息安全检测领域，构建高质量的提示词需要经历系统化的思考过程。我们以企业数据隐私保护场景为例，展示如何通过结构化思考设计出有效的AI指令框架。

第一步，明确任务目标

假设我们需要处理一份包含用户注册信息的CSV文件，目的是识别其中的个人身份信息（PII）并进行脱敏处理。此时需要思考：数据特征是什么？需要遵守哪些合规标准？输出需要满足什么格式要求？

第二步，构建基础指令

初始提示词应包含主题、风格和细节三个要素。

提示词：

请分析以下用户数据，识别所有符合GDPR标准的个人身份信息（PII），按照字段类型分类标记，并对敏感字段进行星号脱敏处理。

输出格式要求：JSON结构包含原始字段、字段类型、处理方式三个维度。

待处理数据示例：（姓名：张三；邮箱：zhangsan@company.com；身份证号：11010119900307783X）

第三步，增强风险防控

考虑到实际业务中的复杂情况，需要添加约束条件，提示词如下所示。

提示词：
补充要求：
1. 银行卡号需区分信用卡与借记卡类型
2. 中国身份证号需验证最后一位校验码的有效性
3. 遇到无法识别的非常规字段应保持原样并添加警示标记

第四步，验证与迭代

执行后发现模型可能混淆护照号与普通编号，此时需要细化指令，提示词如下所示。

提示词：
新增识别规则：
- 护照号需同时满足以下特征：以E/K/D/S开头，9位字符组合
- 港澳通行证号码格式：以H/M开头，接8位数字
遇到不确定的字段，输出置信度评分（0~1）

优化后的提示词如下所示。

提示词：
作为数据安全专家，请严格按照以下流程处理用户信息。
1. 字段识别：标记所有PII字段，包括姓名、身份证号、银行卡号等
2. 合规验证：检查是否符合GDPR第4条定义的个人数据范畴
3. 脱敏处理：对敏感字段保留首尾字符，中间用*替代（如银行卡：6225******3476）
4. 异常记录：对格式错误或无法识别的字段标注"NEED_REVIEW"
5. 输出格式：生成包含原始值、处理结果、风险等级三列的CSV
附加要求：
- 身份证号需验证校验码的有效性
- 区分信用卡（16位）和借记卡（19位）格式
- 护照号需符合国家移民管理局最新编码规则
待处理数据：数据内容

通过这个案例可以看出，构建高质量提示词需要经历"目标拆解—基础框架搭建—风险预判—验证优化"的完整过程。在实际工作中，建议使用Office文档记录每次的优化迭

代过程，形成可复用的提示词模板库。对于需要对接API的复杂场景，可通过DeepSeek的代码解释功能自动生成数据清洗脚本，实现半自动化处理。

2. 版权合规检测

在版权合规检测领域，构建高质量的提示词需要从业务场景的本质需求出发，逐步拆解任务逻辑。我们以企业市场报告的版权审查为例，展示如何通过四步思考法设计精准的AI指令框架。

第一步，明确检测维度

假设需要审查一份即将发布的市场分析报告，核心诉求是识别未经授权的引用内容并验证商标使用合规性。此时需要思考：报告涉及哪些类型的内容资产？需要匹配哪些版权数据库？输出格式如何适配法务团队的工作流？

第二步，构建基础框架

初始提示词应包含三个要素。

提示词：
作为版权审查专家，请按以下流程处理文档。
1. 内容比对：逐段比对报告内容与全球学术期刊库资源、网络公开资源的相似度
2. 商标核验：识别文档中出现的商标标识，验证其注册状态和使用权限
3. 风险分级：根据相似度百分比和商标使用场景标注风险等级（高、中、低）
输出格式：生成包含原文位置、相似内容来源、风险建议的三列表格
待审查文档：插入文档内容或文件链接

第三步，应对复杂场景

在实际审查中，可能遇到多语言混排内容或改编引用，需增强指令的适应性，提示词如下所示。

提示词：
补充要求：
1. 中文内容采用模糊匹配算法，允许15%以内的语义改写
2. 英文文献引用需区分直接引用与观点参考两种类型
3. 改编内容需追溯至少3层引用来源链
4. 多语言商标需同步验证所在国家/地区的注册信息
遇到无法判定的案例，保留原文片段并标注审查意见

第6章 场景篇：智能决策中枢

第四步，动态规则更新

针对法规变化和新型侵权模式，构建可持续优化的提示词机制，提示词如下所示。

> **提示词：**
> 版本控制机制：
> - 每月自动导入最新版权法规要点（当前版本：2024年《数字经济版权保护条例》）
> - 商标数据库同步国家知识产权局每周更新数据
> - 对新型AI生成内容增加水印检测模块
>
> 异常处理：
> 发现疑似深度伪造内容时，启动多模态交叉验证流程（文本特征分析+元数据检测）

优化后的提示词如下所示。

> **提示词：**
> 作为企业版权合规官，请执行以下审查流程。
> 1. 内容层检测
> - 文本比对：采用余弦相似度算法，标记相似度>30%的段落
> - 图像核验：通过反向搜索验证图片版权，标注CC协议及商用授权状态
> - 数据溯源：核查统计数据的原始发布平台及授权链条
> 2. 商标层审核
> - 标识识别：定位文档中所有商标图形及符号
> - 权限验证：交叉比对《企业商标白名单》与官方注册数据库
> - 场景评估：检测使用场景是否超出注册类别（参照尼斯分类第12版）
> 3. 风险处置
> - 高风险：直接引用超过200字且无授权标注
> - 中风险：改编引用未注明原始出处
> - 低风险：公有领域内容未标注来源
> 4. 输出交付
> - 生成带超链接的审查报告（PDF、Word双格式）
> - 高风险项自动触发法务通知流程
> - 历史案例库同步更新本次审查特征
>
> 支持格式：
> - 输入：docx、pdf、md格式文档，最大支持50MB
> - 输出：结构化风险清单+可视化相似度热力图

通过这个案例可以看出，有效的版权检测提示词需要融合法律规范（如《伯尔尼公约》第10条）、技术标准（如CC协议分类）和业务场景三大要素。实际操作时，建议通

过 DeepSeek 的"对话历史"功能建立审查案例库，将典型判例转化为规则模板。对于需要对接企业知识库的复杂需求，可利用 Office 365 的 Power Automate 实现审查报告的自动化分发与归档。

3. 图像审核与版权素材管理

在图像审核与版权管理领域，构建高质量的提示词需要建立多维度审核框架。我们以某电商平台商品图审核为例，展示如何通过系统性思考设计全流程 AI 指令体系。

第一步，定义审核层级

假设需要审核一批服装商品图，核心诉求是处理图像内容安全与素材版权验证。此时应思考：图像元素包含哪些风险维度？版权验证需覆盖哪些数据库？如何平衡审核精度与效率？

第二步，构建多模态检测框架

基础指令应包含图像分析与版权溯源双路径。

提示词：
作为图像审核专家，请执行以下操作。
1. 内容安全检测
- 元素识别：分解图像中的服装、模特、背景元素
- 风险标记：识别暴露皮肤比例（超过30%需标记）
- 敏感符号：检测是否含有宗教元素、种族歧视性图案
2. 版权验证
- 素材溯源：比对服装花纹与设计专利库（2024年更新版）
- 商标核验：定位图像中的品牌标识，验证电商销售授权
- 模特肖像：检查模特授权书电子指纹
3. 输出要求
- 生成带热力图的审核报告（标注风险区域）
- 高风险图片自动隔离至待复核区

第三步，处理复杂案例

针对常见疑难场景增强指令适应性，提示词如下所示。

提示词：
特殊情形处理规则：
1. AI生成素材：检测 Stable Diffusion 特征水印

2. 拼接设计：当花纹元素来自多源时，追溯各元素版权链
3. 文化适配：根据销售地区自动加载禁忌元素库（如中东地区禁含酒元素的图案）
4. 时效控制：单图审核响应时间≤1.5秒

第四步，构建动态知识库

集成法律与技术更新机制，提示词如下所示。

提示词：
知识库管理：
- 每周同步国家版权局最新侵权案例特征
- 每月更新《电商平台违禁品清单》视觉识别模型
- 每季度训练新型深度伪造检测模块
异常处理：检测到疑似3D扫描设计时，启动点云数据比对流程

全流程提示词如下所示。

提示词：
作为电商图像审核系统，执行以下智能流程。
【输入预处理】
接收图像后自动执行：
- 元数据提取：解析EXIF信息验证拍摄设备真实性
- 质量优化：将图像统一转换为800×600分辨率
【核心审核层】
阶段一：内容安全
- 通过CNN模型识别违规元素（置信度＞0.7直接拦截）
- 使用OpenPose检测模特姿势合规性
- 使用多语言OCR提取图像文字进行敏感词匹配
阶段二：版权验证
- 调用阿里云版权库API进行图案相似度比对
- 验证品牌商标在目标市场的注册类目（参照尼斯分类第12版）
- 检查素材修改程度是否超出CC协议允许范围
【输出与处置】
- 生成带决策依据的审核日志（包含图像哈希值）
- 为中风险图片添加数字水印后限流展示
- 自动生成侵权预警通知书模板

通过此案例可见，有效的图像审核提示词需要融合计算机视觉技术标准与版权法律知识。实际操作时，可利用DeepSeek的"审核策略生成器"创建场景化规则模板，并通过Office 365的Power BI实现审核数据的可视化分析。对于需要实时对接政府监管系统的场景，建议启用DeepSeek的API网关功能构建自动化报送通道。

4. 用户行为监控与风险预警分析

在构建用户行为风险预警提示词时，需要建立分层递进的思考框架。我们以某金融机构的异常交易监测为例，展示如何通过四层架构设计智能预警系统。

第一层，基础数据建模

假设需要监测信用卡异常交易，明确监测的核心指标有登录频率、交易金额偏离度、地理位置跳跃性。初始提示词应聚焦数据特征提取。

提示词：
请分析以下用户行为日志，提取以下特征向量。
1. 单日登录失败次数（阈值≥5次）
2. 交易金额与历史均值偏差（标准差>3σ）
3. 两笔交易间隔距离（大于800千米/时）
输出格式：JSON结构包含原始数据、特征值、风险评分（0~1）

第二层，动态基线构建

考虑用户行为模式的时段差异，需建立自适应基线，提示词如下所示。

提示词：
补充规则：
- 工作日与节假日采用不同基准线
- 凌晨时段（00:00-05:00点）交易量系数调整为0.7
- 跨境交易触发多因子认证阈值下调30%
遇到新注册用户，自动启用影子模式跟踪行为轨迹

第三层，复合预警策略

针对不同风险等级设计响应机制，提示词如下所示。

> **提示词：**
> 分级响应策略：
> [高风险] 当交易金额＞5元万且特征匹配度＞0.85时，实时冻结账户并发送短信验证
> [中风险] 当特征匹配度在0.6～0.85时，延迟结算并邮件通知
> [低风险] 当特征匹配度在0.3～0.6时，标记观察并周报汇总
> 补充：VIP客户触发高风险时转人工复核

第四层，持续优化机制

构建模型迭代的闭环系统，提示词如下所示。

> **提示词：**
> 模型更新规则：
> - 每周导入误报案例优化特征权重
> - 每月评估预警准确率（目标准确率＞92%）
> - 每季度同步更新《支付行业风险白皮书》
> 最新模式知识库：记录处置成功的典型欺诈案例特征

全流程提示词示例如下所示。

> **提示词：**
> 作为风控分析师，请执行以下监测流程：
> 【数据层】
> 1. 整合支付网关日志、设备指纹、地理位置数据
> 2. 清洗异常时间戳（时区误差＞2小时标记）
> 【分析层】
> 3. 计算交易网络拓扑密度（孤立节点权重+0.3）
> 4. 匹配已知欺诈模式库（2024Q3更新版）
> 5. 评估用户画像一致性（职业收入与消费匹配度）
> 【决策层】
> 6. 生成带置信度的风险评级（含决策树路径）
> 7. 高风险交易触发三级审批工作流
> 8. 自动生成监管报送摘要（银保监格式模板）
> 【输出规范】
> - 日报：Top10风险账户明细表
> - 实时：企业微信预警卡片（含处置快捷入口）
> - 月报：风险趋势热力图与模型迭代建议

通过此案例可以看出，有效的风险预警提示词需要融合行为分析模型与业务流程。实际操作时，建议利用DeepSeek的"模式发现"功能自动生成特征规则，并通过Excel数据透视表实现预警日志的可视化分析。对于需要对接监管系统的场景，可借助PowerPoint模板自动生成合规报告，确保全流程无须代码开发系统即可完成风险防控体系的构建。

5. 舆情防控与传播分析

在舆情防控领域，构建高质量的提示词需要建立多维分析框架。我们以某快消品牌新品发布的舆情监测为例，展示如何通过四层递进式思考设计智能分析系统。

第一步，定义监测维度

假设需要监测社交媒体上的产品讨论，核心诉求是识别潜在危机并评估传播影响力。此时需要思考：需要覆盖哪些平台？关键指标如何设定？数据采样频率如何平衡实时性与准确性？

提示词示例如下所示。

提示词：
作为舆情分析师，请执行以下操作。
1. 数据采集：实时抓取微博、小红书、抖音平台含#新品标签的内容
2. 特征提取：计算每小时互动量增长率、情感倾向指数、KOL参与度
3. 初始预警：当负面情感占比＞15%且传播速率＞200条/分钟时触发警报
输出格式：带时间戳的CSV日志文件，包含原始内容链接与特征值

第二步，深化情感分析

针对复杂语境设计分层识别机制，提示词如下所示。

提示词：
情感分析增强指令：
1. 区分显性/隐性负面表达（如"包装设计很特别"需结合表情符号判断）
2. 识别行业特定黑话（如在美妆领域"荧光脸"指代产品翻车）
3. 建立子话题聚类规则：
  - 产品质量类：成分、保质期、使用体验
  - 营销类：广告合规性、代言人争议
  - 服务类：物流、售后响应
遇到不确定的表述时，启动跨平台内容比对验证

第三步，构建传播网络

设计关系图谱分析提示词，如下所示。

提示词：

传播路径分析指令：
1. 节点识别：定位转发量＞500的初始传播者
2. 链路还原：绘制话题扩散的树状结构图
3. 影响力评估：计算节点中心度［公式：（入度+出度）/总节点数］
动态更新机制：每周导入最新水军特征库，优化识别准确率

第四步，制定响应策略

设计分级响应提示词体系，如下所示。

提示词：

危机应对指令框架：
[黄金1小时] 当负面声量突增500%时，自动生成声明模板并推送决策层
[持续发酵] 当同一话题3平台热搜前10时，启动多模态响应（图文及短视频澄清）
[长尾效应] 当周留存率＞30%时，纳入月度品牌健康度报告
反馈机制：当处置后24小时情感走势变化＞20%时，标记策略有效

全流程提示词示例如下所示。

提示词：

作为品牌舆情管家，执行以下智能流程。
【数据层】
1. 多平台监听：微信/微博/B站/知乎+15个垂直论坛
2. 热点捕获：突增词频检测（基于TF-IDF优化算法）
3. 去噪处理：过滤广告账号与水军内容（置信度＞0.85）
【分析层】
4. 情感粒度分析：
– 基础情感：正面、中性、负面（基于BERT模型）
– 情绪维度：愤怒、失望、嘲讽（扩充行业词库）
5. 影响力建模：
– 传播深度：话题渗透行业KOL比例
– 扩散速度：达到10万级讨论用时

```
【决策层】
6. 生成三维应对矩阵：
– 紧急度（0～10）
– 破坏力（0～10）
– 应对复杂度（0～10）
7. 输出决策树：
– 技术问题→产品团队48小时响应
– 服务投诉→区域督导实地核查
– 法律风险→法务部介入取证
【输出内容】
– 实时看板：Power BI动态仪表盘
– 危机简报：带热词云图的PPT模板
– 归档记录：按事件分类的Excel知识库
```

通过此案例可以看出，有效的舆情提示词需要融合传播学理论与数据分析模型。在实际操作时，建议使用Excel建立负面案例库，实现策略复用，通过PowerPoint模板标准化报告输出。对于需要实时数据可视化的场景，可借助DeepSeek的"数据驾驶舱"功能生成交互式仪表盘，全过程无须编写代码即可构建智能舆情防控体系。

6.2.2 DeepSeek实战应用：风险管理的成功典范

1. 产品发布风险防控

在产品发布的关键阶段，需要建立系统化的风险防控框架。我们以智能穿戴设备上市为例，演示如何通过结构化思考设计高质量的DeepSeek提示词。

第一阶段，风险要素解构

建立完整的风险认知坐标系，以"5W2H"分析法明确防控目标。

- why：需要防控的原因（避免产品召回、品牌声誉受损）
- what：具体防控内容（合规审查、市场分析、舆情监测）
- where：防控实施场景（欧盟市场、社交媒体平台）
- when：防控时间节点（发布前30天、发布后72小时）
- who：防控责任主体（法务团队、市场部门）
- how：防控执行方式（自动化扫描、人工复核）
- how much：防控投入预算（资源分配比例）

第二阶段，任务维度拆解

针对智能穿戴设备的特性，重点防控以下几个维度。

（1）合规性沙盘推演

- 核心思考：产品需要满足相关地域的哪些标准？现有措施存在哪些验证盲区？
- 提示词设计原则：地域法规库+验证方法论

提示词示例如下所示。

> **提示词：**
> 创建欧盟智能穿戴设备合规检查表，包含GDPR数据保护条款、RED无线电设备指令、RoHS有害物质限制标准，要求逐项说明验证方法并提供检测报告模板。

（2）市场适应性预判

- 核心思考：竞品的核心用户画像特征有哪些？当前市场是否存在需求断层的情况？
- 提示词设计原则：对比分析框架+数据可视化需求

提示词示例如下所示。

> **提示词：**
> 生成近两年智能手环市场分析矩阵，对比Apple Watch、华为手环、小米手环在30~45岁女性用户群中的功能使用热力图，输出需求缺口雷达图。

（3）舆情应对预案

- 核心思考：哪些功能点可能引发用户误解？不同危机等级对应哪些响应流程？
- 提示词设计原则：场景分级+话术模板生成

提示词示例如下所示。

> **提示词：**
> 设计三级舆情响应机制，针对续航争议、数据隐私质疑、产品质量投诉三种场景，分别生成24小时、72小时、周维度应对方案，包含官方声明模板和FAQ知识库。

第三阶段，动态监测机制

产品发布后，建立"监测信号—特征提取—风险评级—预案匹配"的映射模型：

提示词示例如下所示。

> **提示词：**
> 创建智能穿戴设备舆情监测看板，实时抓取Twitter、Reddit、专业论坛数据，当负面情绪占比超过15%时自动触发分析流程，输出危机等级评估报告并关联预设应对方案。

（注：此场景需结合DeepSeek API实现自动化数据流处理）

第四阶段：验证迭代循环

通过"PDCA"闭环确保防控措施有效性。

- plan：生成风险评估矩阵
- do：执行监测方案
- check：输出效果评估报告
- act：优化防控策略

提示词示例如下所示。

> **提示词：**
> 第一轮：
> "制订首周用户反馈分析计划，包含App评分、客服记录、退换货数据三个数据源"
> 第二轮：
> "对比实际客诉类型与预设风险模型的匹配度，识别未预见风险点"
> 第三轮：
> "基于新发现的产品教程需求，生成短视频脚本大纲和常见问题交互式问答树"

通过这种结构化思考过程，产品团队不仅能获得即用的提示词方案，更重要的是建立了可复用的风险防控思维框架。在实际操作时，建议配合Excel建立风险要素矩阵表，将DeepSeek输出结果与人工判断进行交叉验证，实现AI辅助决策的最佳平衡。

2. 危机公关管理

在危机公关管理中，设计有效的提示词需要遵循"情境解构—策略映射—动态优化"的思考路径。我们以海底捞事件为例，演示如何通过三阶思考框架构建高质量的DeepSeek交互方案。

第一阶段：危机态势建模

通过"5D"原则界定问题本质。

- define（定义）：这是食品安全事件还是服务管理漏洞？涉及哪些利益相关方？
- dimension（维度）：舆情传播的主要平台如何分布？负面情绪集中在哪些功能点？
- depth（深度）：事件是否触及品牌核心价值主张？与历史危机事件有何异同？
- duration（时效）：黄金4小时应对窗口需要哪些关键数据支撑？
- damage（损害）：建立品牌信任度评估指标体系（如NPS变化率、股价波动幅度）

提示词示例如下所示。

提示词：
构建餐饮行业危机事件评估矩阵，包含食品安全、服务失误、员工管理三大类目，要求设置传播速度、情感烈度、话题持续性三项核心指标，输出分级响应阈值表。

第二阶段，响应策略生成

采用"洋葱模型"逐层设计应对方案。

（1）核心层：事实确认与责任声明

思考：如何平衡法律合规与公众情感诉求？哪些证据需要立即可视化呈现？

提示词示例如下所示。

提示词：
生成食品安全事件声明框架，包含事实确认、处置措施、整改承诺三部分，要求嵌入"10分钟内调取监控""48小时全门店排查"等具体行动项。

（2）中间层：传播渠道与话术定制

思考：不同平台用户是否存在信息接收偏好差异？短视频与文字声明的传播策略如何区分？

提示词示例如下所示。

提示词：
设计微博、抖音、官网三端响应内容矩阵，微博侧重时间线梳理，抖音采用店长出镜形式，官网提供完整调查报告下载入口。

（3）外层：长效机制与信任重建

思考：如何将危机转化为品牌升级契机？哪些改进措施具备传播价值？

提示词示例如下所示。

提示词：
策划"透明厨房"百日行动计划，包含24小时直播监控、供应商溯源系统、顾客检查员制度三项举措，输出阶段成果可视化方案。

第三阶段：效果评估迭代

建立"三维度—双周期"监测体系。

（1）数据维度：设计舆情衰减曲线模型，设置情感转折点预警阈值

提示词例示如下所示。

提示词：
创建舆情监测仪表盘，实时追踪"海底捞""食品安全"关键词组合的声量变化，当负面声量占比连续3小时低于15%时触发阶段评估。

（2）行为维度：分析客流量、翻台率、投诉率等经营指标的恢复曲线

提示词示例如下所示。

提示词：
对比事件前后30天经营数据，识别华北、华南区域恢复差异，输出区域定制化营销方案建议。

（3）认知维度：通过语义分析挖掘用户心智标签变化

提示词示例如下所示。

提示词：
解析社交媒体评论，提取前100个品牌关联词，生成认知云图对比报告。

通过这种结构化思考过程，公关团队可获得如下提示词组合。

> 提示词：
> **态势研判阶段：**
> 分析微博、抖音、大众点评平台前24小时舆情数据，识别三大情绪爆发点，输出危机等级评估报告
> **响应执行阶段：**
> 生成三级媒体沟通策略：
> ① 2小时内事实声明模板
> ② 12小时进展通报框架
> ③ 7天整改白皮书大纲
> **恢复优化阶段：**
> 设计"安心用餐"用户体验提升方案，包含智能厨房监测系统、食品安全可视化看板、顾客监督员机制三项举措

系统应用建议：实时舆情监测需要DeepSeek API对接数据平台，但策略生成与效果评估可通过对话交互完成。Office组件可用于最终报告的可视化呈现，如用Excel制作数据对比图表，用PowerPoint生成总结演示文稿。

6.2.3 DeepSeek风险管理体系的持续优化

企业引入智能系统管理风险，就像给汽车装上智能驾驶系统——只有通过定期维护，才能确保持续稳定的风险防控效能。要使DeepSeek真正成为企业风险管理的战略伙伴，需要从以下4个方面进行持续优化。

1. 人机协作

智能系统就像仪表盘，即便再精准，方向盘仍需掌握在经验丰富的司机手中。例如，某金融机构曾完全依赖AI审批贷款，结果因系统无法识别特殊病例的医疗证明，导致合规风险。这个案例启发我们，日常监控可交给系统处理，但当系统提示"高风险贷款申请"时，经验丰富的信贷经理需要结合行业知识和人性化判断，做出最终决策。

2. 动态进化

风险管理系统要持续进化。例如，某电商平台发现，传统的促销风险模型无法识别直播带货中的"秒杀陷阱"，技术团队通过注入实时交易数据进行机器学习训练，最终实现风险预警准确率提升40%。在此过程中，系统更新机制如同杀毒软件的病毒库升级，需通过定期获取最新的"风险特征补丁"来维持防御体系的时效性。

3. 实战演练

传统风险培训的沙盘推演模式存在理论与实践脱节的隐患，这种局限性可类比在静水中训练航海技能。而DeepSeek的应急管理场景中，其推理引擎可同步处理多维度的风险参数，生成多层级响应方案。例如，某制造企业通过模拟"突发供应链中断"场景，让采购团队在虚拟环境中与AI系统协同作战，结果应急响应时间缩短了60%。这种演练就像消防演习，通过定期实战模拟，可以使团队在面对真实危机时快速反应。

4. 数据安全的双保险机制

保护数据安全需要物理防护和智能监控双管齐下。例如，某医疗机构采用"动态密码+生物识别"双重验证，结合DeepSeek的异常访问检测，成功拦截了98%的非法数据访问尝试。这个案例启发我们，既要给数据穿上加密"防护服"，又要建立智能"瞭望塔"，24小时监控数据流动轨迹。

通过这4个维度的持续优化，企业的风险管理体系才能建立"监测—分析—优化"的良性循环，使人工智能真正成为风险防控的智慧伙伴，而非冰冷工具。

在企业前行的征程中，风险如影随形，合规要求也日益严苛。DeepSeek作为智能化风险管理领域的利器，以其多元且强大的功能，从信息安全的细致守护，到版权合规的严格把控，再到舆情危机的精准应对，为企业筑起了一道坚不可摧的防线。通过实战应用案例，我们清晰地看到它在产品发布、危机公关等关键场景中发挥的巨大价值，助力企业规避风险、化险为夷。

然而，技术的效能释放离不开科学的运用与持续优化。企业在借助DeepSeek构建风险管理体系时，应秉持审慎态度，合理平衡自动化与人工判断，让决策兼具效率与精准；持续打磨算法模型，使风险预警如鹰眼般敏锐及时；大力强化团队培训演练，锻造一支面对危机能迅速响应、妥善处置的精锐之师；时刻严守数据安全合规底线，确保企业在合法合规的轨道上稳健运行；定期复盘总结，让风险管理体系在迭代中不断进化完善。

结语

本章深入探讨了以 DeepSeek 为核心的智能决策中枢在分析自动化引擎和风险管理智脑两方面的应用。在分析自动化引擎板块，通过构建自动化分析流程、引入丰富的实战案例以及建立完善的效果评估体系，展现了智能决策中枢在提升数据分析效率与质量上的卓越表现；在风险管理智脑板块，从强大功能、实战应用及体系优化等维度，呈现了智能决策中枢全方位保障企业风险管理的能力。

随着科技的飞速发展，智能决策中枢将在企业运营中扮演愈发重要的角色。未来，我们期待看到更多企业借助类似 DeepSeek 这样的工具，不断提升自身竞争力。如果你想获取更多关于产品设计、工具使用及企业运营相关的深度见解，欢迎关注作者的公众号"产品经理独孤虾"（全网同号），一起探索更多精彩内容。

实操案例

第 7 章

进 阶 篇
高阶Prompt工程

在人工智能浪潮汹涌来袭的当下，大语言模型已成为各个领域竞相探索的前沿技术。DeepSeek作为其中的佼佼者，展现了令人瞩目的强大能力，为无数复杂任务的解决提供了新的思路与可能。然而，如何驾驭这一强大工具，充分释放其潜力，成为众多从业者和爱好者实现技术商业化的核心问题。今天，就让我们一同深入探索高阶Prompt工程，特别是ALIGN框架与提示语链设计的奥秘，解锁DeepSeek的无限潜能，开启智能交互的全新篇章。

7.1 ALIGN框架精要

当今，大语言模型（如DeepSeek）为各个领域带来了新的变革与机遇，然而，DeepSeek的技术潜力释放不是一蹴而就的，需要一套科学有效的方法来引导和优化模型交互过程。ALIGN框架正是这样一套经过实践验证的DeepSeek提示词工程方法论，它犹如一把钥匙，能够打开DeepSeek的大门，帮助我们在与模型的对话中获取更加优质、高效、符合需求的输出。无论是在内容创作、数据分析，还是其他复杂的任务场景中，ALIGN框架都能为我们提供清晰的思路和具体的操作指南，确保我们在利用DeepSeek时有的放矢，达到事半功倍的效果。

7.1.1 ALIGN框架核心构成

1. Aim（目标）

明确的目标定义犹如航海中的灯塔，对于获得高质量的DeepSeek输出起着至关重要的引领作用。它是整个提示词工程的出发点和归宿，从多个维度为我们与DeepSeek的交互指明方向。

在运用DeepSeek这样的智能工具时，我们可以通过三个关键步骤来明确目标。

第一步，划定任务边界

在使用DeepSeek时需要明确：

- 需要解决的具体问题（例如，是撰写产品说明还是分析销售数据）
- 期望的输出形式（例如，是需要一份带数据图表的报告还是需要口语化的解释文本）

- 需要避免的误区（如不需要涉及竞争对手分析）

第二步，定义理想成果

我们需要向DeepSeek说明：

- 内容要求：是涵盖全部相关知识（如完整的行业分析），还是聚焦特定方面（如近三年市场趋势）
- 呈现方式：分步骤说明，明确需要结构化列表、对比表格还是故事化叙述
- 质量把控：设定准确性标准（如数据必须标注来源）、可读性要求（用初中生能理解的语言输出）

第三步，设定现实约束

使用DeepSeek时需明确：

- 内容长度限制（如控制在500字内）
- 格式规范（是Markdown格式还是Excel公式）
- 风格指引（是正式商务报告还是社交媒体文案）

以准备季度分析报告为例，可以输出这样的提示词。

> 我需要一份关于华东区第3季度销售的分析，重点对比线上线下的增长差异，用通俗语言解释数据波动原因，附带三个可行性改进建议，最后用表格汇总关键指标。

这种思考方式既保持了专业要求的严谨性，又像日常对话般自然，通过分解需求要素、建立具象化标准，就能有效引导DeepSeek产出符合预期的成果。

2. Level（难度）

准确评估任务难度是设置合适提示策略的关键所在，能让我们更好地发挥自身实力，也能让DeepSeek更精准地理解任务并给出高质量的回应。

在使用DeepSeek处理不同难度的任务时，我们可以从三个维度来评估任务的挑战程度。

第一维度，任务复杂度

以策划一场朋友聚会为例，我们要考虑以下方面。

- 专业深度：是准备家常小炒（基础概念）还是制作分子料理（专业理论）
- 涉及范围：是只需准备主菜（单一领域）还是统筹整场宴席（多领域协作）
- 背景依赖：是否需要了解客人的饮食禁忌（上下文信息）
- 创新需求：是制作传统菜式还是研发新式融合菜
- 时间压力：是悠闲的周末聚餐还是限时1小时的野餐便当

第二维度，知识应用层级

基于DeepSeek的能力特点，我们可以对任务难度进行解析，如表7-1所示。

表7-1 任务难度解析

能力层级	相当于烹饪水平	典型场景示例
基础认知	掌握刀工、火候	解释行业术语、总结基础原理
实践应用	完成完整宴席	生成数据分析报告、编写标准文档
创新突破	开发新菜系	设计商业模式、提出技术解决方案

第三维度，工具使用策略

以撰写学术报告为例，我们要做好以下准备。

- 基础模式：快速获取背景资料（如"简述量子计算发展史"）
- 深度思考：分析研究数据（如"对比三种算法的优劣势，用表格呈现"）
- 联网搜索：补充最新行业动态（如"查找2024年AI伦理最新政策"）

当遇到需要多步骤处理的任务时，可分步实施，提示词如下所示。

请先分析近三年新能源汽车市场数据，找出增长最快的三个细分领域，然后预测未来两年发展趋势，最后用通俗语言向投资人做简报。

这种分层思考方式既能避免过度依赖AI，又能充分发挥其辅助作用。用户在使用DeepSeek时，需合理评估任务难度，建立任务复杂度分级机制，并配置适配性解决方案，方能实现智能辅助效能最大化。

3. Input（输入）

输入的质量与DeepSeek的输出效果紧密相连，恰似用优质的食材才能烹饪出美味佳肴。高质量的输入是获得理想输出的前提条件，我们可以从三个维度来优化输入质量。

第一维度，数据组织方式

以准备一顿丰盛的晚餐为例，我们要考虑以下几方面。

- 食材分类：将蔬菜、肉类、调料分开放置（结构化数据），避免混成一团（非结构化）
- 标签清晰：用统一容器标注"冷藏保存"或"即开即用"（命名规范）

- 材料齐全：确保备齐主料和辅料（数据完整性）
- 风格统一：所有食材按中式烹饪预处理（格式一致性），避免中西混用导致口味冲突

第二维度，上下文设定

以规划家庭旅行为例，我们要考虑以下几方面。

- 时间框架：确定出行日期范围（时间窗口），安排景点游览顺序（序列关系）
- 空间范围：限定在长三角地区（地理边界），选择亲子类景点（适用场景）
- 逻辑关联：先订机票才能安排接机（因果关系），酒店需在景点附近（依赖条件）

第三维度，输入优化技巧

常见的提示词优化技巧如表7-2所示。

表7-2 常见的提示词优化技巧

常见问题	优化示例	效果对比
信息碎片化	·**零散需求指令**："写报告" ·**结构化指令**："分析2023年第4季度销售数据，包含环比增长率、销量前三品类对比图表。"	从笼统回答转为精准输出
格式混乱	·**杂乱文本**："用户反馈说产品不好用，页面卡顿" ·**表格整理**： 【问题类型】界面卡顿 【发生频率】每天3~5次 【设备型号】iPhone14 Pro	便于DeepSeek快速提取关键信息
缺乏约束	·**开放式提问**："怎么提升销量？" ·**加入限定条件的提问**："在预算5万元内，针对Z世代用户，提出3个线上营销创新方案。"	避免无效建议

当处理复杂任务时，可以分步骤输入。

- 用基础模式获取背景知识，如："简述新能源汽车电池技术发展历程。"
- 以深度思考方式分析数据，如："对比三元锂电池与磷酸铁锂电池的成本曲线，用折线图呈现。"
- 联网搜索补充资讯，如："查找2024年欧盟最新电池回收政策。"

这种分层输入方式既保证了信息的系统性，又充分发挥了DeepSeek不同模式的优势，让AI助手更精准地满足我们的需求。

4. Guidelines（指导原则）

明确的规则约束是确保输出合规性和专业性的重要保障，它规范着DeepSeek的输出行为，使其在合法、道德、专业的轨道上运行。我们可以从三个维度来确保输出的专业性和安全性。

第一维度，基础规范设定

- 法律规范：确保输出内容符合《网络安全法》《数据安全法》等基础法规
- 道德规范：类似社区公约倡导文明行为，要求内容传递积极价值观，避免歧视性言论或有害建议
- 品牌规范：如同城市统一建筑风格，保持企业VI（视觉识别系统）一致性（如使用指定字体、配色方案）
- 安全规范：设置内容审核机制，就像地铁安检系统拦截危险物品

第二维度，质量把控体系

- 数据检测：设定事实核查标准，确保数据来源可靠（如仅引用权威机构统计）
- 任务聚焦：保持主题集中，避免偏离核心任务（如分析报告不掺杂无关话题）
- 专业分级：根据需求匹配知识层级（初级员工培训材料与专家级技术文档）
- 相应调整：控制文本复杂度（技术文档用专业术语，科普文章用日常语言）

第三维度，实用操作指南

常见的问题及对应策略如表7-3所示。

表7-3 常见的问题及对应策略

常见问题	优化策略	示例指令
法律风险	添加合规条款	"请遵循《个人信息保护法》，对涉及用户数据的建议进行脱敏处理"
专业偏差	设定知识层级	"用初中生能理解的语言解释量子计算原理"
风格混乱	明确格式规范	"使用Markdown格式，标题用##，关键数据用表格呈现"
可读性差	添加阅读指引	"每段不超过3句话，技术术语后附通俗解释"

当处理敏感任务时，可以分步骤确认。

- 基础核查，如："请确认该医疗建议是否符合最新诊疗指南。"
- 伦理审查，如："评估推荐方案是否存在患者隐私泄露风险。"
- 格式优化，如："将专业术语替换为患者易懂的日常用语。"

这种分层验证机制既保证了专业性，又像安全气囊般防范潜在风险。如同精密的导航系统需要定期校准，合理设定规则约束能让AI助手始终在正确的轨道上运行。

5. Novelty（创新性）

创新性要求是输出独特性的关键来源，它如同为作品注入了独特的灵魂，使DeepSeek的输出在众多结果中脱颖而出，展现出与众不同的价值。我们可以从4个维度来打造创新性输出。

第一个维度，方法创新
- 示例指令：如"请用区块链思维重新设计传统供应链管理方案"
- 实现方式：结合DeepSeek的深度思考模式进行多步骤推理

第二个维度，视角创新
- 典型场景：例如，分析新能源汽车市场时，添加"从'00后'消费者视角评估设计美学"
- 操作技巧：在提示词中明确"分别以投资者、用户、环保组织三方立场分析"

第三个维度，内容创新
- 实时更新：在提示词中明确"使用2024年第二季度最新出口政策分析行业趋势"
- 领域融合：在提示词中明确"将生物医药研发模式应用于智慧农业项目"

第四个维度，形式创新
- 可视化设计：在提示词中明确"用流程图+时间轴+雷达图三视图展示数据"
- 交互增强：在提示词中明确"设计可点击展开的折叠式报告结构"

【场景】筹备产品发布会时，可以分阶段操作。
- 以基础模式获取历年案例
- 通过深度思考生成3种突破性形式
- 通过联网搜索补充AR（增强现实）、VR（虚拟现实）最新技术
- 最终输出包含全息投影方案的策划书

这种结构化流程既保持专业深度，又富有创新性。可见，合理运用创新维度能让AI的输出既独特又实用。

7.1.2 ALIGN框架应用方法论

1. 目标对齐机制

在制定复杂项目的目标体系时，我们常常陷入两种困境：要么将战略目标机械拆解为碎片化任务，要么制定过于理想化的指标导致执行变形。要设计出高质量的AI提示词，关键在于建立系统化的目标思考框架。让我们通过智能客服系统升级的案例，演示如何构建目标导向的提示词设计思维。

假设某电商平台计划三个月内上线新一代智能客服系统，战略目标是"提升客户服务体验与运营效率"。初级产品经理可能直接生成提示词："开发智能客服系统，提高客户满意度。"这样的指令缺乏可操作性，无法引导AI产出有价值的方案。基于ALIGN框架的提示词设计有以下几个步骤。

第一步，目标维度解构

我们需要将战略目标分解为可测量的执行维度。在会议白板上列出三个问题：客户体验提升体现在哪些方面？运营效率优化包含哪些环节？系统升级需要哪些技术支撑？

通过团队讨论，识别出核心维度：咨询响应速度、问题解决率、人力替代率。此时提示词应该转变为结构化指令，如下所示。

设计智能客服系统升级方案，需同时满足：
- 将平均响应时间从120秒压缩至30秒内
- 首次咨询解决率从65%提升至85%
- 人工客服介入率从40%降至15%

请分模块输出技术方案与实施路径

第二步，动态指标校准

在实际执行中，常遇到指标冲突问题，例如追求响应速度可能导致解决率下降。这就需要设计具备弹性调节机制的提示词。在需求文档中加入条件判断逻辑，如下所示。

当系统监测到解决率低于80%时：
- 自动触发知识库更新流程
- 启动备用人工通道分流
- 生成语义分析报告供次日优化

请设计动态平衡响应速度与解决率的算法模型

第三步，冲突消解建模

针对常见的"效率与质量"矛盾，提示词需要预设权重调节机制，在技术方案中植入可调节参数，如下所示。

```
开发多目标优化模块时应包含：
• 实时流量监测仪表盘（可视化）
• 服务权重调节滑杆（0～100%倾向效率、服务质量）
• 历史决策效果回溯功能
请给出三种不同的权重分配方案及其预期效果
```

第四步，里程碑路径规划

将三个月周期划分为六个双周迭代阶段，每个阶段设置明确交付物，在项目管理提示词中强调节点控制，如下所示。

```
输出实施计划需包含：
• 双周里程碑（用户画像分析→对话引擎开发→压力测试……）
• 各阶段验收标准（响应延迟≤50ms、准确率≥90%）
• 风险预警阈值（CPU使用率>75%时触发警报）
请用甘特图形式呈现关键路径
```

第五步，多方案模拟验证

针对技术选型的关键决策点，设计对比分析式提示词，如下所示。

```
对以下NLP方案进行模拟推演：A.基于规则引擎的对话树；B.微调开源大模型；C.混合架构方案
对比维度需包括：
• 开发成本
• 预期准确率
• 维护复杂度
• 扩展性指数
请用决策矩阵形式输出评估结果
```

通过上述思考过程，最终形成的综合提示词示例如下。

> 作为资深AI架构师，请为电商客户设计智能客服升级方案，要求：
> 1. 核心目标
> • 30天内上线可用的最小化产品
> • 兼顾响应速度（≤30s）与解决率（≥85%）
> • 技术方案需预留扩展接口
> 2. 必要模块
> • 实时监控仪表盘（显示核心指标波动）
> • 动态负载均衡模块
> • 多维度数据分析系统
> 3. 特别要求
> • 对比三种技术路线的实施成本与风险
> • 设计灰度发布方案
> • 包含回滚机制说明
> 请按以下结构输出：
> • 架构设计图（Mermaid语法）
> • 实施阶段规划表
> • 风险评估矩阵
> • 预算分配建议

这个案例演示了如何将战略目标层层转化为可执行的AI指令，建立了"目标拆解—动态调节—冲突平衡—路径规划—方案验证"的完整思维链条，每个环节都通过特定结构的提示词确保输出质量。在实际工作中，可配合使用Excel进行目标矩阵可视化，用思维导图工具梳理逻辑关系，最终形成机器可理解的精准指令。

2. 动态校准机制

在设计动态校准机制时，我们常陷入"事后救火"的困境。要构建有效的AI提示词，关键在于建立闭环思维框架。以某新能源汽车电池产能优化项目为例，演示如何通过五步思考法设计动态校准提示词。

第一步，预警阈值设计

考虑预警系统的核心矛盾：灵敏度过高会产生误报，过低则会漏检。假设项目要求产能波动控制在±5%内，需设计分级预警机制。此时提示词应包含多级响应条件，如下所示。

> 开发产能波动监测模型，需满足：
> • 当波动值超过3%时触发黄色预警，生成周维度分析报告

- 当波动值超过5%时触发红色预警，立即启动应急响应流程
- 连续3天波动值在2%～3%区间时启动趋势预警

请输出包含阈值逻辑的状态机模型

第二步，反馈闭环构建

实时调优算法需要处理多维数据源，可在需求文档中植入反馈回路，如下所示。

设计实时反馈系统时应包含：
- 设备传感器数据（温度/压力/电流）实时接入
- 每15分钟生成产能效率热力图
- 当检测到异常波动时：
  - 自动调取最近24小时工艺参数
  - 对比历史最优生产区间
  - 输出参数调整建议清单

请用流程图形式展示数据处理路径

第三步，冲突消解建模

针对"质量—效率—成本"的铁三角矛盾，提示词需预设动态权重，如下所示。

开发多目标优化算法，需实现：
- 实时显示三大指标雷达图（质量合格率、单件工时、原料损耗率）
- 可滑动调节优先级权重（0～100%）
- 根据权重变化自动生成三种生产方案：
A方案：质量优先（合格率≥99.5%）
B方案：均衡模式（综合指数最优）
C方案：成本优先（损耗率≤0.8%）

请输出权重调节对产能影响的敏感性分析

第四步，评估体系搭建

多维评估矩阵需要平衡客观数据与主观判断，可在验收标准中植入弹性评估机制，如下所示。

构建评估系统需包含：
- 客观指标（40%）：生产节拍达标率、设备OEE[①]
- 过程指标（30%）：工艺参数稳定度、异常响应速度
- 主观指标（30%）：工程师满意度评分

请设计带自适应权重的评估公式，当客观指标连续不达标时自动提升其权重

第五步，持续迭代机制

校准系统需要自我进化能力，可在维护方案中加入学习机制，如下所示。

制定系统优化计划，应包含：
- 每月自动生成薄弱环节诊断报告
- 每季度执行特征工程更新：
  - 筛选影响权重前5的核心参数
  - 优化参数关联度计算公式
- 每年进行算法架构评审

请输出迭代路线图与知识沉淀模板

通过上述思考过程，最终形成的综合提示词如下。

作为智能制造专家，请设计电池产能动态校准系统，要求：
1. 核心功能
- 三级预警机制（趋势、黄色、红色）
- 多目标参数调节界面
- 自适应评估矩阵
2. 数据要求
- 接入MES[②]系统实时数据流
- 整合历史最优生产批次数据
- 关联质量检测数据库
3. 特别说明
- 预警阈值需支持按月动态调整
- 提供三种应急响应预案模板
- 开发决策日志追溯功能

[①] OEE：设备综合效率。
[②] MES：生产执行系统。

> 请按以下结构输出：
> - 系统架构图（Visio格式）
> - 报警逻辑决策树
> - 参数调节效果预测表
> - 系统健康度评估量表

该案例展示了从阈值设定到持续迭代的完整思考链条，在每个决策节点都预设了调节参数和验证机制，使动态校准真正实现"监测—反馈—行动—评估—验证"的闭环。实际操作时，可配合Excel进行阈值敏感性测试，用PPT绘制系统交互流程图，最终形成可执行的AI指令。

3. 难度适配系统

在设计任务难度适配系统时，我们常陷入"一刀切"的困境。要构建有效的AI提示词，关键在于建立"评估—匹配—调节—构建—预警"的动态思维框架。下面以某新能源汽车电池研发项目为例，演示如何通过五步思考法设计难度适配提示词。

第一步，多维评估建模

假设项目需要开发新型固态电池，技术总监提出三个难点：电解质材料选择、界面稳定性优化、量产工艺设计。此时需设计包含创新维度的评估提示词，如下所示。

> 开发任务复杂度评估模型，需包含：
> - 技术维度（40%）：材料科学知识深度、设备精度要求
> - 创新维度（30%）：专利空白领域覆盖率、技术路线独特性
> - 实施维度（30%）：跨学科协作复杂度、工艺可扩展性
> 请输出带权重分配的评估矩阵模板

第二步，知识深度匹配

针对电解质材料研发任务，需匹配不同层级的专业知识，在需求文档中设计知识调用规则，如下所示。

> 当任务复杂度评分≥85分时：
> - 调用顶级期刊最新研究成果（2019—2023）
> - 关联跨学科专利数据库（材料学、电化学、热力学）

> - 激活创新方案模拟推演模块
> 请生成知识调用优先级清单

第三步，动态调节设计

考虑研发过程中可能出现的变量，需预设弹性调整机制，提示词如下所示。

> 设计动态难度调节系统，应实现：
> - 每周自动评估技术瓶颈指数
> - 根据评估结果触发三种响应模式：
> — 常规模式（指数<5）：维持当前研发路径
> — 优化模式（5≤指数<8）：启动备选方案库
> — 重构模式（指数≥8）：发起跨部门技术攻坚
> 请输出带阈值判断的逻辑树模型

第四步，能力画像构建

组建研发团队时，需量化成员能力维度，在团队管理方案中植入画像工具，如下所示。

> 构建工程师能力画像，需包含：
> - 硬技能（50%）：材料模拟软件熟练度、失效分析经验值
> - 软技能（30%）：跨部门协作指数、专利撰写能力
> - 创新潜力（20%）：新技术学习速度、方案突破次数
> 请设计带雷达图可视化的评估模板

第五步，资源预警机制

预测量产阶段的资源需求，提示词需包含缺口预测模型，如下所示。

> 开发资源监测系统，应具备：
> - 实时显示关键设备使用率（涂布机、叠片机、注液机）
> - 预警阈值设置：
> — 黄色预警：单设备连续72小时负载>85%
> — 红色预警：关键工序设备平均负载>90%
> - 自动推送备选供应商清单
> 请输出带决策逻辑的预警响应流程图

通过上述思考过程，最终形成的难度适配提示词如下。

作为电池研发专家，请设计固态电池项目管理系统，要求：
1. 核心模块
• 四维复杂度评估引擎
• 知识图谱动态调用系统
• 自适应资源调度平台
2. 数据集成
• 接入材料特性数据库（离子电导率/界面阻抗）
• 关联量产良率历史数据
• 整合跨部门协作日志
3. 特别要求
• 开发难度热力图实时看板
• 设置三级技术攻坚响应机制
• 构建危机案例解决方案库
请按以下结构输出：
• 系统架构示意图
• 知识匹配决策矩阵
• 资源缺口预测模型
• 团队能力进化路线图

该案例展示了从评估建模到持续优化的完整思考链条，在每个模块设计时预留调节参数接口，使难度适配系统具备动态进化能力。实际操作时，可配合Visio绘制系统交互图，用Excel进行能力矩阵分析，最终形成可执行的AI指令。需要注意的是，实时数据集成部分需要DeepSeek智能代理处理多源数据流，而构建方案库时可通过Office文档管理系统实现知识沉淀。

4. 输入优化体系

在构建输入优化体系时，我们常陷入"数据清洗即终点"的误区。要设计有效的AI提示词，关键在于建立"清洗—补全—融合—可视"的闭环思维框架。下面以某智能客服系统优化项目为例，演示如何通过四步思考法设计数据优化提示词。

第一步，噪声识别与清洗策略

假设客服日志中存在17%的无效对话记录（如乱码、重复测试数据），需设计分层清洗规则。此时提示词应包含动态阈值设置，如下所示。

> 开发数据清洗模块,需实现:
> - 基础清洗:过滤字符数<5或>500的对话
> - 语义检测:标记无实质内容的寒暄语句(您好、谢谢等)
> - 相似度去重:合并相似度>90%的重复对话
>
> 请输出带置信度阈值的流程图

第二步,上下文补全建模

针对缺失的客户意图标签,需构建补全策略,在需求文档中植入关联分析,如下所示。

> 当对话缺少意图标签时:
> - 提取对话关键词与情感倾向
> - 匹配历史相似对话的标签分布
> - 生成前三候选标签及概率
>
> 请设计基于BERT模型的补全算法架构

第三步,多源数据融合设计

整合客服通话录音与文字记录时,提示词需处理异构数据,如下所示。

> 构建数据融合接口,应包含:
> - 语音转文字预处理层(采样率16kHz)
> - 时间轴对齐模块(误差<200ms)
> - 情感标记映射规则(语音情感→文字标签)
>
> 请输出带时序同步示意图的融合方案

第四步,约束条件可视化

针对客服响应时效约束,设计时空可视化方案,如下所示。

> 开发约束看板,需展示:
> - 实时会话分布热力图(地域、时间段)
> - 坐席负荷状态仪表盘(并发数、响应延迟)
> - 优先级队列可视化(VIP客户置顶逻辑)
>
> 请用甘特图形式呈现资源调度逻辑

通过上述思考过程，最终形成的综合提示词如下。

作为数据架构师，请设计智能客服优化系统，要求：
1. 核心功能
• 动态数据清洗引擎
• 多模态数据融合层
• 实时资源监控看板
2. 数据处理
• 接入通话录音（MP3、WAV）
• 整合在线会话日志（JSON）
• 关联CRM用户画像
3. 特别要求
• 实现语音文字双向校验
• 开发意图标签自学习模型
• 构建坐席能力匹配矩阵
请按以下结构输出：
• 系统架构图（UML格式）
• 数据流异常检测规则集
• 多源对齐误差补偿方案

该案例需配合DeepSeek智能代理进行实时语音转换，并通过Office Power BI实现监控看板可视化，关键在于在清洗规则中设置可调节置信度阈值，在补全模型中预留反馈训练接口，从而使系统具备持续优化能力。实际实施时需注意，语音文本对齐需要时间戳精确匹配，调用专门的音频处理库进行二次开发。

5. 原则实施框架

在构建合规保障系统时，我们需要建立"法律—伦理—质量—安全"的四维治理框架。下面以某金融科技公司的智能投顾系统为例，演示如何通过四维治理框架设计提示词。

第一步，法律知识映射

通过构建金融法规知识图谱，将散落在《证券法》《资管新规》等文件中的条款转化为机器可理解的节点关系。

提示词示例如下所示。

整合以下法律要素：
- 投资者适当性管理规则（证监会令第130号）
- 算法交易监控要求（证监会〔2023〕46号）
- 金融数据安全分级标准（JR/T 0197—2020）

请输出带权重系数的法规关联矩阵

第二步，伦理审查建模

采用决策树算法构建三层伦理审查机制。

- 基础层：筛查歧视性语言（如地域、性别偏见）
- 业务层：监测投资建议的激进程度
- 社会层：评估建议对金融稳定的潜在影响

对应提示词需包含动态阈值，如下所示。

开发伦理审查模块应实现：
- 风险词汇实时过滤（波动率＞30%时触发复核）
- 激进策略标记（杠杆率≥5倍时自动预警）
- 行业集中度检查（单一板块配置＞40%时需人工复核）

第三步，质量动态管控

构建如表7-4所示的质量评估矩阵。

表7-4 质量评估矩阵

类别	准确性	相关性	专业性
权重	40%	30%	30%
阈值	≥95%	≥85%	≥90%

提示词需植入自适应机制，如下所示。

质量阈值调节规则：
- 市场波动率＞5%时，准确性权重提升至50%
- 用户风险评级为保守型时，相关性阈值上调至90%
- 涉及衍生品建议时，专业性阈值锁定95%

第四步，安全分级响应

建立五级安全分类体系：

1级（公开信息）：基础市场分析

2级（内部数据）：策略回测报告

3级（敏感信息）：客户持仓明细

4级（机密数据）：算法核心参数

5级（绝密信息）：监管报备材料

对应的提示词如下所示。

设计安全防护机制，需包含：
- 语音记录自动脱敏（身份证、银行卡号过滤）
- 4级以上内容碎片化存储
- 跨系统传输时启用量子加密

请输出带触发条件的响应流程图

通过上述思考过程形成的综合提示词如下。

作为合规架构师，请设计智能投顾系统保障方案，要求：

1. 核心模块
- 法规知识图谱引擎
- 三阶伦理审查模型
- 动态质量评估矩阵

2. 数据要求
- 接入监管法规数据库（实时更新）
- 整合历史违规案例库
- 关联用户风险画像

3. 特别说明
- 开发监管沙盒测试环境
- 设置熔断机制（单日建议偏差>15%时锁定）
- 构建案例回溯知识库

请按以下结构输出：
- 系统架构拓扑图
- 伦理审查决策树
- 质量波动预警模型
- 安全事件响应手册

该方案需配合DeepSeek智能代理实现实时法规语义解析，并调用Office VBA生成自动化合规报告，关键在于在质量评估矩阵中设置动态权重算法，在安全分级中采用碎片化存储策略，确保系统既满足合规要求又保持业务灵活性。

6. 创新实现路径

在构建创新实现路径时，要建立"灵感激发—风险管控—价值量化"的三维驱动模型。下面以某新能源车企的智能驾驶研发项目为例，设计创新路径提示词。

第一步，跨界灵感激发

通过构建跨学科创新沙盒，集成机械工程、行为心理学、城市交通规划等多领域知识图谱，设计提示词，如下所示。

开发交叉领域灵感工具应包含：
- 专利语义分析引擎（相似度检测阈值≥75%时触发预警）
- 多模态创意看板（支持3D模型、脑图、数学公式混排）
- 实时行业趋势热力图（更新频率≤15分钟）

请输出带碰撞预警的灵感激发流程图

第二步，动态风险管控

采用"红黄蓝"三级预警机制，设置创新可行性评估矩阵，如表7-5所示。

表7-5 创新可行性评估矩阵

类别	技术成熟度	市场需求	专利壁垒
权重	40%	35%	25%
阈值	≥80%	≥70%	≥60%

设置动态调节规则，提示词如下所示。

当技术成熟度<65%时：
- 启动备选技术路线库
- 触发专家论证流程
- 资源池自动倾斜30%至预研项目

第三步,价值量化评估

构建"3×3"价值评估模型:
- **商业价值维度**:市场渗透率预测、成本下降曲线、专利货币化潜力
- **技术价值维度**:技术代际差、可扩展性指数、替代技术风险
- **社会价值维度**:碳减排贡献、交通安全系数、城市拥堵改善率

提示词如下所示。

```
开发价值预测算法,需实现:
• 蒙特卡洛模拟商业场景(迭代次数≥10万次)
• 技术扩散S曲线建模(适配Gartner技术成熟度模型)
• 社会效益影子定价模型(包含政策敏感性分析)
请输出带置信区间的多维评估仪表盘
```

通过上述思考形成的综合提示词如下。

```
作为创新架构师,请设计智能驾驶研发路径方案,要求:
1. 核心模块
• 跨学科创新沙盒平台
• 动态风险评估矩阵
• 全生命周期价值模型
2. 数据集成
• 接入全球专利数据库(近10年自动驾驶领域)
• 整合城市交通流量实时数据
• 关联供应链成本波动指数
3. 特别要求
• 开发技术路线冲突检测算法
• 设置创新资源弹性分配机制
• 构建社会价值影子定价体系
请按以下结构输出:
• 系统架构拓扑图
• 风险评估决策树
• 价值量化计算模型
• 成果转化路线图
```

该方案需配合DeepSeek智能代理实现多源异构数据融合,并通过Office Power BI实现动态可视化,关键在于在灵感激发环节设置专利相似度实时检测,在风险评估中植入

弹性资源分配算法，在价值评估层建立政策敏感性分析模型，确保创新路径兼具突破性和可行性。

7.1.3 企业级应用场景示例

1. 内容创作优化

在数字化内容创作中，构建有效的提示词需要经历系统性思考过程。我们以编写面向初学者的Python教程为例，逐步拆解写作专业文档的思考逻辑。

第一步，锚定核心需求

明确"有效教学"的关键因素：零基础人群的认知特点决定了教程必须避免术语堆砌；同时，案例导向的学习模式要求示例具备生活化特征。这种思考引导我们锁定"情境化教学"的设计方向，而非简单的知识点罗列。

第二步，结构化拆解

将3000字篇幅拆分为4个模块时，作者会权衡知识密度与学习曲线的关系。

- 概述部分，需建立编程思维与日常逻辑的关联（如将变量类比储物柜）
- 语法讲解，采用"最小必要知识"原则，聚焦print（打印）、变量、循环等核心要素
- 实例设计，遵循"可感知价值"标准，选取文件整理、数据统计等实用场景
- 练习环节，设置梯度挑战，从代码填空到完整项目搭建

第三步，对抗性校验

高质量提示词需要预判AI的常见偏差，通过设置约束条件引导其走向正确方向。

- 添加"每段代码不超过5行"，防止输出复杂示例
- 要求"每个概念搭配生活比喻"，降低理解门槛
- 设定"错误代码案例分析"模块，强化纠错能力
- 限制"第三方库使用范围"，聚焦语言基础

第四步，动态优化机制

通过质量检查，构建迭代闭环。

- 合规筛查：检测代码示例是否符合Python最新标准
- 一致性校验：确保术语表述和难度曲线平稳过渡
- 可读性优化：运用Flesch易读性指数评估文本难度
- 参与度设计：在每章节埋设"动手实验点"，提升交互性

基于上述思考过程，最终的提示词设计应体现分层引导策略，如下所示。

第7章 进阶篇：高阶Prompt工程

> 你是一位拥有10年Python教学经验的文档工程师，需要为新入职的IT培训机构编写零基础入门教程。教程需满足以下要求：
> 【内容架构】
> 1. 认知导入：用3个生活场景类比编程思维（如用超市购物解释流程控制）
> 2. 基础语法：
> 精选5个核心知识点，每个知识点设置以下内容：
> - 不超过50字的通俗解释
> - 图示化语法结构（用符号表示）
> - 正误对比示例（1个正确+1个典型错误）
> 3. 实战项目：设计文件整理助手开发路线，分解为3个渐进式任务
> 4. 学习地图：用思维导图形式呈现后续学习路径
> 【呈现规范】
> - 采用"问题—方案—原理"三步讲解法
> - 每章节插入1个"调试实验室"互动环节
> - 代码示例添加执行效果注释
> - 专业术语首次出现时标注英文原词
> 请先生成目录大纲，确认结构后分章节撰写，每个技术点预留练习空位

该提示词通过角色设定、结构分解、交互设计三层引导，既确保了教程的专业性，又通过渐进式任务设计保持学习动力持续性。整个创作过程完全基于DeepSeek的对话能力实现，无须额外开发系统即可完成从框架设计到内容优化的全流程覆盖。

2. 数据分析场景

在碳排放数据分析领域，构建有效的提示词需要建立系统性分析框架。我们以5年碳排放数据研究为例，展现环境分析师的专业思考路径。

第一步，解构研究目标

资深分析师会从三重维度锚定分析方向。

- 政策耦合性：2025年新政对高耗能行业的约束指标
- 技术演进性：碳捕捉、清洁能源等技术的成熟度曲线
- 区域差异性：产业集群与碳配额的动态平衡关系

第二步，建立分析矩阵

基于多维数据特征设计交叉验证机制。

- 时空矩阵：将5年数据按季度+省级单位建立三维热力图
- 行业技术树：构建"排放强度—技改成本—减排潜力"评估模型
- 政策影响因子：量化补贴政策、碳税等变量对方案可行性的影响

第三步，对抗性校验

预判AI分析的常见偏差并设置约束条件。

（1）数据清洗规则

- 剔除异常值阈值：±3σ范围
- 缺失值处理：行业均值插补法
- 单位统一：换算为标准煤当量

（2）分析校验机制

- 设置基准情景（BAU）作为对照
- 引入蒙特卡洛模拟验证方案稳健性
- 添加碳泄露效应评估模块

第四步，创新方案孵化

通过提示词设计激发突破性思维，如下所示。

你作为环境经济首席顾问，需要基于2019—2023年碳排放数据设计创新减排方案。请遵循以下路径：
【数据洞察层】
1. 绘制行业碳密度等高线图，标注突变节点
2. 识别技术替代拐点（如光伏LCOE[①]低于火电的时间线）
【方案设计层】
1. 应用破坏性创新矩阵：
   - 渐进式改进（现有技术优化）
   - 架构式创新（流程再造）
   - 颠覆式创新（技术替代）
2. 融合政策工具箱：
   - 碳市场：配额拍卖机制设计
   - 绿色金融：转型债券应用场景
   - 数字监管：区块链溯源系统
【输出规范】
- 方案可行性矩阵包含：减排量、投资成本、见效周期三维评估
- 创新性标注：技术就绪度（TRL）和商业模式新颖性评分
- 配套可视化：用动态桑基图展示碳流变化

该提示词通过四层结构引导深度分析，完全基于DeepSeek现有能力即可实现从数据清洗到方案生成的完整流程，将技术成熟度评估与经济可行性分析进行耦合，并通过设置TRL（技术就绪度）评估模块，有效规避了AI在技术可行性判断上的常见偏差。

---

① LCOE：平准化度电成本。

7.1.4 ALIGN框架使用效果与优化

1. 框架使用效果

在实际应用中，许多企业发现采用ALIGN框架后，工作效率和业务质量都获得了显著提升。这种改变就如同为团队配备了一位智能助手，助力员工以更高效、更精准的方式开展工作。想象一下，当我们需要与智能系统沟通时，如何准确表达需求才能获得理想结果？这正是ALIGN框架要解决的核心问题。

通过沟通机制优化，企业与DeepSeek的协作效率提升60%。这一提升意味着原本需要反复解释的方案，如今仅通过清晰的任务描述就能快速达成共识。例如，在内容创作过程中，策划人员只需说明目标受众和核心卖点，即可获得多个风格的文案初稿，省去了反复修改的烦恼。这种机制不仅节省时间，更重要的是释放了员工的创造力。

在质量提升方面，输出内容的专业性和准确性提高45%。以市场分析报告为例，当分析师输入行业数据和关键指标后，系统不仅能生成结构清晰的报告，还能自动标注数据异常点以及进行行业对比。这种智能化的处理方式，能够发现那些容易被忽视的业务细节。

更值得关注的是ALIGN框架对创新能力的突破。在ALIGN框架下，企业获得的创新方案采纳率提升70%，且85%的方案都具有独特价值。这相当于为每个项目团队配备了"场外指导"，当产品经理提出基础需求时，系统能提供跨行业的解决方案，激发设计灵感。比如某家电企业在开发智能烤箱时，借助系统提供的健康饮食解决方案，成功打造出差异化的产品功能。

这种工作方式的转变也带来了显著的效率提升：任务返工率降低50%，用户满意度提高40%。这背后的逻辑其实很简单——当智能系统能准确理解需求并给出优质方案时，团队就能将更多精力投入到策略优化和用户体验提升上。

在这个过程中，我们不妨思考：当AI能够处理更多基础工作时，人类应如何重新定位自身的核心价值？是成为更优秀的需求定义者，还是转型为创意的培育者？ALIGN框架带来的不仅是效率的提升，更开启了人机协作的新思考维度。

2. 持续优化机制

ALIGN框架的持续优化机制始终跟随企业的需求变化而进化。想象一下，当您使用手机导航时，系统会根据实时路况自动调整路线——ALIGN框架的优化过程也遵循相似的逻辑，通过4个环节形成良性循环。

第一个环节，用户反馈

用户反馈就如同导航系统中的实时路况信息。企业通过日常开展问卷调查、分析操作记录以及进行深度访谈等方式,收集员工使用体验的"第一手路况"。例如,市场团队可能会反馈"生成活动方案时需要更多竞品对比数据",这些真实声音成为方案优化的重要指引。

第二个环节,实践积累

实践积累如同经验丰富的导航员总结的"黄金路线"。当某个团队发现使用特定模板能让数据分析效率提升30%时,这一成功经验便会被提炼成标准操作指南。例如,某快消企业总结出"节日营销五步法"模板,让新人也能快速生成优质方案,这种知识积淀使得企业智慧得以传承。

第三个环节,横板更新

模板更新的过程恰似导航软件的定期地图升级。根据反馈和经验,提示词模板会变得更智能和精准。比如针对财务报告场景,从简单的"生成季度报告"模板进化为"包含同比环比分析、异常波动标注的可视化报告"模板,这种迭代使系统输出更贴合实际需求。

第四个环节,评估指标优化

评估指标优化如同导航系统的评分体系升级。除了传统的"到达时间",如今还增加"燃油效率"和"驾驶舒适度"等评估指标。企业不仅关注输出速度,更重视创新价值和使用体验,而这种多维度的评估确保优化始终指向核心目标。

这种动态优化机制所带来的价值延伸至日常工作的方方面面。当新员工需要制作产品介绍时,系统能根据历史成功案例自动推荐结构模板;当市场环境突变时,所收集的实时反馈能让系统快速调整输出策略。这种持续的自我进化,使得ALIGN框架始终是企业发展的"智能加速器"。

试想,如果您的团队也建立这样的优化循环,哪些工作环节的效率还能再提升?是客户服务响应,还是产品设计迭代?优化机制的价值正在于将个体经验转化为组织智慧,让每个岗位都能获得持续升级的智能支持。

7.1.5 常见陷阱与最佳实践

1. 常见陷阱

陷阱一:需求模糊

当我们需要DeepSeek生成营销文案时,如果只给出提示词"写篇推广文案",就如同让厨师做饭却不告知口味。正确的做法是像点菜一样具体:"为25~35岁都市白领设计一款轻食沙拉的外卖推广文案,突出低卡、15分钟送达、买一送一活动。"

陷阱二:规则缺失

在产品包装设计中,若未明确"禁止使用动物元素"的要求,设计师可能会加入不符合规定的图案。同理，与DeepSeek协作时需预先设定规则边界，这样设计这个提示词："文案需符合广告法第××条规定，禁用绝对化用语；遵循品牌VI手册的蓝白主色调规范，并融入环保理念。"

陷阱三：流程混乱

混乱的流程好比错乱的导航路线，带来效率低下、方向迷失、资源浪费以及体验不佳等问题。在面对复杂任务时，可将其拆解为可执行的步骤。以智能客服系统开发为例，应执行以下三阶段拆解策略。

- 第一周：生成20组常见问题应答模板
- 第二周：设计3种对话引导流程图
- 第三周：输出异常情况处理方案

每个阶段完成后，用"请检查当前方案是否符合初期设定的响应速度标准"来校准。

陷阱四：背景缺失

医生在问诊时，如果不询问病史，可能导致误诊。同理，在咨询专业问题时，要提供必要的上下文。例如，跨境电商创业咨询可表述为："我正在筹备跨境电商创业，目标市场是东南亚，现有启动资金50万元，请帮我规划三个月内的运营重点及风险防范措施。"

陷阱五：验收标准不明确

验收标准不明确就如同裁缝没有合适的尺子。因此，我们可以建立简单的质量检查清单。例如，在评估某生成报告时，可以考虑以下几方面。

- 数据来源是否标注
- 关键结论是否有数据支撑
- 建议方案是否具备可操作性
- 格式是否符合公司模板

遇到不满意结果时，我们可尝试用"请用更通俗的比喻解释这个经济指标"或"将技术参数转化为消费者能感知的利益点"等指令进行优化输出。每次交互后不妨多问一句："你理解的需求重点是什么？"通过持续反馈循环，逐步提升协作效率。

2. 最佳实践

秘诀一：输出点菜式提问

想象在高级餐厅点餐，你不会只说"来份牛排"，而是说明熟度、配菜。同理，向DeepSeek提问时，要精准说明："分析新能源车企2024年财报，对比特斯拉与比亚迪的研发投入占比，用柱状图呈现。"这种具体指令才能确保输出符合预期。

秘诀二：搭建认知背景

与AI交互的过程中，介绍相关技术的基本概念和应用场景，搭建起沟通的认知背景，就如同为它铺设了一条理解任务的清晰路径，使其能够更精准、更高效地执行任务。例如，在咨询医疗政策时，可以补充："我是在线问诊平台的产品经理，需要为60岁以上用户设计医保报销指引，请说明2024年北京地区慢性病门诊报销新规，重点解释自费药认定标准。"

秘诀三：建立质量评估标尺

提前设定评估标准能确保成果品质，尝试建立这样的检查清单。

- 准确性：数据是否标注来源（如"引用国家统计局2024年报"）
- 实用性：建议是否具备可操作性（如"列出3个可本周实施的改进措施"）
- 合规性：内容是否回避敏感词（如"避免使用'最佳'等绝对化表述"）

秘诀四：循环改进机制

将每次交互视为产品迭代，用"三明治反馈法"优化。

- 肯定有效部分，如："数据分析维度很全面。"
- 指出改进方向，如："能否补充竞品对比数据？"
- 明确优化要求，如："请用2024年第一季度最新行业报告作为参考来源。"

ALIGN框架作为一套经过实践验证的DeepSeek提示词工程方法论，在充分发挥DeepSeek强大能力方面展现了无可替代的重要性。它从目标设定、难度评估、输入优化、指导原则遵循到创新激发，构建了一个完整且系统的体系，为我们与DeepSeek的交互提供了全方位的指导和支持。

在实际应用中，ALIGN框架已经在内容创作、数据分析等众多企业级场景中取得了显著成效，大幅提升了提示词效率、输出质量，促进了创新方案的产生，有效降低了返工率，提升了用户满意度，为企业的数字化转型和创新发展注入了强大动力。

展望未来，随着人工智能技术的不断发展和应用场景的日益丰富，ALIGN框架的应用前景将更加广阔。它不仅将在现有的领域中持续发挥重要作用，还将在更多新兴领域中展现其价值，帮助企业和个人更好地利用DeepSeek等大语言模型，解决复杂问题，实现创新突破。

7.2 提示语链设计

在当今数字化浪潮中，AI技术已渗透至生活与工作的各个角落，从智能客服到复杂的数据分析，从内容创作到智能决策辅助。随着AI应用场景的日益复杂，单一提示词已难以满足多样化、精细化的任务需求。输入简单的指令，往往只能得到表面、泛化的回应，无法充分挖掘AI的潜力，也难以应对现实世界中错综复杂的问题。

DeepSeek大模型，以其卓越的推理能力脱颖而出。它就像一位思维缜密的智者，在面对各种难题时，能够深入剖析、层层推理，展现出超越普通模型的深度思考能力。无论是解开复杂的数学谜题，还是梳理法律条文间的逻辑关系，DeepSeek都能凭借其独特的推理架构，有条不紊地给出精准且富有逻辑的解答。这种强大的推理能力，为构建高效的提示语链奠定了坚实基础。接下来，让我们一同深入探索DeepSeek的提示语链设计奥秘。

7.2.1 链式推理结构：DeepSeek的智慧引擎

1. 基础框架设计：为推理筑牢根基

当我们用DeepSeek处理复杂问题时，首先要构建"明确背景需求—分解问题模块—理清逻辑关系—设置条件边界"的思考框架。

假设某电商平台遇到销售瓶颈，我们可以这样展开思考。

- 明确现状与目标：当前市场竞争激烈（背景），需要提升销售额（核心目标），但开发团队人力有限、推广预算紧张（现实约束）。
- 拆分问题模块：将"提升销售额"这个大目标分解为可操作的子任务，例如，首先提升访问量（吸引更多顾客进店）、优化转化率（让进店顾客多下单）、增强复购率（让顾客反复购买）；进而细化每个子模块，例如提升访问量可细分为优化搜索排名、拓展社交媒体引流等具体动作。
- 建立逻辑网络：各子任务之间存在着看不见的"连接线"。比如社交媒体推广带来的用户数据，可以反哺搜索排名优化；而购物流程的简化既能提高转化率，也可能促进复购。
- 设置条件边界：任何方案都要在现实条件内实施。假设每月推广预算只有5万元，DeepSeek会自动排除需要百万级投入的方案，优先推荐精准投放、内容营销等轻量级策略。

通过这种结构化思考，即使是刚入门的新手也能快速抓住问题本质。在这个过程中，DeepSeek扮演着智能助手的角色，既能帮助厘清思路，又能预警可能越界的方案，让决策既实用又创新。

2. 解决方案构建：用推理打造最优解

在处理复杂商业问题时，DeepSeek就像一个经验丰富的分析师团队，通过4个关键环节帮助我们找到最佳策略。让我们通过电商销售优化的案例,看看这个智能系统是如何解决问题的。

第一步,数据整理与规范

想象我们要整理一个杂乱的书架,结构化提示词就是分类标签。当输入"请将销售数据按时间、品类、地区分类整理"这样的指令时,DeepSeek就像细心的图书管理员,把分散的销售记录自动归类为整齐的表格。这种标准化处理相当于为后续分析搭建了稳固的地基,确保每个数据点都能准确归位。

第二步,逻辑推理与洞察发现

此时,DeepSeek化身为商业侦探,运用其特有的思维链能力展开调查。首先它会像查看监控录像般分析销售曲线,找出"每周三下午茶时段奶茶销量激增"这样的规律;接着对比不同品类,可能发现"保温杯在北方地区冬季销量是夏季的3倍"的奥秘;最后结合地域特征,识别出"沿海城市海鲜类商品复购率更高"等隐藏信息。

第三步,策略生成与方案比选

此时DeepSeek变身为策略顾问,提出多个优化方案。比如A方案:在北方冬季主打保温杯+奶茶组合促销,预估提升15%销售额;B方案:在沿海地区推出海鲜月卡服务,预计增加20%复购率。并且,每个方案都附带详细的成本收益分析,帮助我们直观比较不同策略的优劣。

第四步,持续优化与动态调整

实施方案后,DeepSeek就像24小时值守的监测仪。当发现"促销活动首周参与度仅5%",它会立即启动原因排查:可能定位到活动入口过深,或是优惠力度不足;接着自动生成优化建议,比如"在App首页增加弹窗提醒""买赠门槛从200元降至150元"。这种实时反馈机制可及时捕捉策略执行中的问题与变化,迅速做出反应并调整策略,以此保障策略始终保持最佳状态。

通过这个智能化的四步流程,企业即使没有数据分析背景的运营人员,也能像专业团队那样系统化解决问题。DeepSeek在此过程中既扮演着数据工程师、商业分析师,又担当策略顾问的角色,将复杂的商业决策转化为可操作的智能流程。

7.2.2 高级推理策略:拓展DeepSeek的思维边界

1. 零样本推理:先验知识的巧妙运用

想象你突然被问到一道数学题,虽然没学过具体解法,但凭借基础知识就能推导出答案——这正是DeepSeek零样本推理的魔力。这种能力让AI无须额外训练,就能直接调用已有知识解决问题。

1）语言转换的智能词典

当你让DeepSeek翻译"你好"为英文时,它就像翻开了大脑中的多语言词典。这个"词典"在预训练时记录了超过100种语言的对应关系,能瞬间找到"Hello"这个正确答案。这种即时翻译能力,相当于在AI大脑里建立了全球语言互译的"即时通信系统"。

2）逻辑推理的数字教练

当遇到数学题"8是否是偶数",DeepSeek会这样推理:首先确认"被2整除"的定义,然后验证8÷2=4的运算,最后得出结论。整个过程都严格遵循逻辑规则。这种能力让AI可以处理各类规则明确的判断问题,不管是数学验算还是法律条文解读,都能胜任。

3）常识问答的百科全书

询问"地球公转中心"这类常识时,DeepSeek就像启动了一部智能百科全书。它的知识库中存储着类似"太阳系天体运动规律"这样的基础科学知识,它能快速找到对应书架般精准定位答案。这种即时调取能力,使得回答常见科普问题变得轻而易举。

这种零样本推理的核心,在于DeepSeek预先构建的庞大知识网络。当任务要求不超出其知识储备时,AI就能像经验丰富的专家般直接给出正确答案,无须额外学习。

2. 少样本学习:示例引导的学习魔法

少样本学习如同给AI配备智能放大镜,通过精心设计的少量示例,就能让DeepSeek快速掌握新技能。这种能力突破了对海量数据的依赖,展现出惊人的知识迁移效率。

1）示例设计的黄金法则

构建有效示例需考虑三个指标:特征覆盖度、场景多样性、标注精确性。例如,在图像分类任务中,提供包含布偶猫、暹罗猫等不同品种,以及站立、卧姿等多角度的示例,能帮助AI捕捉猫科动物的核心特征(如瞳孔形状、胡须结构)。这种设计确保模型学习到本质规律,避免陷入局部特征陷阱。

2）文本理解的模式解码

在情感分类任务中,示例需展现语言的多维特征。例如,给出"服务贴心周到,超出预期"(积极)与"物流延误三天,包装破损"(消极)的对比案例,DeepSeek能自动识别情感词强度、修饰语倾向及句式结构差异;通过分析副词修饰("非常满意"与"稍微不满")和否定结构("不推荐"与"强烈推荐"),模型建立起情感极性判断的语义网络。

3）跨领域的知识跃迁

在医疗诊断场景中,DeepSeek经过5个典型肺炎病例(包含CT影像特征与化验指标)

的训练，便能识别新病例中的磨玻璃影、血氧饱和度异常等关键指征。这种迁移能力源于模型对深层病理特征的提取，而非简单记忆病例表象。当遇到罕见病症时，模型通过比对症状组合相似度（如发热+淋巴细胞减少），给出概率化诊断建议，辅助医生决策。

7.2.3 优化技巧：让DeepSeek如虎添翼

1. 上下文管理：对话状态的精准把控

在与DeepSeek协作解决"城市交通拥堵治理"这类复杂问题时，真正的挑战往往不在于技术工具本身，而在于我们如何通过系统化的思考构建有效的对话路径。以下是经过实战验证的思考框架，帮助读者培养结构化的问题解决能力。

第一步，建立问题坐标系

- 思考点：当前讨论处于问题解决的哪个阶段？是需求诊断、方案设计还是效果评估？
- 自我提问：我需要DeepSeek扮演什么角色？是交通规划师，还是数据分析师，或是政策评估专家的角色？
- 行动示例：在对话初始明确"我们现在需要制定未来半年的交通疏导方案，请作为城市规划专家提供建议"

第二步，动态标记关键变量

- 思考点：哪些数据维度会实质性影响解决方案的有效性？
- 自我提问：拥堵指数的时间分布特征如何？重点路段的结构性缺陷是什么？
- 行动示例：使用结构化标记法标注关键参数

【核心参数】
  - 高峰时段：07:30—09:30和17:00—19:30
  - 重点路段：中山东路（日均流量1.2万辆）
  - 特殊事件：地铁5号线施工，封闭两车道

第三步，构建记忆锚点

- 思考点：哪些决策节点能够持续影响后续讨论？
- 自我提问：已经达成共识的治理目标是什么？被否决的方案有哪些关键缺陷？
- 行动示例：定期固化决策路径

【共识备忘】
  - 核心目标：早高峰平均车速提升至25km/h
  - 排除方案：单双号限行（影响民生）

➢ 优选方向：智能信号灯优化+潮汐车道

第四步，设计更新触发器
- 思考点：哪些新信息会改变现有方案的可行性？
- 自我提问：如果新增学校、商场等客流节点，应对策略需要如何调整？
- 行动示例：建立实时更新机制

【情境更新】
➢ 新增变量：万达广场预计9月开业，日均车流量预计增加3000辆
➢ 请求：请重新评估原方案在商圈周边的交通疏导能力

最终提示词示例如下所示。

作为城市规划专家，请基于以下结构化信息提出治理方案。
【现状诊断】
- 拥堵路段：中山东路（双向6车道）
- 高峰时段：07:30—09:30（西向东方向）
- 关键瓶颈：中山—解放路口信号周期过长
【约束条件】
- 预算限制：500万元以内
- 施工周期：不超过3个月
- 民生影响：避免大规模封路
【预期成果】
1. 输出3种可行性方案对比表
2. 每种方案需包含实施步骤与效果预测
3. 用Markdown表格展示成本效益分析

这种递进式思考过程，不仅训练了DeepSeek系统化的问题拆解能力，更重要的是建立了与AI协同工作的思维框架。实际应用中，建议配合DeepSeek的"深度思考"模式，通过多轮追问持续优化解决方案。

2. 记忆增强方案：长程记忆的强化之道

在处理城市规划类长文本时，如何让DeepSeek真正理解百页报告中的关键脉络？关键是培养其系统性知识管理的思维模式。

第一步，建立信息锚点
- 思考点：这份报告的核心决策变量是什么？是人口流动趋势、交通枢纽布局还是产业协同效应？

- 自我提问：哪些数据指标会实质性影响方案可行性？（如"商业区日均人流量突破多少会触发交通预警？"）
- 行动示例：用符号体系标记关键参数

【战略节点】

! 核心目标：2025年前建成智慧交通中枢

? 待验证假设：地铁环线对商圈客流的虹吸效应

→ 责任部门：城建局需在第3季度完成可行性研究

第二步，构建知识拓扑

- 思考点：商业区扩建与住宅配套之间存在怎样的动态平衡？
- 自我提问：如何量化商业容积率与居住舒适度的非线性关系？
- 行动示例：创建关联矩阵，如表7-6所示。

表7-6 关联矩阵

项目	关联要素	影响系数	检测指标
万达商圈	地铁2号线客流	+0.78	峰值时段进出站量
滨江住宅群	学校资源配置	−0.35	学位供需比
跨江隧道	两岸通勤时间	+0.91	早高峰车流密度

第三步，设计记忆触发器

- 思考点：哪些临界值会触发方案调整机制？
- 自我提问：当住宅空置率超过多少时需要启动弹性规划？
- 行动示例：设置监测预警

【动态阈值】

➢ 交通负荷 > 85%时启动潮汐车道

➢ 住宅入住率 < 60%时暂停新区开发

➢ PM2.5年均值 > 40时推进绿化带规划

递进式提示词设计如下。

作为城市规划分析师，请基于以下知识框架处理文档。
【记忆强化指令】
1. 提取核心决策三要素

- 经济指标：GDP预期增长率
- 民生指标：人均居住面积
- 生态指标：绿化覆盖率目标
2. 构建关联网络图：
- 节点：重大基建项目
- 连线：项目间协同及制约关系
- 权重：影响系数（1～10分）
3. 输出
- 决策树模型（含风险分支）
- 敏感性分析矩阵（PDF表格）
- 应急预案触发条件清单

这种结构化思考流程，不仅训练了DeepSeek的长程记忆能力，更重要的是实现了系统化知识管理。实际操作中，建议配合DeepSeek的"深度思考"模式，通过多轮对话逐步完善知识图谱。当处理超百页文档时，可采用分阶段摘要策略：每20页生成关键点摘要，再将这些摘要二次提炼为决策矩阵。

3. 输出控制：高质量输出的保障

在追求高质量输出的过程中，要建立系统化的质量控制思维。以下思考框架将引导读者构建可靠的内容生产体系。

第一步，定义输出基因

- 思考点：这份文档需要传递的核心价值是什么？是决策支持、知识沉淀还是操作指引？
- 自我提问：目标读者需要怎样的信息密度？这份技术文档是需要结构化呈现还是场景化描述？
- 行动示例：设定输出基因

【输出基因】

➢ 核心要素：可行性评估+成本效益分析
➢ 禁忌条款：避免主观臆测，需标注数据来源
➢ 呈现规则：每项建议附带实施难度评级（1～5星）

第二步，构建格式引擎

- 思考点：如何通过模板实现内容与形式的解耦？
- 自我提问：哪些模块需要固定结构？哪些部分需要动态适配？

- 行动示例：设计智能模板

项目报告模板V2.1
[必选模块]
! 执行摘要（200字以内）
? 关键指标看板（Markdown表格）
→ 风险矩阵（可能性/影响度坐标图）
[可选模块]@ 创新点评估（技术可行性+商业价值）
@ 利益相关者地图（PowerPoint图示说明）

第三步，设计多媒体同步规则

- 思考点：图文音视频如何实现跨媒介叙事？
- 自我提问：旁白时长与镜头切换的黄金比例是多少？背景音乐的情感曲线如何设计？
- 行动示例：建立多轨同步机制

【视频脚本规则】
➢ 时间轴：每15秒设置情绪锚点
➢ 图文配比：1个核心论点+3个支撑素材
➢ 声画关系：关键数据出现时同步视觉高亮

递进式质量验证提示词如下。

作为内容质量工程师，请执行以下验证流程。
1. 交叉验证
- 比对权威数据库：国家统计局交通年鉴2023
- 核查数据时效性：标注超过3年的引用文献
2. 逻辑自洽检查
- 识别论点论据断层
- 标注未验证的假设条件
- 评估措施与目标的匹配度
3. 输出优化
- 生成风险提示清单（PDF附件）
- 创建可追溯的版本变更记录

通过这种工程化思维，我们不仅规范了输出形式，更重要的是建立了可复用的质量保证体系。实际操作中，建议配合DeepSeek的"深度思考"模式，通过多轮对话逐步完善输出标准。例如首轮生成内容框架，次轮嵌入质量检查点，最终轮进行可读性优化。

7.2.4 实战应用示例：DeepSeek的实力见证

1.【场景】产品需求分析的高效变革

在产品需求分析的关键阶段，构建高质量的提示词需要系统化的思考框架。以下为产品经理运用DeepSeek时的进阶思考路径，通过4个核心思考维度形成完整的提示工程闭环。

思考维度一：目标定位

- 核心问题：我需要DeepSeek输出什么类型的内容？这些内容将如何支撑后续研发流程？
- 关键动作：通过角色锚定+场景聚焦明确任务边界

思考过程示例："作为AI工具类产品经理，我需要完成竞品分析报告的框架搭建。这个报告需要包含功能对比、用户体验评估和技术实现路径预测三个模块，每个模块需要结构化呈现关键发现。"

思考维度二：要素拆解

- 核心问题：哪些关键要素决定了输出质量？如何通过提示词引导模型关注这些要素？
- 关键动作：构建MECE（相互独立、完全穷尽）的要素矩阵

要素矩阵示例：

> ➢ 用户痛点（使用频率>3次/周的功能痛点）
> ➢ 技术边界（当前主流模型的API支持度）
> ➢ 交互范式（移动端场景下的操作路径限制）
> ➢ 合规要求（特定行业的数据处理规范）

思考维度三：交互设计

- 核心问题：如何通过多轮对话实现思维共振？每轮交互应达成什么阶段性目标？
- 关键动作：设计渐进式提示链

综合提示词如下。

第一轮提示词（角色定义+任务输入）：
作为有5年经验的AI产品专家，请分析目标用户在使用智能客服系统时的高频痛点。
要求：
1. 区分B端管理员和C端用户两类角色
2. 对于每个痛点需标注发生场景和影响程度
3. 用表格形式呈现

> **第二轮提示词（深度追问）：**
> 基于前表第三项"会话上下文丢失"问题，请：
> 1. 推测技术实现难点
> 2. 给出3种解决方案原型
> 3. 评估各方案开发成本（人/天）

思考维度四：验证校准

- 核心问题：输出结果是否满足可执行要求？哪些维度需要补充验证？
- 关键动作：建立三维评估矩阵
  - 完整性验证：检查是否覆盖PRD要素（功能清单、交互流程、异常处理）
  - 可行性验证：对照技术预研报告核对实现路径
  - 合规性验证：标注涉及用户隐私的数据处理环节

某SaaS团队应用此框架后，在需求分析阶段实现三个关键突破：用户痛点识别准确率提升40%，功能模块耦合度降低35%，技术风险评估完整度达到82%。通过DeepSeek生成的竞品分析矩阵，帮助团队在两周内完成原本需要两个月的市场调研工作。

2.【场景】技术方案设计的创新突破

在技术方案设计场景中，构建有效的提示词需要遵循"问题拆解—要素映射—交互验证"的思考框架。以下是架构师运用DeepSeek时的进阶思考路径。

思考维度一：需求转化

- 核心问题：业务需求如何转化为技术指标？哪些非功能性需求需要前置考量？
- 关键动作：建立需求—技术映射矩阵

思考过程示例：

- 电商系统要求支撑百万级QPS→需评估分布式架构与微服务的性能差异
- 未来三年预计用户数量增长200%→架构扩展性需支持水平伸缩
- 支付成功率要求99.99%→必须考虑容灾备份机制

思考维度二：技术选型

- 核心问题：候选技术方案的核心差异点是什么？如何量化评估适配度？
- 关键动作：构建多维度评估模型

评估要素：
  - 吞吐量实测数据对比

- 平均响应时间
- 资源消耗
- 运维复杂度
- 社区生态成熟度

思考维度三：交互设计
- 核心问题：如何通过多轮对话实现技术方案的渐进式优化？
- 关键动作：设计技术验证链

综合提示词如下。

第一轮提示词（架构选型）：
作为云架构专家，请对比分析电商系统架构方案。
1. 对比微服务架构与单体架构在百万级QPS场景下的表现
2. 重点评估服务发现机制、熔断策略的差异
3. 用矩阵表格呈现核心指标对比

第二轮提示词（深度优化）：
针对前表"服务网格方案"，请：
1. 设计Istio与Linkerd的性能测试方案
2. 预测引入服务网格后的延时增幅
3. 给出流量治理的最佳实践建议

思考维度四：验证体系
- 核心问题：技术方案是否具备可验证性？如何建立量化验收标准？
- 关键动作：构建三维验证体系
- 压力测试：设计阶梯式并发测试场景
- 故障模拟：制定网络分区、节点宕机等异常预案
- 成本核算：对比三年期TCO（总拥有成本）

某技术团队应用此框架后，在架构设计阶段实现关键突破：服务发现效率提升58%，异常恢复时间缩短至2.3秒，资源利用率优化42%。通过DeepSeek生成的性能预测模型，准确率达到91%，帮助团队规避了三个潜在架构缺陷。

典型提示词如下所示。

作为领域架构师，请完成系统模块技术方案设计，要求：
1. 区分核心服务与辅助服务

2. 标注每个组件的SLA[①]等级（L1～L4）
3. 设计熔断降级策略
4. 输出格式：
– 组件拓扑：[架构示意图描述]
– 性能基线：[QPS、延时、错误率]
– 依赖关系：[上下游服务清单]
– 监控指标：[Prometheus指标集]

该框架完全基于DeepSeek对话能力实现，可结合Visio等工具快速完成架构图绘制。当涉及复杂性能预测时，建议将DeepSeek输出数据导入Excel进行回归分析，形成完整的技术方案验证闭环。

结语

通过对高阶Prompt工程的探索，我们看到了借助先进技术提升效能的无限可能。在未来，随着人工智能技术不断进步，相信会有更多创新的应用和方法涌现。希望大家持续关注这些前沿知识，共同探索技术与工作、生活深度融合的更多方式。如果你想获取更多类似的深度内容，欢迎关注作者的公众号"产品经理独孤虾"（全网同号），更多精彩等你发现。

DeepSeek助力构建MCP工作环境

[①] SLA：服务水平协议。

后 记

亲爱的读者，你好！

当你翻开这本《DeepSeek应用高级教程》的最后一页时，即意味着我们共同完成了一场跨越技术边界的探索之旅。从基础指令到全链路场景赋能，从单岗位提效到组织效能革命，这本书不仅是DeepSeek技术实践的结晶，更是AI时代从业者重构工作范式的行动指南。

致谢

本书在创作过程中得到了多方支持，在此致以诚挚谢意。

首先，DeepSeek技术团队在模型原理阐释、场景化应用验证及工具开发等方面提供了专业指导与技术验证支持。他们在技术细节解析和前沿趋势把握上的深度协作，为本书构建了扎实的技术基础。特别是在互联网场景适配性验证环节，技术团队通过多轮技术研讨与案例复盘，帮助我们完善了方法论的技术实现路径。

感谢互联网行业标杆企业分享的实践案例与数据验证，这些真实场景的应用反馈为本书提供了重要支撑。企业客户在数字化转型过程中积累的经验，不仅提升了案例库的多样性，其提供的脱敏数据更帮助我们验证了方法论的实际效果。这些行业实践不仅展示了DeepSeek的应用价值，也为读者提供了可借鉴的实施参考。

300多位互联网从业者参与了本书的内测工作，他们在使用过程中提交了217份详细反馈，涵盖功能优化建议、场景适配性评估及操作体验改进等多个维度。这些来自一线的实战反馈，帮助我们修正了13处方法论偏差，优化了7个核心章节的结构设计，使本书内容更贴近互联网行业需求。

清华大学出版社编辑团队在出版流程中展现出卓越的专业素养。从选题策划阶段的行业趋势洞察，到内容框架的多轮打磨；从技术细节的专业校验，到装帧设计的视觉优化，每个环节都体现了他们对技术著作的深刻理解。责任编辑施猛老师在人工智能技术快速迭始终以敏锐的行业嗅觉把控内容方向，确保本书既能反映前沿技术动态，又具备长期参考价值。

特别感谢家人与朋友在我创作期间给予的理解与支持。他们主动承担生活事务，帮助协调时间安排，使我能够全身心投入内容创作中。每当遇到写作瓶颈时，他们的鼓励与建议总能给予我灵感。

最后，感谢每一位翻开本书的读者。书中收录的43个互联网行业案例、12个深度技术解析模块以及7套实战工具模板，均经过多轮行业验证与迭代优化。期待这些内容能成为您在追逐AI转型浪潮中的得力助手，帮助您构建差异化的竞争优势，实现个人与团队的价值跃迁。

价值沉淀

作为国内较早聚焦开源大模型与互联网场景深度融合的著作，本书构建了"认知—实践—进化"的完整体系。在技术穿透性上，本书独创"岗位—任务—工具"三维架构，精准覆盖产品经理需求分析、开发者代码审查、运营人内容生产等20多个高频场景，提供了极具针对性的解决方案。以产品经理为例，书中详细阐述了如何利用DeepSeek实现PRD智能生成流水线，从需求分析与转化到交互设计辅助，每一个环节都有具体的方法和案例，可帮助产品经理提升工作效率和质量。

在风险防控方面，本书从数据安全沙盒到版权合规审查，建立了全链路风控机制，确保企业在应用DeepSeek的过程中，能有效防范各种潜在风险。比如，在数据安全方面，书中介绍了如何通过权限管理、内容过滤和操作审计等措施，保障企业数据的安全性；在版权合规方面，书中详细讲解了如何对AI生成内容进行版权审查，避免侵权风险。

同时，本书还提供私有化部署指南与插件开发接口，助力企业构建自主可控的AI能力，实现生态兼容。用户可以根据自身需求，选择合适的部署方式，并且通过插件开发，扩展DeepSeek的功能，满足个性化的业务需求。

扫码章节说明

受图书篇幅和出版时间限制,对于管理篇、行业篇、进化篇的部分内容以二维码形式呈现,请读者扫描封底刮刮卡获得授权,再扫描下方二维码阅读。

管理篇:团队协作与知识沉淀

揭秘 DeepSeek Agent 在敏捷开发、跨部门协作中的落地方法论。

行业篇:深度应用案例库

收录电商、内容、客服等6个领域的43个实战案例,含脱敏数据验证。

进化篇:持续优化体系

构建AI思维培育模型与动态迭代机制,附提示词库管理工具模板。

AI技术正以迅猛之势发展，从效率工具向决策中枢演进的趋势愈发明显。本书提供的智能进化工具链、动态更新知识库和行业解决方案库，通过在线平台持续迭代，为读者提供及时、全面的技术支持，帮助大家应对快速变革的技术环境。

我们满怀期待与您共同见证AI技术发展的重要时刻：预计到2026年，AI驱动的效率工具将覆盖90%的互联网岗位，深刻改变人们的工作模式和行业格局。人机协作也将实现从"辅助执行"向"思维共生"的范式革命——AI不仅是执行任务的工具，更将成为与人类思维深度融合的创新伙伴。这种变革不仅体现为单点效率提升，更体现为可通过系统集成重构业务逻辑。例如，DeepSeek大模型可深度嵌入智能营销系统，实现用户画像实时更新、商品特征向量建模、流量波动预警等全链路智能化，这种深度集成已在《智能营销——大模型如何为运营与产品经理赋能》一书中进行了系统阐述。

中国开源模型在全球技术主权竞争中也将强势崛起，凭借技术创新、生态建设和合规发展，在国际舞台上占据重要地位。我们期待看到中国开源模型（如DeepSeek）在技术突破、应用拓展和生态完善等方面取得更大的成就，为全球AI发展贡献中国智慧和力量。

邀您同行

技术的终极价值在于创造。本书虽已付梓，但AI赋能的征程永无止境。欢迎关注作者的公众号"产品经理独孤虾"，与数万从业者共同探讨：

- 提示词工程的最新实践
- 垂直场景解决方案的共创
- 开源模型生态的共建之路

在这里，您将获得独家的AI工具资源包、前沿的行业案例解读，以及与技术专家直接对话的机会。让我们携手在AI浪潮中破浪前行，实现从工具使用者到价值创造者的蜕变。期待与您在下一次技术变革的前沿相遇！

作者

2025年3月于北京